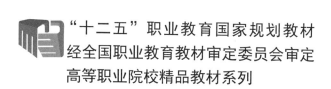
"十二五"职业教育国家规划教材
经全国职业教育教材审定委员会审定
高等职业院校精品教材系列

"十二五"江苏省
高等学校重点教材
(编号 2013-1-026)

国家精品课
配套教材

机械制图与零部件测绘
（第 2 版）

华红芳　孙燕华　主编

刘振宇　主审

电子工业出版社

Publishing House of Electronics Industry

北京·BEIJING

内 容 简 介

本书根据教育部最新的职业教育教学改革要求,结合近年来机械行业企业职业岗位技能出现的新变化,采用最新的《技术制图》与《机械制图》等国家标准,在第 1 版教材得到广泛使用的基础上进行修订编写。全书内容分为 2 个模块:模块 1 介绍制图基础知识,主要包括制图的基本技能、投影基础与 AutoCAD 二维绘图基础,该模块以培养制图的基本技能为重点,注重基础知识的学习及运用;模块 2 介绍机械零部件的识读与测绘方法,主要包括轴套类、盘盖类、箱壳类、叉架类典型机械零件与标准件以及机械部件的测绘、识读与造型,该模块侧重于对知识的综合应用,强化工程实际应用能力的培养。本书还提供 19 个实例和 22 个综合实例,有助于快速理解和掌握相应知识与技能。

本书内容紧密联系生产实际,有大量根据企业零部件产品绘制的三维造型图,新颖实用,图文并茂,版面灵活,每个学习单元设有"教学导航"、"知识链接"、"注意"、"想一想"、"做一做"、"知识梳理与总结"等互动环节,方便读者学习、提炼和归纳知识点,拓宽专业视野。

本书为高等职业本专科院校机械类和近机械类专业机械制图课程的教材,也可作为开放大学、成人教育、自学考试、中职学校及培训班的教材,以及企业技术人员和绘图人员的参考工具书。

与本书配套使用的习题集同时出版。另外,本书配有免费成套的课程数字化教学资源和**精品课网站**,详见前言。

未经许可,不得以任何方式复制或抄袭本书之部分或全部内容。
版权所有,侵权必究。

图书在版编目(CIP)数据

机械制图与零部件测绘 / 华红芳,孙燕华主编. —2 版. —北京:电子工业出版社,2015.5
全国高等职业院校规划教材. 精品与示范系列
ISBN 978-7-121-25481-9

Ⅰ. ①机… Ⅱ. ①华… ②孙… Ⅲ. ①机械制图—高等职业教育—教材②机械元件—测绘—高等职业教育—教材 Ⅳ. ①TH126②TH13

中国版本图书馆 CIP 数据核字(2015)第 024521 号

策划编辑:陈健德(E-mail:chenjd@phei.com.cn)
责任编辑:徐 萍
印　　刷:三河市华成印务有限公司
装　　订:三河市华成印务有限公司
出版发行:电子工业出版社
　　　　　北京市海淀区万寿路 173 信箱　邮编　100036
开　　本:787×1 092　1/16　印张:23　字数:589 千字
版　　次:2012 年 8 月第 1 版
　　　　　2015 年 5 月第 2 版
印　　次:2021 年 9 月第 8 次印刷
定　　价:46.00 元

凡所购买电子工业出版社图书有缺损问题,请向购买书店调换。若书店售缺,请与本社发行部联系,联系及邮购电话:(010)88254888,88258888。
质量投诉请发邮件至 zlts@phei.com.cn,盗版侵权举报请发邮件至 dbqq@phei.com.cn。
本书咨询联系方式:chenjd@phei.com.cn。

前言

随着我国工业与经济的快速发展，制造行业取得了令人瞩目的成绩，我国也已成为世界性制造大国，各类机电新产品层出不穷，为了在工程界对产品设计思想与技术方案等进行更好的交流，应用计算机绘制机械零部件图已成为许多专业的技术人才必须要掌握的技能，因此，高等职业院校在多个工程类专业都开设这门专业技术基础课——机械制图。本书根据教育部最新的职业教育教学改革要求，结合近年来行业企业职业岗位技能出现的新变化，采用最新的《技术制图》与《机械制图》等国家标准，在第 1 版教材得到广泛使用的基础上进行修订编写。

本书以应用型人才的实践能力和职业技能训练为核心，以培养机械识图能力为重点，以掌握和强化机械制图的基本技能为主线，使课程内容学习与工作岗位近距离接触，将机械工程图学、仪器绘图、计算机绘图、零件测绘及最新的国家标准等有机地融为一体，采用机械行业中的典型零件和装配体为题材，由浅入深，融入部分企业背景和行业知识，拓宽学生的专业视野，在一定程度上激发学生对后续课程的学习兴趣。本书的编写具有以下特点：

（1）紧密结合企业元素，将课程中的理论知识融入大量真实的案例之中，"以例代理"，突出实际应用，配有大量根据企业零部件产品绘制的三维造型图，使课程学习变得容易理解和掌握。

（2）采取模块式课程结构，从"制图基础知识"和"机械零部件的识读与测绘"两个方面进行介绍。模块 1 侧重于课程基础知识的学习及运用，以培养制图的基本技能为重点；模块 2 则侧重于对知识的综合应用，通过项目任务的具体实施强化实际应用能力的培养。每个模块又设有多个学习单元，如下表所示：

模块	学习单元	建议课时
模块 1　制图基础知识	单元 1　制图的基本知识	44~60
	单元 2　投影基础	
	单元 3　AutoCAD 二维绘图基础	
模块 2　机械零部件的识读与测绘	单元 4　轴套类零件	54~80
	单元 5　盘盖类零件	
	单元 6　箱体类零件	
	单元 7　叉架类零件	
	单元 8　标准件与常用件	
	单元 9　机械部件	

（3）每个单元首页设有教学导航，使学习任务明确；结尾配有知识梳理与总结，方便读者学习、提炼和归纳知识点。在正文部分还设有 📚（知识链接）、❗（注意）、👤（想一想）、✍（做一做）等互动环节，由一个知识点展开，扩大思维空间，有利于举一反三和多向思维能力的培养，将课程知识融于机械工程实践中，更好地突出职业能力培养，使学生职业技能的形成时间前移。

（4）本书提供 19 个实例和 22 个综合实例，有助于快速理解和掌握相应知识与技能。

（5）全部采用最新的《技术制图》和《机械制图》等有关国家标准，使课程内容与行业技术的最新发展相一致。

（6）内容全面新颖，实用性很强，图文并茂，版面灵活，配有免费成套的课程数字化教学资源和精品课网站，能满足各院校多个专业的实际课程教学需要。在项目任务的学习进程中，建议多采用现场教学、多媒体演示等现代教学手段，并通过向学生推荐相关工具书（如设计手册、国家标准等），指导学生利用网络搜寻专业信息等方式，有意识地培养学生的工程技术职业素养。

本书为高等职业本专科院校机械类和近机械类专业机械制图课程的教材，也可作为开放大学、成人教育、自学考试、中职学校及培训班的教材，以及企业技术人员和绘图人员的参考工具书。与本书配套使用的习题集同时出版。

本书由无锡职业技术学院华红芳、孙燕华任主编并统稿，马宏亮任副主编。其中单元 1～2 由华红芳、陈桂芬编写，单元 3 由马宏亮编写，单元 4～5 由华红芳、孙燕华、马宏亮编写，单元 8 由华红芳编写，单元 6～7、单元 9 由姚民雄、马宏亮编写，附录由华红芳编写。全书由浙江大学工程及计算机图形学研究所刘振宇教授主审，并提出了许多宝贵意见；在编写过程中还得到张小红、李雁南等学院同仁以及友好合作企业技术人员的大力支持和帮助，在此一并表示衷心感谢。

尽管我们在机械制图课程教学改革方面做出了很多年的努力，但由于编写时间和水平所限，疏漏及不妥之处仍在所难免，恳请广大读者批评指正。

为了方便教师教学，本书配有免费成套的课程数字化教学资源，请有需要的教师登录华信教育资源网（http://www.hxedu.com.cn）免费注册后再进行下载，有问题时请在网站留言或与电子工业出版社联系（E-mail:hxedu@phei.com.cn）。读者也可通过精品课网站（http://jpkc.wxit.edu.cn/2008_Jxlbj/index.html）浏览和参考更多的教学资源。

编者

目 录

绪论 ··· 1

模块 1　制图基础知识

单元 1　制图的基本知识 ·· 2
　　教学导航 ··· 2
　　1.1　基本制图标准 ··· 4
　　　　1.1.1　图纸幅面和格式 ··· 4
　　　　1.1.2　比例 ··· 6
　　　　1.1.3　字体 ··· 7
　　　　1.1.4　图线 ··· 8
　　　　1.1.5　尺寸标注 ··· 10
　　1.2　绘图仪器及工具的使用 ··· 13
　　　　1.2.1　图板、丁字尺、三角板 ··· 13
　　　　1.2.2　圆规、分规 ··· 15
　　　　1.2.3　绘图铅笔 ··· 15
　　　　1.2.4　其他工具 ··· 16
　　1.3　绘制平面图形 ··· 16
　　　　1.3.1　几何作图方法 ··· 16
　　　　1.3.2　平面图形的绘制方法 ··· 19
　　　　1.3.3　绘制平面图的工作过程 ··· 20
　　知识梳理与总结 ··· 21

单元 2　投影基础 ·· 23
　　教学导航 ··· 23
　　2.1　正投影及三视图 ··· 24
　　　　2.1.1　投影的基本知识 ··· 24
　　　　2.1.2　三视图的形成及画法 ··· 25
　　2.2　点、直线和平面的投影 ··· 31
　　　　2.2.1　点的投影 ··· 31
　　　　2.2.2　直线的投影 ··· 33
　　　　2.2.3　平面的投影 ··· 36
　　2.3　基本几何体 ··· 40
　　　　2.3.1　平面体 ··· 40
　　　　2.3.2　回转体 ··· 43

2.4 基本体的截交和相贯 … 46
2.4.1 截交线 … 47
2.4.2 相贯线 … 53
2.5 轴测图 … 58
2.5.1 轴测图的概念与性质 … 59
2.5.2 正等轴测图的画法 … 60
2.5.3 斜二等轴测图的画法 … 66
2.6 组合体 … 68
2.6.1 组合体的组合形式 … 68
2.6.2 组合体的三视图画法 … 70
2.6.3 组合体的尺寸标注 … 73
2.6.4 组合体视图的读图方法 … 78
2.7 图样画法 … 87
2.7.1 视图 … 87
2.7.2 剖视图 … 91
2.7.3 断面图 … 104
2.7.4 局部放大图和简化画法 … 107
2.7.5 机件表达方法的理解与应用 … 111
2.7.6 第三角画法的概念 … 113
知识梳理与总结 … 116

单元 3 AutoCAD 二维绘图基础 … 118
教学导航 … 118
3.1 AutoCAD 的基本操作 … 119
3.1.1 AutoCAD 软件的启动与退出 … 119
3.1.2 AutoCAD 2010 工作界面 … 119
3.1.3 AutoCAD 的图形文件管理 … 122
3.1.4 AutoCAD 命令的基本操作方法 … 124
3.1.5 AutoCAD 的数据输入方法 … 125
3.1.6 对象的选择方法 … 126
3.1.7 图形的显示控制 … 127
3.2 AutoCAD 绘图环境设置 … 128
3.2.1 AutoCAD 绘图环境的设置与调用 … 128
3.2.2 AutoCAD 绘图环境的保存与调用 … 133
3.3 AutoCAD 常用命令 … 134
3.3.1 AutoCAD 常用绘图命令 … 134
3.3.2 AutoCAD 常用编辑命令 … 138
3.4 AutoCAD 精确绘图辅助工具 … 144
知识梳理与总结 … 151

模块2　机械零部件的识读与测绘

单元4　轴套类零件 152

教学导航 152

4.1　零件的分类与视图选择 153
- 4.1.1　零件图的内容 153
- 4.1.2　常见零件的分类 154
- 4.1.3　零件的视图选择 155

4.2　轴套类零件上常见的工艺结构 157
- 4.2.1　螺纹 157
- 4.2.2　倒角、倒圆和中心孔 163
- 4.2.3　退刀槽和砂轮越程槽、键槽 164
- 4.2.4　钻孔结构 165

4.3　轴套类零件图的画法 166
- 4.3.1　轴套类零件的视图表达 166
- 4.3.2　轴套类零件的尺寸标注 168

4.4　轴套类零件的技术要求 171
- 4.4.1　零件的表面结构 171
- 4.4.2　极限与配合 176
- 4.4.3　几何公差 185
- 4.4.4　轴套类零件常见的技术要求 186

4.5　轴套类零件的识读与造型 188
- 4.5.1　识读轴套类零件图 188
- 4.5.2　轴套类零件的造型 191

4.6　轴套类零件的测绘 204
- 4.6.1　徒手绘图的方法 204
- 4.6.2　常用的测量工具及零件尺寸的测量方法 206
- 4.6.3　测绘零件图的方法和步骤 208
- 4.6.4　零件测绘时的注意事项 209

知识梳理与总结 212

单元5　盘盖类零件 213

教学导航 213

5.1　盘盖类零件的视图表达 214

5.2　盘盖类零件的尺寸及技术要求 215
- 5.2.1　盘盖类零件的尺寸注法 215
- 5.2.2　盘盖类零件的主要技术要求 216

5.3　盘盖类零件图的识读 217

5.4　盘盖类零件的三维造型 219

5.5　盘盖类零件的测绘 223

知识梳理与总结 225

单元 6　箱体类零件 226
　　教学导航 226
　　6.1　箱体类零件的视图表达 227
　　6.2　常见铸造工艺结构 228
　　　　6.2.1　铸造圆角 228
　　　　6.2.2　铸件壁厚 230
　　　　6.2.3　拔模斜度 231
　　　　6.2.4　凸台和凹坑 231
　　6.3　箱体类零件的尺寸标注 232
　　6.4　箱体类零件的技术要求 233
　　6.5　箱体类零件图的识读 234
　　6.6　箱体类零件的三维造型 236
　　6.7　箱体类零件的测绘 239
　　知识梳理与总结 241

单元 7　叉架类零件 242
　　教学导航 242
　　7.1　叉架类零件的视图表达 243
　　　　7.1.1　支架类零件的视图表达 243
　　　　7.1.2　叉类零件的视图表达 245
　　7.2　叉架类零件的尺寸标注 245
　　7.3　叉架类零件的技术要求 246
　　7.4　识读叉架类零件图 248
　　7.5　利用 AutoCAD 软件绘制叉架类零件图 251
　　知识梳理与总结 263

单元 8　标准件与常用件 264
　　教学导航 264
　　8.1　螺纹紧固件连接 265
　　　　8.1.1　常用螺纹紧固件的种类和标记 265
　　　　8.1.2　常用螺纹紧固件的画法 266
　　　　8.1.3　螺纹紧固件连接的画法和注意事项 266
　　8.2　齿轮 271
　　　　8.2.1　直齿圆柱齿轮 271
　　　　8.2.2　圆锥齿轮传动 277
　　　　8.2.3　蜗杆蜗轮传动 280
　　8.3　键连接与销连接 285
　　　　8.3.1　键连接 285
　　　　8.3.2　销连接 287

  8.4 滚动轴承 289
    8.4.1 滚动轴承的结构和种类 289
    8.4.2 滚动轴承的代号 290
    8.4.3 滚动轴承的画法 292
  8.5 弹簧 293
    8.5.1 圆柱螺旋压缩弹簧各部分的名称及尺寸计算 294
    8.5.2 圆柱螺旋压缩弹簧的规定画法 295
  知识梳理与总结 297

单元 9 机械部件 298
  教学导航 298
  9.1 装配图的内容 300
  9.2 装配图的表达方法 300
    9.2.1 装配图的规定画法 300
    9.2.2 部件的特殊表达方法 301
    9.2.3 装配图表达方案的选择 304
  9.3 装配图尺寸及技术要求标注 304
    9.3.1 尺寸标注 304
    9.3.2 技术要求的注写 305
  9.4 装配图的零件编号及明细栏 307
    9.4.1 装配图上的序号 307
    9.4.2 明细栏的编制 307
  9.5 绘制装配图的方法和步骤 307
  9.6 常见的装配工艺结构 312
    9.6.1 面与面之间的接触性能 312
    9.6.2 应保证有足够的装配、拆卸操作空间 313
    9.6.3 零件在轴向的定位结构 313
    9.6.4 密封装置的结构 314
  9.7 装配图的识读 315
    9.7.1 阅读装配图的要求 315
    9.7.2 读装配图的方法和步骤 315
    9.7.3 由装配图拆画零件图 318
  9.8 部件测绘的要求与步骤 322
  9.9 利用 AutoCAD 软件绘制部件装配图 328
  知识梳理与总结 333

附录 A 常用的机械制图国家标准 334
  表 A-1 普通螺纹直径与螺距 334
  表 A-2 管螺纹 335
  表 A-3 常用的螺纹公差带 335
  表 A-4 六角头螺栓（1） 336

表 A-5	六角头螺栓（2）	337
表 A-6	Ⅰ型六角头螺母	338
表 A-7	平垫圈	339
表 A-8	标准型弹簧垫圈	339
表 A-9	双头螺柱	340
表 A-10	螺钉	341
表 A-11	内六角圆柱头螺钉	342
表 A-12	紧定螺钉	343
表 A-13	平键及键槽	344
表 A-14	圆柱销	345
表 A-15	圆锥销	345
表 A-16	滚动轴承	346
表 A-17	标准公差	347
表 A-18	优先配合中轴的极限偏差	348
表 A-19	优先配合中孔的极限偏差	349
表 A-20	倒圆和倒角	350
表 A-21	回转面及端面砂轮越程槽	350
表 A-22	普通螺纹退刀槽和倒角	351
表 A-23	紧固件螺栓和螺钉通孔及沉头用沉孔	352
表 A-24	滚花	352
表 A-25	常用金属材料	353
表 A-26	常用非金属材料	355
表 A-27	材料常用热处理和表面处理名词解释	355

附录 B　常用的机械制图术语中英文对照　356

参考文献　357

绪 论

自从劳动开创人类文明史以来，图形和文字一样，都是人类借以表达、构思、分析和交流技术思想的基本工具。从远古时代象形文字的产生到现代利用火星探测器对火星地貌进行探测，始终与图形有着密切关系。图形的重要性是别的任何表达方法所不能替代的。

根据投影原理，并按照国家标准，准确地表达工程对象的形状、大小和技术要求的"图"，称为**工程图样**。在工程界，设计部门用图样表达设计意图，而制造和施工部门依照图样进行制造和建造，因此图样是生产中的基本技术文件，人们常把它称为"工程技术界的共同语言"。这种工程技术语言的总称叫**工程图学**，按行业可细分为"机械制图"、"建筑制图"、"电气制图"、"地图制图"、"化工制图"等，其中"机械制图"是最庞大的一个分支。

1. 本课程的研究对象

《机械制图》是一门研究绘制和阅读机械图样、图解空间几何问题的理论和方法的技术基础学科，主要内容是正投影理论和国家标准《技术制图》、《机械制图》的有关规定。本课程的研究对象主要是各类机械零部件及机械图样。

2. 本课程的任务和要求

机械图样是制造机器、仪器和进行工程施工的主要依据。在机械制造业中，机器设备是根据图样加工制造的。如果要生产一部机器，首先必须画出表达该机器的装配图和所有零件的零件图，然后根据零件图制造出全部零件，最后按装配图装配成机器。本课程的学习要求具体如下：

（1）掌握用正投影法，通过图表示空间物体的基本理论和方法；

（2）培养绘制和阅读机械图样的能力；

（3）培养用仪器绘图、用计算机绘图和手工绘制草图的能力；

（4）能根据国家标准，运用所学的基本理论知识和技能，看懂和绘制典型机械零部件的工程图样，初步掌握查阅有关手册及相关标准的能力；

（5）培养空间逻辑思维与形象思维的能力，以及分析问题和解决问题的能力；

（6）培养认真负责的工作态度和严谨细致的工作作风。

3. 本课程程的学习方法

《机械制图》课程是一门既有系统理论，又比较注重实践的专业技术基础课。本课程的各部分内容既紧密联系，又各有特点。由于课程的实践性很强，所以多动手、多练习也是学好本门课程的一大诀窍。

（1）坚持理论联系实际，注意画图与识图相结合，物体与图样相结合，加强"由物到图"和"由图到物"的训练，多画多看，逐步培养空间想象能力，提高识图和绘图能力。

（2）本课程配有一定量的课后练习，通过用仪器绘图、用计算机绘图及手工绘制草图的循环训练，强化绘图技巧，不断提高绘图能力。绘图前要做到心中有数，勤于思考，认真、独立地完成每一次练习。

（3）严格遵守《机械制图》等国家标准，并具备查阅有关标准和资料的能力，了解标准的更新与变化动态。

模块 1　制图基础知识

单元 1　制图的基本知识

教学导航

学习目标	了解图幅、比例、字体、图线等基本制图标准，学会利用绘图工具，规范地绘制零件的平面图
学习重点	图线的画法及应用；尺寸注法；绘图工具的使用方法；常见的几何作图方法；平面图形的尺寸分析、线段分析及绘图步骤
学习难点	平面图形的尺寸标注及作图规范
建议课时	6～8课时

单元1 制图的基本知识

图样是现代机器制造过程中重要的技术文件之一，是工程界的技术语言。设计师通过图样设计新产品，工艺师依据图样制造新产品。此外，图样还广泛应用于技术交流。

为了在各工业部门进行科学的生产和管理，需要对图样的各个方面（如图幅的安排、尺寸注法、图纸大小、图线粗细等）有统一的规定，这些规定称为**制图标准**。制图标准常按照适用范围分为国家标准、行业标准等。

图1-1为连接套的零件工作图，即表达该零件制造、检验等相关信息的图样。绘制这样的一张图样需要遵循制图的基本理论及相关国家标准。国家标准一般由国家质量监督检验检疫总局批准发布和实施。用AutoCAD绘图软件绘制的连接套的三维造型如图1-2所示。

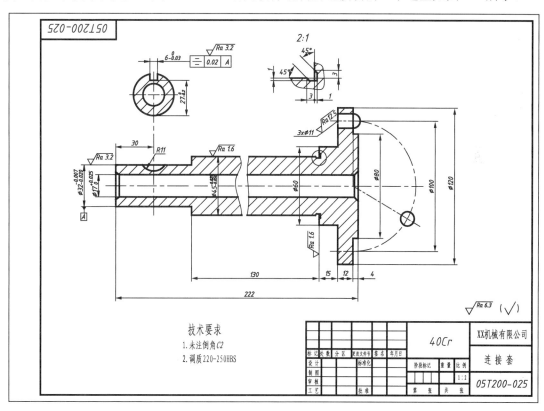

图1-1 连接套零件图

图1-2 连接套的三维造型

国家标准《技术制图》和《机械制图》是工程界重要的技术基础标准，是绘制和阅读机械图样的准则和依据。《技术制图》标准普通适用于工程界各种专业技术图样（如机械、建筑、电器等行业），其涉及范围较广，而《机械制图》标准则适用于机械图样。

国家标准号的含义如图 1-3 所示。"GB/T" 表示"推荐性国家标准"，是 GUOJIA BIAOZHUN（国家标准）和 TUIJIAN（推荐）的缩写，如果"GB"后没有"/T"时则表示"强制性国家标准"，"17451" 是该标准的编号，"1998" 表示该标准是 1998 年发布的。"国家标准"简称"国标"。

当新的《技术制图》标准发布后，并未写明代替相应的《机械制图》标准，相应的《机械制图》标准也未及时根据《技术制图》进行修订，此时应同时贯彻两种标准，在这种情况下，《机械制图》的规定可作为《技术制图》规定的补充，当《技术制图》标准与《机械制图》标准发生矛盾时，则服从《技术制图》标准的新规定。

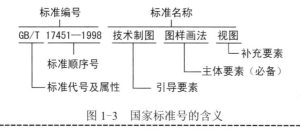

图 1-3 国家标准号的含义

1.1 基本制图标准

1.1.1 图纸幅面和格式

1. 图纸幅面

国家标准 GB/T 14689—2008《技术制图 图纸幅面和格式》对图纸的幅面尺寸和格式做出了规定。

绘图时先要选取图纸幅面大小，以便于图纸资料的装订和管理。图纸的基本幅面分为 A0、A1、A2、A3、A4 五种幅面。表 1-1 为基本幅面的尺寸，图纸的宽用 B 表示，长用 L 表示，图框外的周边分别用 c、a 或 e 表示。图 1-4 为基本幅面的尺寸关系。

表 1-1 图纸幅面的尺寸

幅面代号	$B\times L$	c	a	e
A0	841×1189	10	25	10
A1	594×841	10	25	10
A2	420×594	10	25	10
A3	297×420	5	25	5
A4	210×297	5	25	5

单元 1　制图的基本知识

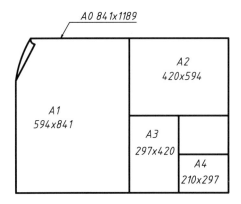

图 1-4　基本幅面的尺寸关系

> ❗ 绘制图样时，应优先采用表 1-1 所规定的基本幅面，必要时，也允许选用国家标准所规定的加长幅面，这些幅面的尺寸由基本幅面的短边成整数倍增加后得出。

2．图框

图纸上必须用粗实线绘制图框，其格式一般分为留装订边和不留装订边两种，但同一产品的图样只能采用同一种格式的图框，如图 1-5（a）、（b）所示。

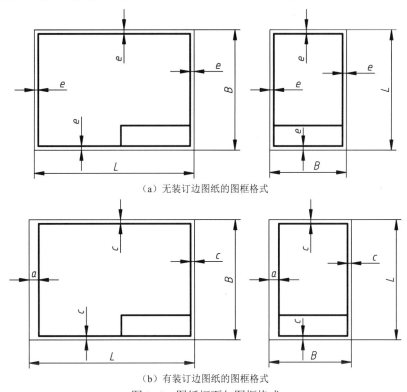

（a）无装订边图纸的图框格式

（b）有装订边图纸的图框格式

图 1-5　图纸幅面与图框格式

3．看图方向和对中符号

标题栏在图框的右下角，标题栏中的文字方向为看图方向。如果使用预先印制好的图纸，需要改变标题栏的方位时，必须将其旋转至图纸的右上角。这时要按方向符号看图，即在图纸下边对中点处画上一个等边三角形作为方向符号，如图 1-6 所示。

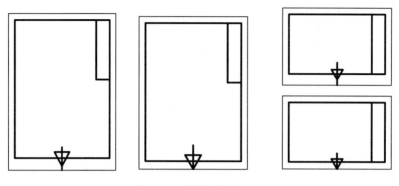

图 1-6 图纸的看图方向

4．标题栏

国家标准 GB/T 10609.1—2008《技术制图 标题栏》对技术图样中标题栏的内容、格式及尺寸做了统一规定。图 1-7 所示为标题栏应用最多的格式，图 1-8 为简易的标题栏格式。

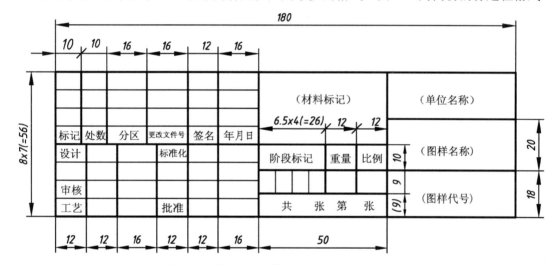

图 1-7 常用标题栏格式、内容及主要尺寸

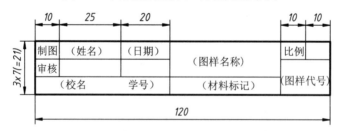

图 1-8 简易标题栏格式、内容及主要尺寸

1.1.2 比例

比例是指图样中图形与其实物相应要素的线性尺寸之比。国家标准 GB/T 14690—1993《技术制图 比例》对制图比例及标注方法做了规定。绘图时尽可能按表 1-2 在第一系列中选

单元 1 制图的基本知识

表 1-2 比例

种 类	第 一 系 列	第 二 系 列
原值比例	1:1	
放大比例	2:1，5:1，$1\times10^n:1$，$2\times10^n:1$，$5\times10^n:1$	2.5:1，4:1，$2.5\times10^n:1$，$4\times10^n:1$
缩小比例	1:2，1:5，$1:1\times10^n$，$1:2\times10^n$，$1:5\times10^n$	1:1.5，1:2.5，1:3，1:4，1:6，$1:1.5\times10^n$，$1:2.5\times10^n$，$1:3\times10^n$，$1:4\times10^n$，$1:6\times10^n$

取适当的比例，必要时也允许选取第二系列中的比例。用不同比例绘制的图形如图 1-9 所示。

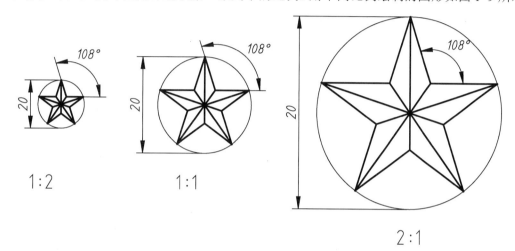

图 1-9 不同比例绘制的图形

> 画图时优先采用原值比例。但不论采用何种比例，图形中所标注的尺寸数值均填写机械零部件的实际尺寸，与比例无关；另外角度的大小也与比例无关。
>
> 比例一般应标注在标题栏中的"比例"一栏内。必要时，可在视图名称的下方或右侧标注比例。

1.1.3 字体

国家标准 GB/T 14691—1993《技术制图 字体》对图样中的汉字、数字、字母的结构形式与基本尺寸做出了规定。书写时必须做到：字体工整、笔画清楚、间隔均匀、排列整齐。字体的号数即为字体的高度 h，分为八种：20、14、10、7、5、3.5、2.5、1.8（单位为 mm）。

汉字应写成长仿宋体字，并应采用国务院正式推行的《汉字简化方案》中规定的简化字。其书写要领为：横平竖直、注意起落、结构均匀、填满方格。汉字的高度 h 不应小于 3.5 mm，其宽高比为 $1/\sqrt{2}$，可近似看成宽/高=2/3。

字母和数字分为 A 型和 B 型。其中 A 型字体的笔画宽度（d）为字高（h）的 1/14，B 型字体的笔画宽度则为字高的 1/10。字母和数字可写成斜体和直体。斜体字字头向右倾斜，与水平基准线成 75°。绘图时，一般用 B 型斜体字。在同一图样上，只允许选用一种字体。示例字体如图 1-10 所示。

10号汉字

字体工整笔画清楚间隔均匀排列整齐

7号字

横平竖直注意起落结构均匀填满方格

5号字

技术制图机械电子汽车航空船舶土木建筑矿山井坑港口纺织服装

A型　　　　　　　　　　　　　B型

图1-10　字体示例

> 文字是工程图样上必不可少的内容。同学们，拿出铅笔来好好练练吧，写得一手好字将为图样增添不少的光彩！练字非一日之功，贵在坚持！

1.1.4　图线

国家标准GB/T 17450—1998《技术制图 图线》、GB/T 4457.4—2002《机械制图 图样画法 图线》对图线的名称、型式、结构、标记及画法做出了规定。机械制图中常用到的图线的线型及其应用示例如表1-3和图1-11所示。机械图样中采用粗细两种图线宽度，其比例为2:1，粗线宽度通常采用d=0.5 mm或0.7 mm。

表 1-3　图线的线型及其应用

图线名称	图线的线型	图线宽度	应用举例
粗实线	————————————	$d≈0.5\sim2$	可见轮廓线
细实线	————————————	$d/2$	尺寸线、尺寸界线、剖面线、重合断面的轮廓线、过渡线
细虚线	- - - - - 2-6 ≈1 - - - - -	$d/2$	不可见轮廓线
细点画线	— · — ≈30 — ≈3 — · —	$d/2$	轴线、对称中心线、轨迹线
粗点画线	— · — ≈15 — ≈3 — · —	d	限定范围表示线
细双点画线	— · · — ≈20 — 5 — · · —	$d/2$	相邻辅助零件的轮廓线、极限位置的轮廓线
波浪线	～～～～	$d/2$	断裂处的边界线、视图与剖视的分界线
双折线	—/\—/\—	$d/2$	与波浪线的应用相同
粗虚线	━ ━ ━ ━ ━	d	允许表面处理的表示线

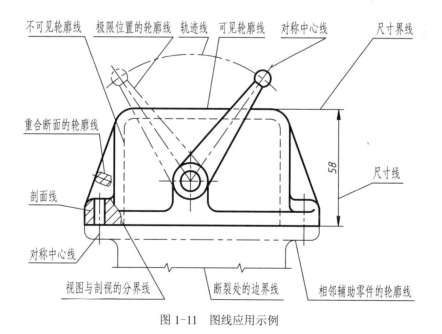

图 1-11　图线应用示例

> 绘制各种图线时，应注意以下几点（图1-12）：
>
> （1）在同一图样中，同类图线的宽度应基本一致。虚线、点画线及双点画线的线段和间隔应各自大小相等。
>
> （2）绘制圆的对称中心线时，圆心应为线段的交点，且超出轮廓3~5 mm。点画线和双点画线的首末两端应是线段而不是短划。在较小的图形上绘制点画线、双点画线有困难时，可用细实线代替。
>
> （3）两条平行线（包括剖面线）之间的距离一般不小于粗实线宽度的两倍，其最小距离不小于0.7 mm。

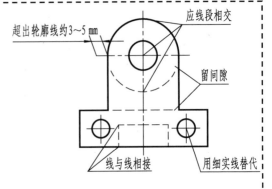

图1-12　图线的画法及注意事项

1.1.5 尺寸标注

国家标准 GB/T 16675.2—1996《技术制图　简化表示法　第 2 部分：尺寸注法》、GB/T 4458.4—2003《机械制图　尺寸注法》对图样中标注尺寸的方法做出了规定。

图形只能表示物体的形状结构，物体的大小通过标注尺寸来确定。

1．标注尺寸的总则

（1）图样上标注的尺寸数值必须是物体的真实大小，与图形的绘图比例和精度无关。

（2）图样中的尺寸以 mm 为单位，不必注明。如用其他单位则必须注明单位符号。

（3）所标注的尺寸数值是物体的最后完工尺寸。

（4）对机件的每一尺寸，一般只标注一次。

2．尺寸标注的要素

尺寸标注由尺寸界线、尺寸线和尺寸数字三个要素组成，如图 1-13 所示。

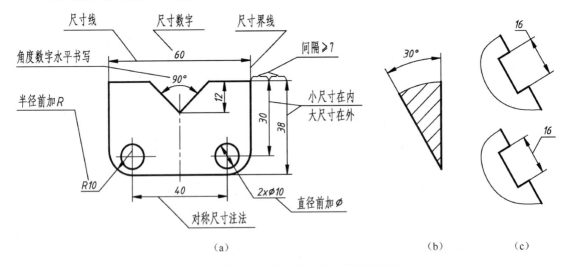

图1-13　标注尺寸的要素和尺寸标注法示例

1)尺寸界线

尺寸界线用细实线绘制,并应由图形的轮廓线、轴线或对称中心线处引出。也可利用轮廓线、轴线或对称中心线作为尺寸界线。尺寸界线一般应与尺寸线垂直,并超出尺寸线终端 2 mm 左右。

2)尺寸线

尺寸线用细实线绘制。尺寸线必须单独画出,不能与图线重合或在其延长线上。

尺寸线的终端有箭头(通常机械图样用)和斜线(通常土建图样用)两种,如图 1-14 所示,一般同一图样中只能采用一种尺寸线终端形式。

图 1-14 尺寸线终端的形式

3)尺寸数字

尺寸数字一般注写在尺寸线的上方或中断处,并尽量避免在图示30°范围内(见图1-13(b))标注尺寸,当无法避免时,可按图 1-13(c)所示标注。尺寸数字不可被任何图线所通过,否则必须把图线断开,如图 1-15 中的尺寸 ϕ50、ϕ30 及 50。

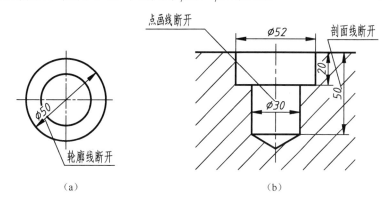

(a)　　　　　　　　　　　　　(b)

图 1-15 尺寸数字

在标注尺寸时,应尽可能使用符号和缩写词。常用的符号和缩写词如表 1-4 所示。

表 1-4 常用的符号和缩写词

名称	符号或缩写词	名称	符号或缩写词
直径	ϕ	45°倒角	C
半径	R	深度	↓
球直径	Sϕ	沉孔或锪平沉孔	⌄
球半径	SR	埋头孔	⌴
厚度	t	均布孔	EQS
正方形	□		

常用尺寸标注法的基本规则，参见表 1-5。

表 1-5 常用尺寸的标注方法

标注内容		示　例	说　明
线性尺寸		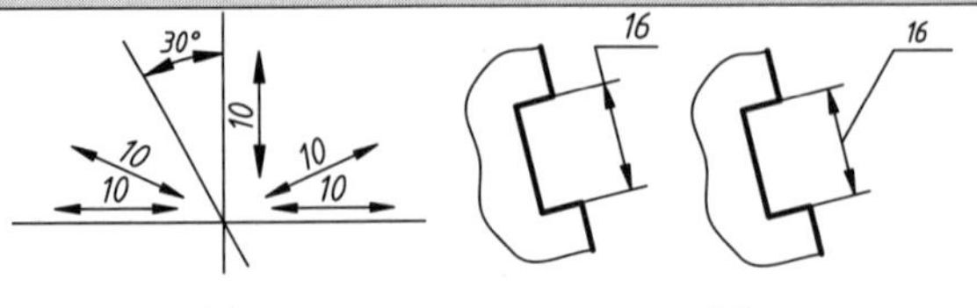 (a)　(b)	尺寸线必须与所标注的线段平行，大尺寸要标在小尺寸的外面，尺寸数字应按图（a）中所示的方向标注。如果尺寸线在图示 30°范围内，则应按图（b）的形式标注
圆弧	直径尺寸	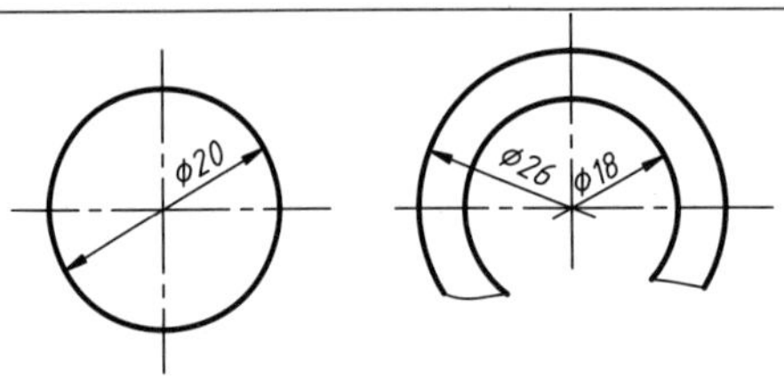	标注圆或大于半圆的圆弧时，尺寸线通过圆心，以圆周为尺寸界线，尺寸数字前加注直径符号"ϕ"
	半径尺寸		标注小于或等于半圆的圆弧时，尺寸线自圆心引向圆弧，只画一个箭头，尺寸数字前加注半径符号"R"
大圆弧			当圆弧的半径过大或在图纸范围内无法标注其圆心位置时，可采用折线形式。若圆心位置不需要注明时，则尺寸线可只画靠近箭头的一段
小尺寸			对于小尺寸在没有足够的位置画箭头或标注数字时，箭头可画在外面，或用小圆点代替两个箭头；尺寸数字也可采用旁注或引出标注
球面			标注球面的直径或半径时，应在尺寸数字前分别加注符号"$S\phi$"或"SR"
角度			尺寸界线应沿径向引出，尺寸线画成圆弧，圆心是角的顶点。尺寸数字一律水平书写，一般注写在尺寸线的中断处，必要时也可按右图的形式标注

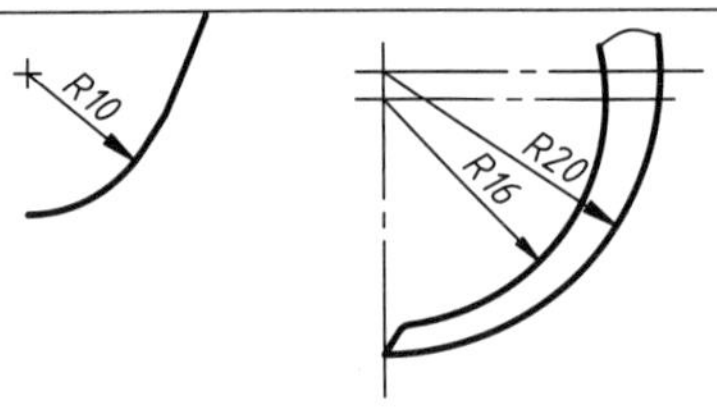

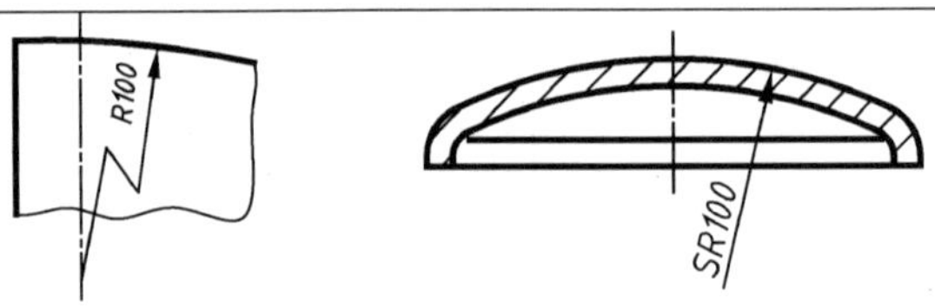

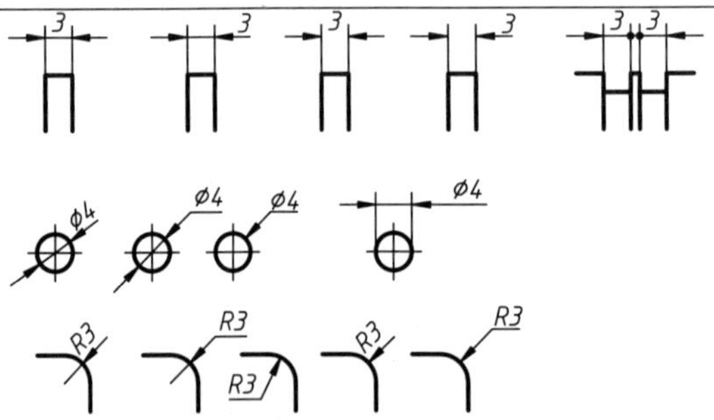

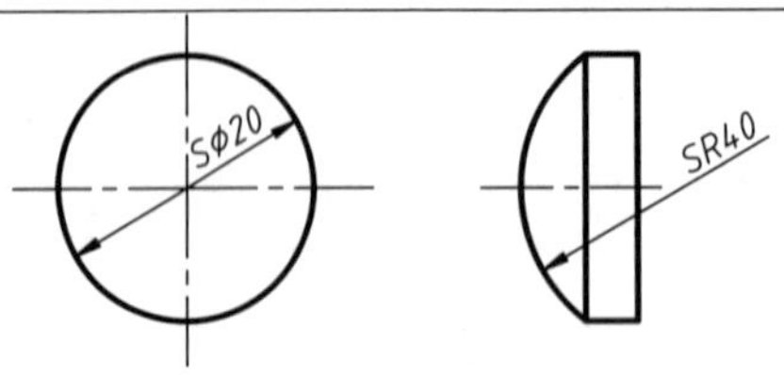

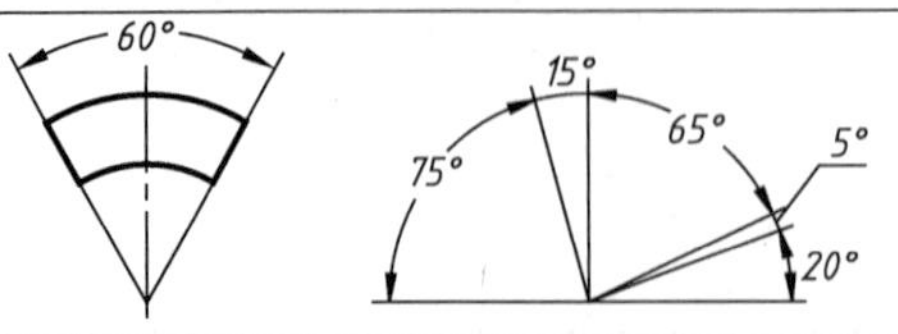

单元 1　制图的基本知识

续表

标注内容	示　例	说　明
弦长和弧长	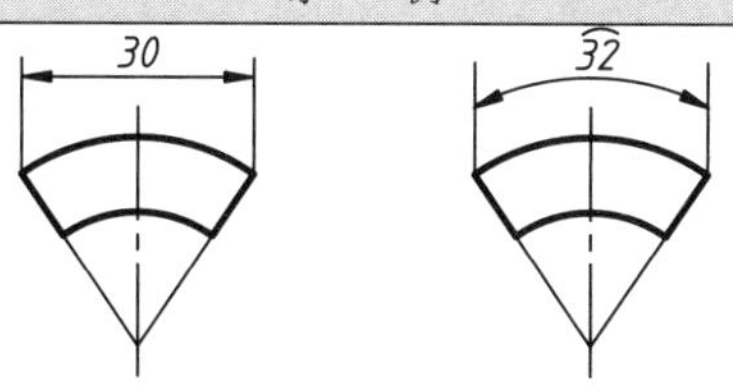 （图示：弦长30，弧长⌒32）	标注弦长和弧长时，尺寸界线应平行于弦的垂直平分线。弧长的尺寸线为同心弧，并应在尺寸数字上方加注符号"⌒"
只画一半或大于一半时的对称机件	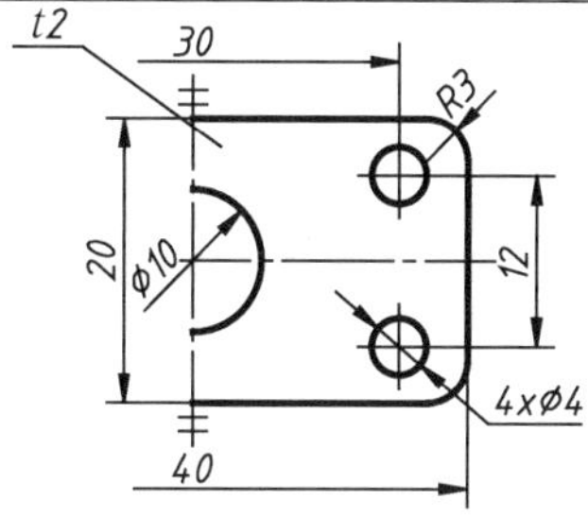 （图示：t2, 30, R3, Ø10, 20, 12, 4×Ø4, 40）	尺寸线应略超过对称中心线或断裂处的边界线，仅在尺寸线的一端画出箭头
板状零件		标注板状零件的尺寸时，在厚度的尺寸数字前加注符号"t"
光滑过渡处的尺寸	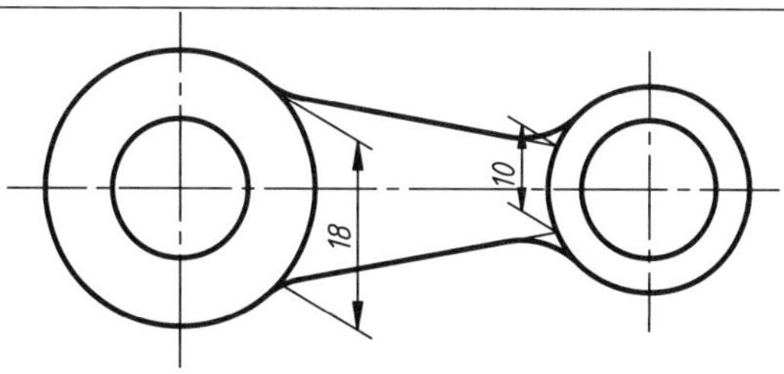 （图示：连杆，10，18）	在光滑过渡处，必须用细实线将轮廓线延长，并从它们的交点引出尺寸界线
允许尺寸界线倾斜		尺寸界线一般应与尺寸线垂直，必要时允许倾斜
正方形结构	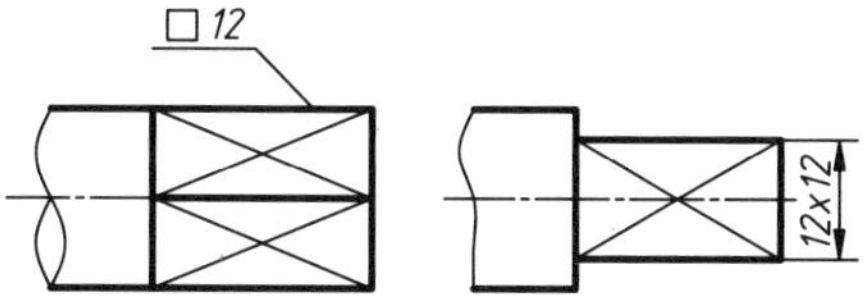 （图示：□12，12×12）	标注机件的剖面为正方形结构的尺寸时，可在边长尺寸数字前加注符号"□"，或用"12×12"代替"□12"。图中相交的两条细实线是平面符号

> ❗ 尺寸是反映机械零部件大小的参数，没有尺寸的工程图样一般是无实际意义的。零部件的尺寸标注既有国家标准的严格要求，又直接关系到企业产品的质量，来不得半点马虎。正所谓"差之毫厘，谬以千里"，大家一定要掌握好尺寸标注的规范，养成良好的作图习惯。
> 　　另外，本单元讲述的内容只涉及尺寸标注的"正确性、完整性、清晰性"，尺寸标注的"合理性"与生产实践经验有关，大家将在本课程的后续章节及其他专业课程中得到进一步的学习。去车间实训时，记得要细心观察。

1.2　绘图仪器及工具的使用

正确有效地使用绘图仪器和工具可以提高绘图的速度和图形的准确性。下面介绍几种常用的绘图工具及其用法。

1.2.1　图板、丁字尺、三角板

图板、丁字尺、三角板的使用示意图如图1-16所示。

（1）图板：用来贴放图纸，板面要求平整，左边为导边，必须平直。图纸用胶带纸固定在图板上，当图纸较小时应将图纸铺贴在图板靠近左上方的位置。

（2）丁字尺：由尺头和尺身构成，主要用来画水平线，与三角板配合使用可画铅垂线以及与水平线成 30°、45°、60° 的倾斜线。使用时尺头内侧必须紧贴图板的导边，上下移动，由左向右画水平线，铅笔前后方向应与纸面垂直，而在画线前进方向倾斜约 30°，如图 1-17 所示。

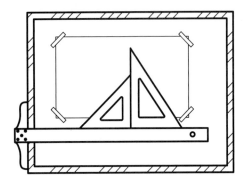
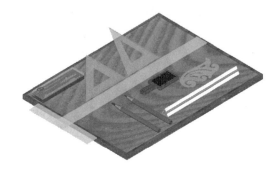

图 1-16　图纸与图板

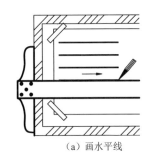
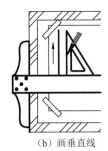
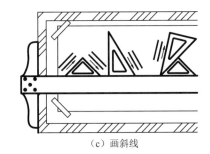

（a）画水平线　　　（b）画垂直线　　　（c）画斜线

图 1-17　用丁字尺、三角板画线

（3）三角板：一副三角板由 30°（60°）、45° 两块三角板组成，三角板的角分为 45° 和 30°、60°。三角板可配合丁字尺画铅垂线及 15° 倍角的斜线，或用两块三角板配合画出任意角度的平行线或垂直线，如图 1-18 所示。

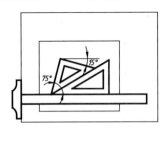
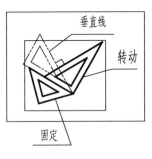
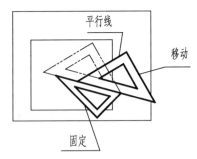

图 1-18　两块三角板配合使用

准备好上述工具、A4 图纸以及 HB 铅笔、胶带纸等，试试看如何粘贴图纸、如何绘制水平线、铅垂线及 15° 倍角线。

单元 1 制图的基本知识

1.2.2 圆规、分规

1. 圆规

圆规用来画圆和圆弧。画圆时，圆规的钢针应将有台阶的一端朝下，以避免图纸上的针孔不断扩大，并使笔尖与纸面垂直，圆规的使用方法如图 1-19 所示。

2. 分规

分规的两个针尖并拢时应对齐，分规主要用来量取线段长度或等分已知线段。分规的两个针尖应调整平齐。用分规等分线段时，通常要用试分法，如图 1-20 所示。

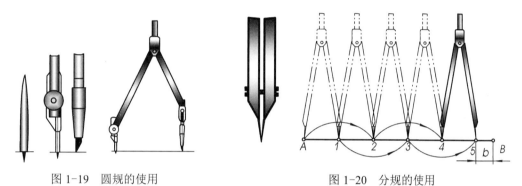

图 1-19 圆规的使用　　　　　　图 1-20 分规的使用

1.2.3 绘图铅笔

绘图用铅笔的铅芯分别用"B"和"H"表示其软硬程度，绘图时根据不同使用要求来选择。其中：

H（Hard）：表示硬的铅芯，分为 H、2H…等，数字越大的铅笔，其铅芯越硬。通常用 H 或 2H 的铅笔打底稿和加深细线。该类铅笔打磨时一般磨成圆锥形，如图 1-21（b）所示。

B（Black）：一般理解为软（黑）的铅芯，分为 B、2B…等，数字越大的铅笔，其铅芯越软。通常用 B 或 2B 的铅笔描深粗实线。该类铅笔打磨时一般磨成扁平状，其断面为矩形状，如图 1-21（c）所示。

HB：用 HB 标示的铅笔，其铅芯软硬适中，多用于写字。

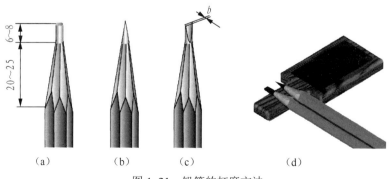

（a）　　　（b）　　　（c）　　　　　　（d）

图 1-21 铅笔的打磨方法

15

1.2.4 其他工具

绘图时还需备有削铅笔的小刀、磨铅芯的砂纸、橡皮,以及固定图纸的胶带纸等。

> ❗ "工欲善其事,必先利其器",记得绘图前要先准备好绘图工具。磨削铅笔要有耐心,特别要注意圆规中笔芯的修磨。正确地使用绘图工具和仪器,是保证绘图质量和绘图效率的一个重要方面。

1.3 绘制平面图形

机件的轮廓形状是由点、线、面这些最简单的几何要素构成的,因此在绘制图样时,必须熟练掌握几何作图的方法,提高图面质量和绘图速度。

几何作图内容包括:等分线段,等分圆周,斜度和锥度及圆弧连接等。

1.3.1 几何作图方法

1. 等分圆周作内接正多边形

(1)圆周的三等分和六等分:使用圆规的作图方法如图 1-22(a)、(b)所示。也可用丁字尺、三角板直接绘制。

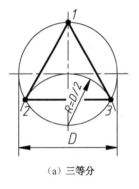
(a)三等分

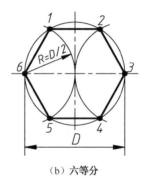
(b)六等分

图 1-22　圆周的三、六等分

(2)圆内接正五边形的画法,如图 1-23 所示。作图步骤如下:

① 作出已知圆半径 OC 的中垂线 AB,得到半径中点 D;

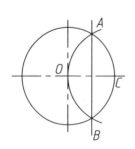 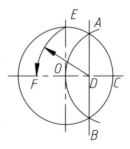 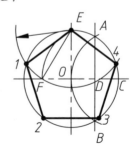

图 1-23　圆周的五等分

② 以 D 点为圆心作圆弧 EF，则直线 EF 即为正五边形的边长；

③ 以直线 EF 的长度值等分圆周得 1、2、3、4 点，顺次相连 E—1—2—3—4—E，即得圆的内接正五边形。

2．斜度和锥度

斜度和锥度的画法及标注如表 1-6 所示。

表 1-6 斜度和锥度的画法及标注

类别	定 义	标 注	画 法
斜度	斜度=H/L	∠1:n	∠1:10
锥度	锥度=D/L=（D-d）/l	◁1:n	1:5

（1）斜度：直线（平面）对另一直线（平面）的倾斜程度，在图样中以 1:n 的形式标注。其符号中斜线的方向应与斜度的方向一致。斜度符号的夹角为 30°，高度与字高相等。

（2）锥度：正圆锥的底圆直径与圆锥高度之比，如果是圆台则为上下两底圆的直径差与圆台高度的比值，在图样中以 1:n 的形式标注。其符号所示的方向应与锥度的方向一致。锥度符号的顶角为 30°，高度与字高相等。

在工业生产中有许多零部件具有斜度或锥度，例如图 1-24、1-25 所示为带有斜度或锥度的零件。

图 1-24 热轧工字钢上的斜度

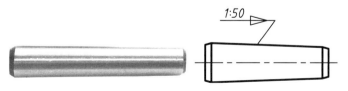

图 1-25 圆锥销

3. 圆弧连接

1）作图原理

圆弧连接无论是弧与弧的连接还是弧与直线的连接，都要以切点连接才属于光滑连接。因此圆弧连接的作图，可归结为求连接圆弧的圆心和切点的问题。一段线段（圆弧或直线）光滑地连接另外两条已知线段（直线或圆弧）的作图原理如图 1-26 所示，图中的点画线表示连接圆弧的圆心轨迹。

（a）圆弧—直线—圆弧　　　（b）圆弧—圆弧—圆弧　　　（c）直线—圆弧—直线

图 1-26　圆弧连接作图原理

2）作图方法

圆弧连接的作图方法有以下两种。

（1）用圆弧连接两条已知直线如图 1-27 所示。其中，R 为圆弧的半径，O 为圆弧的圆心，T_1 和 T_2 为两条直线与圆弧的连接切点。在知道圆弧半径值时按图中方法找出圆心后作出连接圆弧；也可在已知连接切点时按图中方法找出圆心后作出连接圆弧。

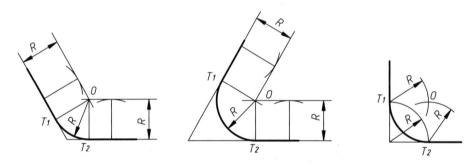

图 1-27　两直线间的圆弧连接

（2）用圆弧连接两段已知圆弧有外切、内切两种方法。

① 外切时，连接弧的圆心定位：用连接弧半径分别与两被连接弧半径相加，$R+R_1$、$R+R_2$，再分别以 O_1、O_2 为圆心，以 $R+R_1$、$R+R_2$ 为半径作弧，交点即是连接弧的圆心，如图 1-28（a）所示。

② 内切时正好相反，取 $R-R_1$、$R-R_2$ 为半径作弧，其他步骤与外切方法相同，见图 1-28（b）所示。

> ❗ 圆弧与圆弧（或直线）的光滑连接，关键在于正确找出连接圆弧的圆心以及切点的位置。记得画圆弧的"三步走"顺序：找圆心→定切点→光滑连接圆弧。

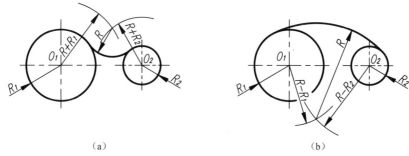

(a)　　　　　　　　　　　　(b)

图 1-28　用圆弧连接两段已知圆弧

1.3.2　平面图形的绘制方法

任何平面图形总是由若干线段（包括直线段、圆弧、曲线等）连接而成的，每条线段又由相应的尺寸来决定其长短（或大小）和位置。一个平面图形能否正确绘制出来，要看图中所给的尺寸是否齐全和正确。因此，绘制平面图形时应先进行尺寸分析和线段分析，以明确作图步骤。

1．尺寸分析

平面图形中所标注尺寸按其作用主要可分为两类：定形尺寸和定位尺寸。

（1）定形尺寸是确定几何图形的线段长度、圆的直径或半径等数值的尺寸，如图 1-29 中的 $R10$、$R50$、$R12$、$R15$、$\phi 5$、$\phi 20$、15 等尺寸。

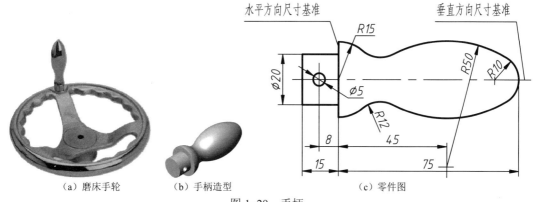

（a）磨床手轮　　（b）手柄造型　　（c）零件图

图 1-29　手柄

（2）定位尺寸是确定几何图形的线段、圆心、对称中心等位置的尺寸，如图 1-29 中的 8、45 等尺寸。

（3）有些尺寸既属于定形尺寸又属于定位，如尺寸 75，既确定手柄右端长，又确定 $R10$ 圆弧的圆心位置。

（4）尺寸基准是指在每个方向上标注尺寸的起始几何要素（点、线），如图 1-29 中指出的水平方向尺寸基准和垂直方向尺寸基准。

2．线段分析

以线段的定位、定形尺寸是否标注齐全，可将线段分为已知线段、中间线段和连接线段三类，这里的"线段"泛指图样上的直线、弧、圆、曲线等。

（1）已知线段：具有定形尺寸和定位尺寸，能直接画出的线段。如图1-29中的 R10 弧、R15 弧、ϕ5 圆、ϕ20 和尺寸 15 组成的矩形框等线段。

（2）中间线段：有定形尺寸和一个定位尺寸的线段，它必须依靠某一端与相邻线段间的连接关系才能画出。如图1-29中的 R50 圆弧。

（3）连接线段：具有定形尺寸而无定位尺寸的线段，它必须依靠两端与另两相邻线段的连接关系方能画出。如图1-29中的线段 R12。

3．平面图形的画法

平面图形的绘制，关键在于根据图形及所标注的尺寸进行尺寸分析及线段分析，确定尺寸基准。以手柄平面图形为例进行说明，画图步骤如图1-30所示。

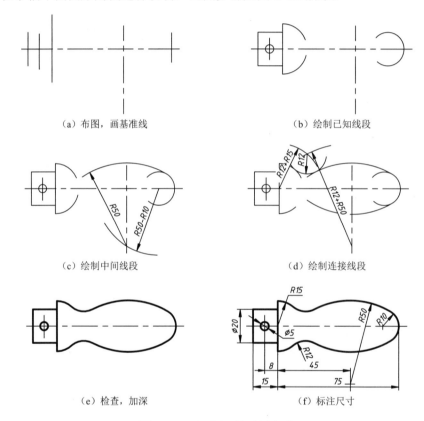

图 1-30 平面图形的画图步骤

1.3.3 绘制平面图的工作过程

1．画图前的准备工作

（1）准备好必需的制图工具和仪器。

（2）确定图形采用的比例和图纸幅面的大小。

（3）画图框和标题栏框。

单元 1　制图的基本知识

? 观察一下图 1-31 所示支架零件的平面图形，请分析一下该图的尺寸基准、定位尺寸和线段类型吧！

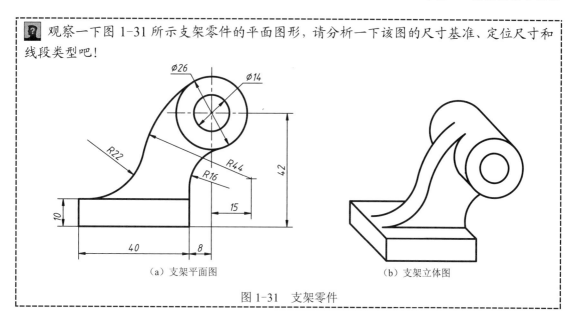

(a) 支架平面图　　　　　　　　　(b) 支架立体图

图 1-31　支架零件

2．画图步骤

（1）识读图形，分析图形与尺寸。

（2）画底稿图：先画作图基准，然后按**已知线段—中间线段—连接线段**的顺序进行图形绘制。

（3）底稿完成后先进行校对，再用铅笔描粗加深，并注意以下事项。

① 先粗后细：一般先描图中全部粗实线，再描深全部虚线、点画线及细实线；

② 先曲后直：在描深同一种线型（特别是粗实线）时，应先描深圆弧和圆，再描深直线，保证连接圆滑；

③ 先水平后垂斜：先用丁字尺自上而下画出全部相同线型的水平线，再用三角板自左向右画出全部相同线型的垂直线，最后画出倾斜的直线。

（4）画箭头，标注尺寸，填写标题栏。

知识梳理与总结

本单元重点学习了机械制图国家标准中的一般规定，具体包括图幅、比例、字体、图线及尺寸标注等有关规定；常见绘图工具的使用；几何图形的画法以及平面图形的尺寸分析、线段分析和绘制技能。本单元特别强调的是平面图形的绘制要点：要在分析清楚尺寸和线段的基础上，先绘制定位基准线，再按已知线段→中间线段→连接线段的顺序完成全图。

对于初学者来说，应严格遵守机械制图国家标准的有关规定，树立标准化的观念，养成良好的绘图习惯，正确、熟练地使用绘图工具和仪器，绘制出较好图面质量的工程图样。该部分内容中最容易出错的是尺寸标注的规范性，尺寸标注的细节很多，要在以后的学习中不断强化此项技能。

本单元的内容都结束了，知道平面图形的绘图流程了吗？请大家准备好必需的制图工具和仪器，来绘制一张 A4 的挂轮架零件平面图（见图 1-32）吧，你会很有成就感的！

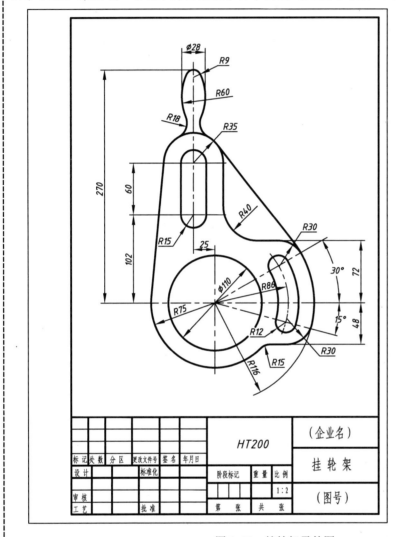

图 1-32 挂轮架零件图

单元2 投影基础

教学导航

学习目标	能绘制基本体的三视图；了解点、直线和平面投影的基本知识；学会基本体上截交线和相贯线的画法；能绘制组合体的三视图并正确进行尺寸标注，能识读组合体的三视图并绘制出轴测图；学会综合运用视图、剖视图、断面图、局部放大图及各类简化画法等，进行机件的视图表达；了解第三角画法的基本知识
学习重点	物体三视图的画法及对应关系；基本体的投影特征及画法；绘制轴测图的方法；组合体视图画法、尺寸标注及识读组合体视图的方法；各种视图、剖视图、断面图的画法及正确标注；机件常用的简化画法
学习难点	物体三视图的等量关系；常见基本体上常见截交线和相贯线的画法；形体分析法及线面分析法在组合体三视图的运用；各种表达方法（视图、剖视图、断面图、局部放大图、简化画法等）的综合运用及正确的尺寸标注
建议课时	30～40课时

2.1 正投影及三视图

2.1.1 投影的基本知识

光线照射物体时,可在地面或墙壁上产生影子,这是一种自然现象。利用这个原理在平面上绘制出物体的图像,以表示物体的形状和大小,这种方法称为投影法。工程上应用投影法获得工程图样的方法,是从自然界及日常生活中的一种光照投影现象抽象出来的。

投影法可分为中心投影法和平行投影法,是由投影中心、投影线和投影面三要素所决定的。

1. 中心投影法

如图 2-1 所示,投影线自投影中心 S 出发,将空间△ABC 投射到投影面 P 上,所得△abc 即为△ABC 的投影。这种投影线自投影中心出发的投影法称为中心投影法,所得投影称为中心投影。

中心投影法主要用于绘制建筑物或工业产品等富有真实感的立体图,也称透视图。但

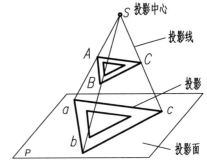

图 2-1 中心投影法

由于此法作图比较复杂,度量性也比较差,因此在机械图样中较少采用。

2. 平行投影法

若将投影中心 S 移到离投影面无穷远处,则所有的投影线都相互平行,这种投影线相互平行的投影方法,称为平行投影法,所得投影称为平行投影。平行投影法中以投影线是否垂直于投影面分为正投影法和斜投影法,两种投影的比较见表 2-1。

表 2-1 平行投影法的分类

类别	正投影法	斜投影法
定义	投影线垂直于投影面时的投影	投影线倾斜于投影面时的投影
示例		
应用场合	能正确地表达平面的真实形状和大小,度量性比较好,作图方便,主要用于绘制工程图样	主要用于绘制有立体感的图形,如斜轴测图

正投影具有真实性、积聚性、类似性的基本特性,详见表 2-2。

表 2-2　正投影法的基本特性

基本特性	定义	图示
真实性	平面图形（或直线段）平行于投影面时，其投影反映实形（或实长），这种投影性质称为真实性或全等性	
积聚性	平面图形（或直线段）垂直于投影面时，其投影积聚为线段（或一点），这种投影性质称为积聚性	
类似性	平面图形（或直线段）倾斜于投影面时，其投影变小（或变短），但投影形状与原来形状相类似，这种投影性质称为类似性	

> 投影是从大自然得到启示后建立的，人们在生产实际中认识到了正投影的作用并将其运用于工程技术服务中。在正投影的三大特性中，真实性是最直观的，积聚性、类似性使得看图有些不便，易产生错觉。只有了解了正投影的由来及特性，接下来才能正确地把握三视图的形成。

2.1.2　三视图的形成及画法

在机械制图中，通常把互相平行的投影线看做人的视线，用投影法将物体在某个投影面上的投影称为视图。

在正投影中，一般一个视图不能完整地表达物体的形状和大小，也不能区分不同的物体，例如图 2-2 所示，三个不同的物体在同一投影面上的视图完全相同。因此，要反映物体的完

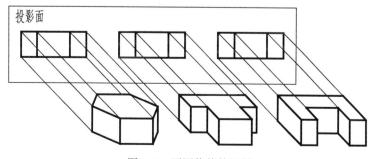

图 2-2　不同物体的视图

整形状和大小,必须增加由不同投射方向所得到的几个视图,互相补充,才能清楚地表达出物体的真实状态。工程上常用的是三面视图。

> 想想看,还有没有其他的物体,它的视图和图 2-2 相同?

1. 投影面体系

用三个相互垂直的投影面构成投影面体系。如图 2-3 所示,三个投影面分别称为:正立投影面,简称正面,以 V 表示;水平投影面,简称水平面,以 H 表示;侧立投影面,简称侧面,以 W 表示。三个投影面之间的交线 OX、OY、OZ 称为投影轴,分别代表物体的长、宽、高三个方向。

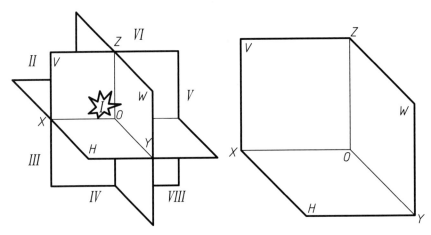

图 2-3 三投影面体系

2. 三面视图的形成

如图 2-4 所示,将物体(钩头楔键)置于三投影面体系中,用正投影法向三个投影面投射,即得三面视图,简称三视图。其中从前向后投影所得的视图称为主视图;从上向下投影所得的视图称为俯视图;从左向右投影所得的视图称为左视图。

3. 三面投影体系的展开

为了在图纸上(一个平面)上画出三视图,三个投影面必须如图 2-5 所示,正面保持不动,将水平绕 OX 轴向下旋转 90°,侧面绕 OZ 轴向右旋转 90°,从而把三个投影面展开在同一平面上,如图 2-6 所示。

三视图的配置关系为俯视图在主视图的正下方,左视图在主视图的正右方。三视图的位置及尺寸间的关系如图 2-7 所示。

单元 2 投影基础

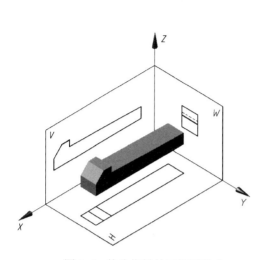

图 2-4 钩头楔键的三视图形成

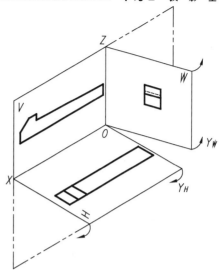

图 2-5 投影面的展开

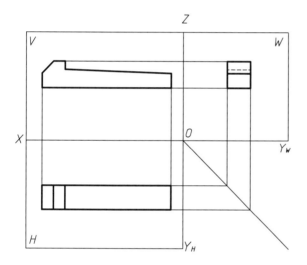

图 2-6 投影面展开后的三面视图

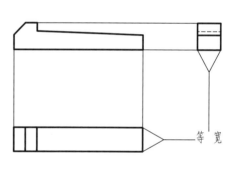

图 2-7 钩头楔键的三视图

> 三视图是工程图样最基本的表达形式，也是图样的核心内容，其本质是正投影的运用。画零件的三视图时注意以下两点：
> （1）图样上通常只画出零件的三面视图，而投影面的边框和投影轴都省略不画。在同一张图纸内按图 2-7 配置视图时，一律不注明视图的名称。
> （2）零件正投影时可见的投影用粗实线画出，不可见的投影用细虚线画出。在绘制零件的三视图时一定要仔细观察，以防漏线。仔细观察一下燕尾块和燕尾槽的三视图（见图 2-8、图 2-9），对图形中的线段做一下对比。

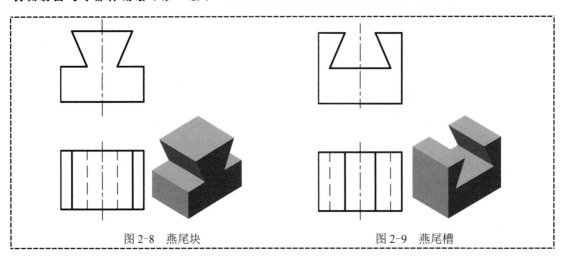

图 2-8　燕尾块　　　　　　　　图 2-9　燕尾槽

4. 三视图之间的投影及位置关系

如图 2-10 所示，从三视图之间的对应关系可以看出：主视图反映了零件的长度和高度，俯视图反映了零件的长度和宽度，左视图反映了零件的宽度和高度，且每两个视图之间有一定的对应关系。由此，可得到三个视图之间的如下投影关系：**主、俯视图长对正；主、左视图高平齐；俯、左视图宽相等。**

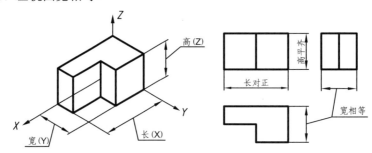

图 2-10　三视图的尺寸关系

如图 2-11 所示，不同的视图反映了物体不同的方位，其中：

主视图反映上、下、左、右的位置关系；
俯视图反映在左、右、前、后的位置关系；
左视图反映上、下、前、后的位置关系。

一旦零件对投影面的相对位置确实后，零件各部分的上、下、前、后及左、右位置关系在三视图上也就确定了。

> 绘制三视图时应注意投影关系及位置关系，着重注意以下两点：
> （1）"三等"投影关系（即长对正、高平齐、宽相等），不仅适用整个物体，也适用物体的局部。在画图、读图时应遵循和应用三视图的投影规律。
> （2）在位置关系中特别要注意在俯视图和左视图中，靠近主视图的一侧为物体的后面，远离主视图的一侧为物体的前面。弄清三视图的六个方位关系，对绘图、看图和判断物体之间的相对位置是十分重要的。

单元 2　投 影 基 础

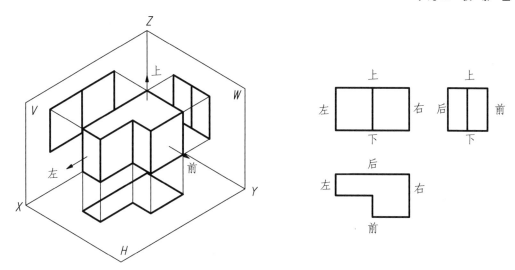

图 2-11　三视图的位置关系

5. 三视图的画法和作图步骤

下面以图 2-12 所示的垫块为例，来说明运用三视图之间投影关系的方法，以及绘制物体三视图的方法和步骤。

（1）分析物体。把物体位置放正，确定投影方向。选择主视图方向时，以最能反映物体形状特征和位置特征的方向为原则，并使各视图中的虚线尽量少，如图 2-12（a）所示。

（2）确定图幅和比例。根据物体的长、宽、高三个方向的最大尺寸，确定绘图的图幅和比例。

（3）布图，确定各视图的位置，作基准线，如图 2-12（b）所示。

（4）绘制底稿。一般从能反映物体特征的视图画起，如图 2-12（c）、(d) 所示。

（5）检查底稿，加深，描粗，完成垫块的三视图，如图 2-12（e）所示。

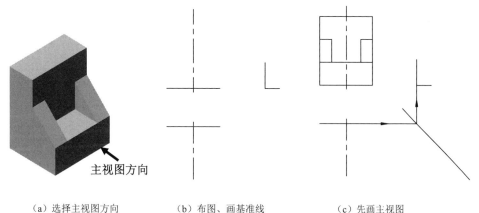

（a）选择主视图方向　　　（b）布图、画基准线　　　（c）先画主视图

图 2-12　三视图的绘图步骤

29

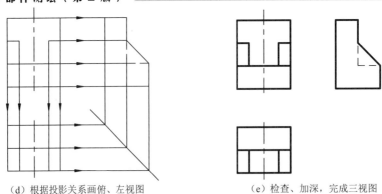

(d) 根据投影关系画俯、左视图　　　　　　(e) 检查、加深，完成三视图

图 2-12　三视图的绘图步骤（续）

在绘制带有圆柱或圆柱孔结构的三视图时，要注意圆孔的画法以及虚线的画法。如图 2-13 所示的圆柱套筒，在投影为圆的俯视图中，圆心用两条相互垂直的点画线表示（称为圆的中心线）；另外两个圆柱投影为矩形的主视图和左视图中，圆柱中心所在轨迹处画的点画线称为轴线（详见 2.2.2 节回转体中的内容）。

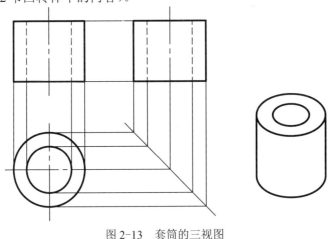

图 2-13　套筒的三视图

试结合圆筒三视图中圆孔及虚线的画法，分析图 2-14 所示压板架及其圆孔的绘制方法。

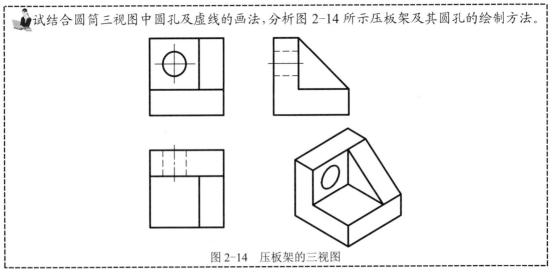

图 2-14　压板架的三视图

2.2 点、直线和平面的投影

组成物体的基本几何元素是点、线、面,如图 2-15 所示的三棱锥,就包含了四个平面、六条直线和四个点。绘制该三棱锥的三视图,实际上就是画出构成棱锥表面的这些点、直线和平面的投影。因此,为了顺利表达各种产品的结构,应该首先掌握几何元素的投影特性和作图方法,这对画图和读图具有很重要的意义。

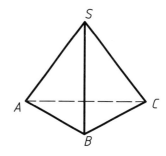

图 2-15 三棱锥

2.2.1 点的投影

1. 点的三面投影

如图 2-16(a)所示,假设三投影面体系第一分角内有一个点 A,过 A 点分别向 H、V、W 投影面投射,得到 A 点的三面投影 a、a'、a'',按前面所述的方法将三个投影面展开到一个平面上(图 2-16(b)),去掉投影面边框,便得到点 A 的三面投影图(图 2-16(c))。

> ❗ 为了统一起见,规定空间点用大写字母表示,如 A、B、C 等;水平投影用相应的小写字母表示,如 a、b、c 等;正面投影用相应的小写字母加撇表示,如 a'、b'、c';侧面投影用相应的小写字母加两撇表示,如 a''、b''、c''。

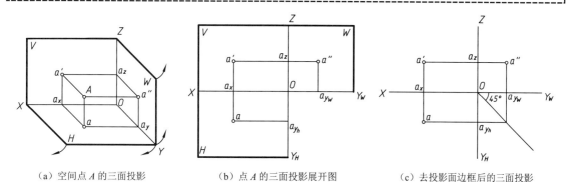

(a)空间点 A 的三面投影　　(b)点 A 的三面投影展开图　　(c)去投影面边框后的三面投影

图 2-16 点的三面投影

由于投影面相互垂直,所以三投影线也相互垂直,8 个顶点 A、a、a_y、a'、a''、a_x、O、a_z 构成正六面体。根据正六面体的性质,可以得出点的三面投影图具有以下投影规律:

(1)点的正面投影和水平投影的连线垂直于 OX 轴,即 $aa' \perp OX$;点的正面投影和侧面投影的连线垂直于 OZ 轴,即 $a'a'' \perp OZ$;同时 $aa_{y_H} \perp OY_H$,$a''a_{y_W} \perp OY_W$。

(2)点的投影到投影轴的距离,反映空间点到以投影轴为界的另一投影面的距离,即:$a'a_z = Aa'' = aa_{y_H} = x$ 坐标;$aa_x = Aa' = a''a_z = y$ 坐标;$a'a_x = Aa = a''a_{y_W} = z$ 坐标。

为了表示点的水平投影到 OX 轴的距离等于侧面投影到 OZ 轴的距离,即:$aa_x = a''a_z$,点的水平投影和侧面投影的连线相交于自点 O 所作的 $45°$ 角平分线,如图 2-16(c)所示的方法。

实例1 已知点 A 和 B 的两投影,见图 2-17(a),分别求其第三投影,并求出点 A 的坐标。

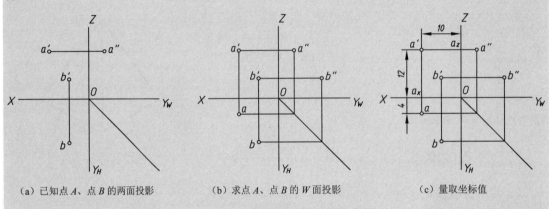

(a) 已知点 A、点 B 的两面投影　　(b) 求点 A、点 B 的 W 面投影　　(c) 量取坐标值

图 2-17　已知点的两面投影求第三投影

解：如图 2-17(b) 所示,根据点的投影特性,可分别作出 a 和 b'';如图 2-17(c) 所示,分别量取 $a'a_z$、aa_x、$a'a_x$ 的长度为 10、4、12,可得出点 A 的坐标 (10,4,12)。

2. 两点之间的相对位置

观察分析两点的各个同面投影之间的坐标关系,可判断空间两点的相对位置。根据 x 坐标值的大小可以判断两点的左右位置;根据 z 坐标值的大小可以判断两点的上下位置;根据 y 坐标值的大小可以判断两点的前后位置。

如图 2-17(c) 所示,点 B 的 x 和 z 坐标均小于点 A 的相应坐标,而点 B 的 y 坐标大于点 A 的 y 坐标,因而,点 B 在点 A 的右方、下方、前方。

若 A、B 两点无左右、前后距离差,点 A 在点 B 正上方或正下方时,两点的 H 面投影重合(如图 2-18),点 A 和点 B 称为对 H 面投影的重影点。同理,若一点在另一点的正前方或正后方时,则两点是对 V 面投影的重影点;若一点在另一点的正左方或正右方时,则两点是对 W 面投影的重影点。

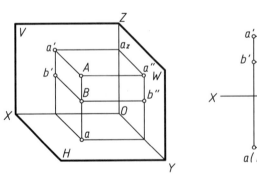 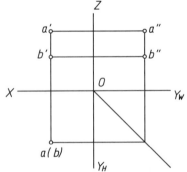

(a) 空间点 A、点 B 的三面投影图　　(b) 重影点 A、点 B 的三面投影

图 2-18　重影点

重影点需判别可见性。根据正投影特性,可见性的区分应是前遮后、上遮下、左遮右。图 2-18 中的重影点应是点 A 遮挡点 B,点 B 的 H 面投影不可见。规定不可见点的投影加括号表示。

2.2.2 直线的投影

一般情况下,直线的投影仍是直线,如图 2-19(a)中的直线 AB;在特殊情况下,若直线垂直于投影面,直线的投影可积聚为一点,如图 2-19(a)中的直线 CD。

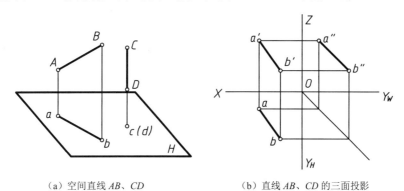

(a) 空间直线 AB、CD　　　　　　(b) 直线 AB、CD 的三面投影

图 2-19　直线的投影

直线的投影可由直线上两点的同面投影连接得到。如图 2-19(b)所示,分别作出直线上两点 A、B 的三面投影,将其同面投影相连,即得到直线 AB 的三面投影图。

1. 各种位置直线的投影特性

在三投影面体系中,直线对投影面的相对位置可以分为三种:投影面平行线、投影面垂直线、投影面倾斜线。前两种为投影面特殊位置直线,后一种为投影面一般位置直线。

1)投影面平行线

与投影面平行的直线称为投影面平行线,它与一个投影面平行,与另外两个投影面倾斜。与 H 面平行的直线称为水平线,与 V 面平行的直线称为正平线,与 W 面平行的直线称为侧平线。它们的投影图及投影特性见表 2-3。规定直线(或平面)对 H、V、W 面的倾角分别用 α、β、γ 表示。

表 2-3　投影面平行线的投影特性

名称	水平线	正平线	侧平线
立体图			

续表

名称	水平线	正平线	侧平线
投影图			
投影特性	1. 水平投影反映实长,与 X 轴夹角为 β,与 Y 轴夹角为 γ; 2. 正面投影平行 X 轴; 3. 侧面投影平行 Y 轴	1. 正面投影反映实长,与 X 轴夹角为 α,与 Z 轴夹角为 γ; 2. 水平投影平行 X 轴; 3. 侧面投影平行 Z 轴	1. 侧面投影反映实长,与 Y 轴夹角为 α,与 Z 轴夹角为 β; 2. 正面投影平行 Z 轴; 3. 水平投影平行 Y 轴

2)投影面垂直线

与投影面垂直的直线称为投影面垂直线,它与一个投影面垂直,与另外两个投影面平行。与 H 面垂直的直线称为铅垂线,与 V 面垂直的直线称为正垂线,与 W 面垂直的直线称为侧垂线。它们的投影图及投影特性见表2-4。

表2-4 投影面垂直线的投影特性

名称	铅垂线	正垂线	侧垂线
立体图			
投影图			
投影特性	1. 水平投影积聚为一点; 2. 正面投影和侧面投影都平行于 Z 轴,并反映实长	1. 正面投影积聚为一点; 2. 水平投影和侧面投影都平行于 Y 轴,并反映实长	1. 侧面投影积聚为一点; 2. 正面投影和水平投影都平行于 X 轴,并反映实长

3)一般位置直线

一般位置直线与三个投影面都倾斜,因此在三个投影面上的投影都不反映实长,投影与投影轴之间的夹角也不反映直线与投影面之间的倾角,见图2-20。

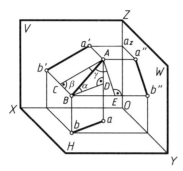

(a)空间一般位置直线 AB

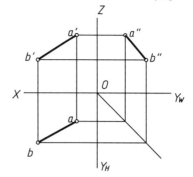

(b)直线 AB 的三面投影

图 2-20　一般位置直线的投影

分析一下，如图 2-21 所示的正三棱锥中各棱线与投影面的相对位置，这六条棱线分别是什么性质的直线？

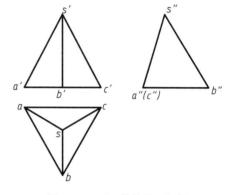

图 2-21　正三棱锥的三视图

2. 直线与点的相对位置

点与直线的相对位置可以分为两种，即点在直线上和点不在直线上。

（1）若点在直线上，则点的各个投影必在直线的同名投影上，并将线段的各个投影分割成定比。

如图 2-22（a）所示，C 点在直线 AB 上，则 C 点的正面投影 c′在直线 AB 的正面投影 a′b′上，C 点的水平投影 c 在直线 AB 的水平投影 ab 上，同样 c″在 a″b″上，而且 AC/CB= ac/cb= a′c′/c′b′=a″c″/c″b″，其投影如图 2-22（b）所示。

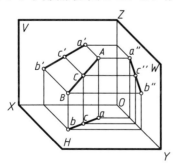

(a) C 点在直线 AB 上

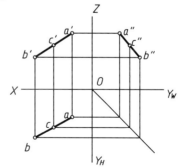

(b) 直线 AB 与点 C 的三面投影

图 2-22　直线上点的投影

反之，若点的各投影分别属于直线的同名投影，且分割线段的投影长度成定比，则该点肯定在该直线上。

（2）若点的投影有一个不在直线的同名投影上，则该点肯定不在该直线上。

实例 2 如图 2-23（a）所示，已知点 M 在直线 EF 上，求作 M 点的三面投影。

解：由于点 M 在直线 EF 上，所以点 M 的各投影必在直线 EF 的同面投影上。

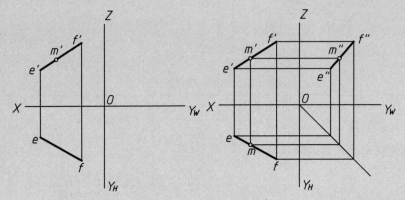

（a）M 点在直线 EF 上的两面投影　　（b）M 点在直线 EF 上的第三面投影

图 2-23　求解直线上点的投影

如图 2-23（b）所示，先作出直线 EF 的侧面投影 $e''f''$，然后在 ef 和 $e''f''$ 上确定点 M 的水平投影 m' 和侧面投影 m''。

根据前面所学的知识，判断一下图 2-24 中点 K 是否在直线 EF 上。试用两种方法进行判断。

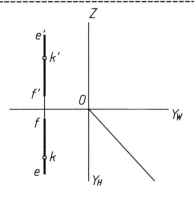

图 2-24　判断点 K 与直线 EF 的位置关系

2.2.3　平面的投影

1. 平面的表示法

由初等几何可知，不在同一直线的三点确定一个平面。因此，可由下列任意一组几何元素的投影表示平面（如图 2-25 所示）：（a）不在同一直线上的三个点；（b）一直线和不属于该直线的一点；（c）相交的两条直线；（d）平行的两条直线；（e）任意平面图形，如三角形、矩形、圆等。

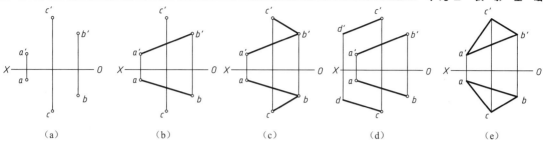

(a)　　　　　(b)　　　　　(c)　　　　　(d)　　　　　(e)

图 2-25　平面表示法

2. 各种位置平面的投影特性

在三投影面体系中，平面和投影面的相对位置有三种：投影面平行面、投影面垂直面、投影面倾斜面。前两种为投影面特殊位置平面，后一种为投影面一般位置平面。

1）投影面平行面

投影面平行面是指平行于一个投影面，且垂直于另外两个投影面的平面。与 H 面平行的平面称为水平面，与 V 面平行的平面称为正平面，与 W 面平行的平面称为侧平面。它们的投影图及投影特性见表 2-5。

表 2-5　投影面平行面的投影特性

名称	水平面	正平面	侧平面
立体图			
投影图			
投影特性	1. 水平投影反映实形； 2. 正面投影积聚成平行于 X 轴的直线； 3. 侧面投影积聚成平行于 Y 轴的直线	1. 正面投影反映实形； 2. 水平投影积聚成平行于 X 轴的直线； 3. 侧面投影积聚成平行于 Z 轴的直线	1. 侧面投影反映实形； 2. 正面投影积聚成平行于 Z 轴的直线； 3. 水平投影积聚成平行于 Y 轴的直线

2）投影面垂直面

投影面垂直面是指垂直于一个投影面，并与另外两个投影面倾斜的平面。与 H 面垂直的平面称为铅垂面，与 V 面垂直的平面称为正垂面，与 W 面垂直的平面称为侧垂面。它们的投影图及投影特性见表 2-6。

表 2-6 投影面垂直面的投影特性

名称	铅垂面	正垂面	侧垂面
立体图			
投影图			
投影特性	1. 水平投影积聚成直线，与 X 轴夹角为 β，与 Y 轴夹角为 γ； 2. 正面投影和侧面投影具有类似性	1. 正面投影积聚成直线，与 X 轴夹角为 α，与 Z 轴夹角为 γ； 2. 水平投影和侧面投影具有类似性	1. 侧面投影积聚成直线，与 Y 轴夹角为 α，与 Z 轴夹角为 β； 2. 正面投影和水平投影具有类似性

3）一般位置平面

一般位置平面与三个投影面都倾斜，因此在三个投影面上的投影都不反映实形，而是缩小了的类似形，如图 2-26。

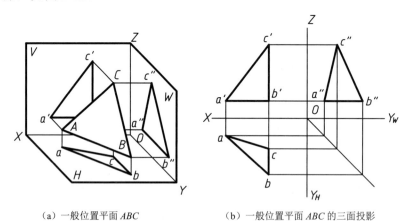

（a）一般位置平面 ABC　　　（b）一般位置平面 ABC 的三面投影

图 2-26 一般位置平面的投影

> 如图 2-27 所示，对照立体图，根据该形体上的各个面与投影面的相对位置，说一说它们分别属于什么性质的平面？在三视图上找出 P、Q、W 面的投影。

单元 2 投 影 基 础

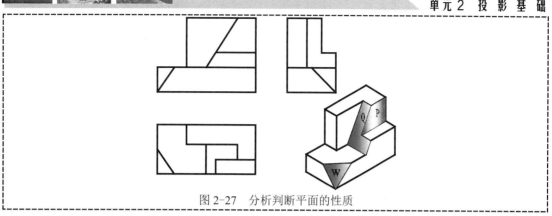

图 2-27 分析判断平面的性质

实例 3 如图 2-28（a）所示，根据平面图形的两面投影，求作第三投影。

解：根据给出的 V 面投影和 W 面投影，可判断该平面为正垂面。根据该类平面的投影特性可知，该空间平面图形的 V 面投影反映积聚性，W 面投影反映类似性，H 面投影也有类似性，通过求解各对应点的三面投影可得到 H 面投影。具体求解过程如图 2-28（b）～（d）所示。

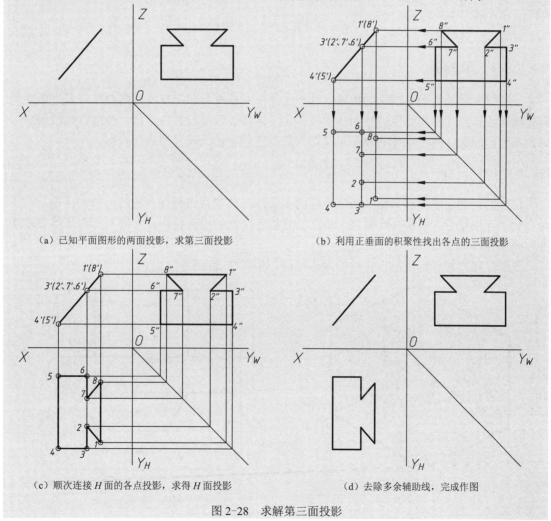

（a）已知平面图形的两面投影，求第三面投影　　（b）利用正垂面的积聚性找出各点的三面投影

（c）顺次连接 H 面的各点投影，求得 H 面投影　　（d）去除多余辅助线，完成作图

图 2-28 求解第三面投影

2.3 基本几何体

任何复杂的零件都可以视为由若干基本几何体（简称为基本体）经过叠加、切割、打孔等方式而形成。如图 2-29 所示的零件，都是由多个不同类型的基本体组合成的零件。按照基本体构成面的性质，可将其分为下面两大类。

（1）平面立体：由若干个平面所围成的几何形体，如棱柱、棱锥等。

（2）曲面立体：由曲面或曲面和平面所围成的几何形体，如圆柱、圆锥、圆球等。

图 2-29 基本体组成的零件

2.3.1 平面体

平面体两侧表面的交线称为棱线。若平面体所有棱线互相平行，称为棱柱。若平面体所有棱线交于一点，称为棱锥。平面体的投影是平面体各表面投影的集合，是由直线段组成的封闭图形。因此，画平面体的投影可归纳为绘制它的各棱线及各顶点的投影。

1. 棱柱

棱柱的顶面、底面形状相同且为平行的多边形，棱线互相平行。它的形体特征是上、下两个底面互相平行，各棱面均垂直于底面。分析各个面的投影特性，主要具有积聚性、真实性和类似性。

下面以正六棱柱为例分析棱柱的投影特性，如图 2-30 所示。

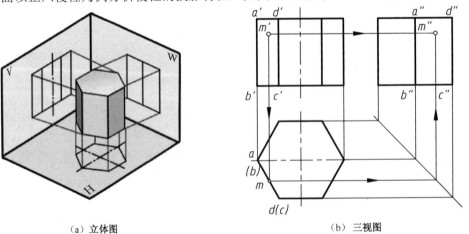

(a) 立体图　　　　　(b) 三视图

图 2-30 正六棱柱

1）投影分析

正六棱柱的顶面和底面均平行于 H 面，其水平投影反映实形，在 V 面及 W 面上的投影积聚成一条直线。前后棱面平行于 V 面，它们的正面投影反映实形，水平投影及侧面投影积聚为一条直线。棱柱的其他四个侧棱面垂直于 H 面，水平投影积聚为一条直线，正面投影和侧面投影均为类似形状。

从上面的棱柱投影分析可得出，正棱柱的视图特征为：一个视图因顶面和底面的投影重合，并反映实形；其余二个视图中棱面的投影由矩形线框组成。

2）棱柱表面上点的投影

在棱柱表面上取一个点的投影的作图方法，主要利用棱柱表面的积聚性投影求解。例如在正六棱柱表面上的点 M，已知点 M 在 V 面的投影为 m'，求在 H 面和 W 面上的投影。如图 2-30（b）所示，M 点所在的平面 $ABCD$ 垂直于水平面 H 面，利用投影的积聚性可得到在 H 面的投影 m，再利用投影规律的"三等关系"，即可求出在 W 面上的投影 m''。在求棱柱上点的投影时，还应注意点在视图上的可见性。

图 2-31 所示为机械零件中最常见的正六棱柱示例。

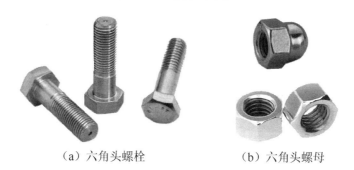

（a）六角头螺栓　　　　　　（b）六角头螺母

图 2-31　正六棱柱示例

2．棱锥

棱锥的底面为多边形，棱线交于一点。因此，各侧棱面均为共同顶点的三角形。棱锥切去顶部，形成的形体称为棱台。

下面以直四棱锥为例分析棱锥的投影特性。

1）形体分析

如图 2-32 所示，该棱锥底面为一个长方形，为水平面，四个侧面为等腰三角形，锥顶与底面的中心垂直，为一个直四棱锥。

2）投影分析

该立体的俯视图反映锥底面的实形及四个侧面的类似性投影；主视图反映了前后两个侧面的类似性投影，而左右侧面则在主视图上积聚成直线；左视图上左右两侧面重合反映类似性投影，前后两侧面积聚成直线。

若 M 点为四棱锥体前面上的一点，该点的三面投影作图过程如下：过 M 点作辅助线 SM 并延长至 AB 上的 I 点，作 SI 的三面投影（$s1$、$s'1'$、$s''1''$），m、m'、m'' 则在 $s1$、$s'1'$、$s''1''$

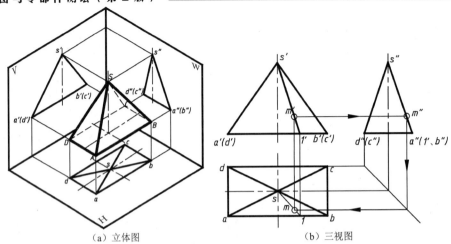

(a) 立体图　　　　　　　　　(b) 三视图

图 2-32　直四棱锥

直线上。

从上面的棱锥投影分析可以看出，棱锥的投影既有积聚性投影又有类似性投影，绘制时要关注其棱线及各顶点的投影。

图 2-33 是直四棱台的投影，可按照上面的棱锥投影方法进行分析。

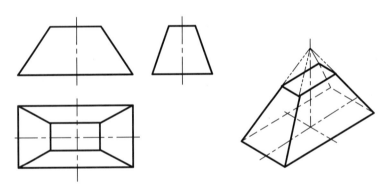

图 2-33　四棱台的投影

> 细点画线在平面体的投影中表示对称平面，大家在作图时一定要注意了。试着画一下图 2-34 所示这几个平面体的三视图，看看自己有没有真正地理解了平面体的投影特性。

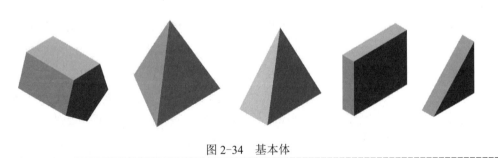

图 2-34　基本体

2.3.2 回转体

曲面立体的表面是曲面或曲面和平面，曲面中最常见的为回转曲面。回转曲面是一定的线段（该线段称为回转曲面的母线）绕空间一条直线做定轴旋转运动而形成的光滑曲面。由回转面或回转面与平面所围成的立体，称为回转体。

常见的回转体有圆柱、圆锥、圆球和圆环，它们的三视图画法与回转面的形成条件有关。绘制回转体的投影时，一般应画出曲面各方向转向轮廓素线的投影和回转轴线的三个投影。

1．圆柱

圆柱体由顶面、底面和圆柱面组成。如图 2-35 所示，圆柱面可看成是由一条直母线 AA_1 围绕与它平行的轴线 OO_1 回转而成。圆柱面上任意一条平行于轴线的直线，称为圆柱面的素线。

图 2-35 圆柱的形成

1）投影分析

如图 2-36 所示，圆柱的顶圆和底圆平面为水平面，其水平投影反映实形且重合，因此俯视图为圆；正面投影和侧面投影均为相同尺寸的两个矩形，且顶圆和底圆投影直线段的长度等于顶圆和底圆的直径，另一方向的长度为圆柱的高。圆柱的轴线 OO_1 与 Z 轴平行，在主视图和左视图上需要用点画线画出。绘制圆柱的三视图时，应先画出圆的中心线和圆柱轴线的投影，然后从投影为圆的特征视图画起，最后绘制其余两个一般视图。

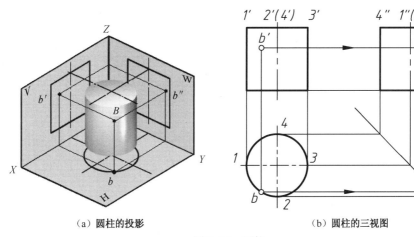

（a）圆柱的投影　　　　　　　（b）圆柱的三视图

图 2-36 圆柱

> ❗ 主视图中的两条外形素线为前后两半圆柱面的轮廓转向线，其在 W 面上的投影正好位于圆柱的轴线上，按规定此时便不再画该轮廓线的投影了。
> 左右轮廓转向线的意义同样如此，请在图 2-36 中找出后，分析一下。

2）圆柱表面上点的投影

在圆柱表面上取点的投影的作图方法，主要利用圆柱表面的积聚性投影求解。已知点 B 的 V 面投影 b'，求在 H 面和 W 面上的投影。如图 2-36（b）所示，B 点所在的圆柱面垂直于

水平面 H 面，利用投影的积聚性可得到 H 面的投影 b，再利用投影规律的"三等关系"，即可求出 W 面的投影 b''。在求圆柱上点的投影时，还应注意点在视图上的可见性。

在生产实际中，圆柱形的零件极为常见，形体的各种变化也非常多，如机械行业中常见的各种轴类零件，如图2-37所示。

2. 圆锥

圆锥面是由一条直母线 SA，绕与它相交的轴线旋转形成的。它由圆锥面和底面组成，如图2-38所示。

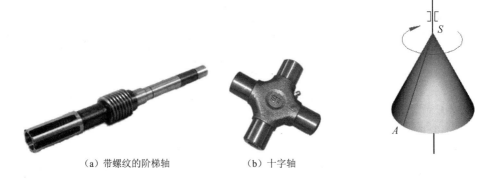

（a）带螺纹的阶梯轴　　　（b）十字轴

图2-37　圆柱应用实例　　　　图2-38　圆锥的形成

1）投影分析

如图2-39所示，圆锥的俯视图为底圆的投影；另两个视图为等腰三角形，三角形的底边为圆锥底面的投影，两腰分别为圆锥面不同方向的两条轮廓素线的投影。因圆锥表面光滑，转向轮廓素线只有在投影为最外轮廓素线时画出，投影与轴线重合时不能画出。画图时，先画出圆的中心线和圆锥轴线的各投影，再画出圆的投影，然后作出锥顶的各投影，完成圆锥的三视图。

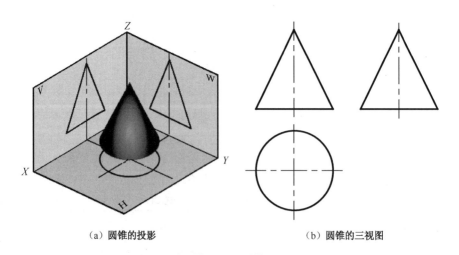

（a）圆锥的投影　　　　　　（b）圆锥的三视图

图2-39　圆锥

2）圆锥表面上点的投影

取圆锥面上的点的方法有两种，素线法和辅助圆法。以图 2-40 所示为例，已知圆锥表面点 M 的 V 面投影，求点 M 在另两面上的投影。

素线法是利用点在圆锥素线的三面投影上来作图取点。已知点 M 的 V 面投影，过顶点 S 和点 M 作素线 SA，点 A 在底圆上，利用积聚性求得 a′、a″，分别连接 s′a′、s″a″，点 M 的水平投影和侧面投影即在此两条线上，如图 2-40（a）所示。

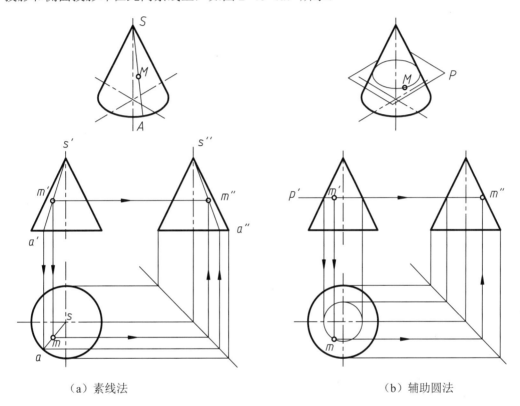

（a）素线法　　　　　　　　　　　　　（b）辅助圆法

图 2-40　圆锥表面取点

辅助圆法是利用点在圆锥的圆平面上来作图取点。过点 M 作一平面 P，P 面与底面平行，根据圆锥面的形成可知平面 P 为一圆平面，直径为切割两轮廓素线的距离。点 M 即在此圆的圆弧上，利用三个投影的投影规律即可取得点 M 的另两面投影，如图 2-40（b）所示。

在生产实际中，圆锥形的零件也较为常见，如测量零件孔径用的金属塞规以及车床尾上的顶尖等，如图 2-41 所示。

3．圆球

圆球的表面可看做是由一圆母线以它的直径为回转轴旋转而成，如图 2-42 所示。

圆球的三个视图均为与圆球的直径相等的圆，它们分别是圆球三个方向轮廓素线 A、B、C 的投影。画图时，先确定球心的三个投影，过球心分别画出圆球轴线的三个投影，再画出三个与球等直径的圆，如图 2-43 所示。

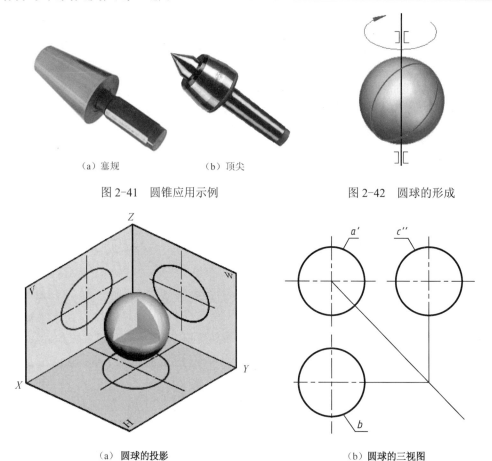

(a) 塞规　　　　　(b) 顶尖

图 2-41　圆锥应用示例

图 2-42　圆球的形成

(a) 圆球的投影　　　　　(b) 圆球的三视图

图 2-43　圆球

在生产实际中，球形的零件也较为常见，不过大都是部分球面，如图 2-44 所示的球阀芯、螺钉。

> 综合柱、锥、圆球等各种基本体的三视图有如下特征：
> （1）三视图中若有两个视图的外轮廓形状为矩形，则此基本体为柱；若为三角形，则此基本体为锥；若为梯形，则此形体为棱台或圆台。
> （2）如何判断形体是棱柱（棱锥、棱台）还是圆柱（圆锥、圆台），则必须根据第三个视图的形状来进行判断。若为多边形，则该基本体为棱柱（棱锥、棱台）；若为圆，则该基本体为圆柱（圆锥、圆台）。
> （3）若三视图中有两个视图均为圆，则必定为圆球。

2.4　基本体的截交和相贯

平面与立体、立体与立体两两相交形成不同的表面交线，分为截交线和相贯线两大类。如图 2-45 所示，截交为平面与立体相交，截去立体的一部分，截交线为截平面与立体表面

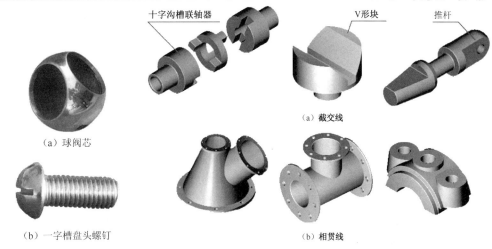

(a) 球阀芯

(b) 一字槽盘头螺钉

图 2-44 圆球应用示例

(a) 截交线

(b) 相贯线

图 2-45 截交线和相贯线应用实例

的交线。相贯为两立体相交，相贯线为立体与立体表面的交线。

2.4.1 截交线

用平面切割立体，平面与立体表面的交线称为截交线，该平面称为截平面。截交线的基本特性如下：

（1）截交线为封闭的平面图形。

（2）截交线既在截平面上，又在立体表面上，因此截交线是截平面与立体表面的共有线，截交线上的点都是截平面与立体表面的共有点。求作截交线就是求截平面与立体表面的共有点和共有线。

1．平面切割平面立体

平面切割立体时，截交线的形状取决于立体表面的形状和截平面与立体的相对位置。平面与平面体相交，其截交线为一平面多边形。

如图 2-46 所示，正三棱柱被两相交的平面切割。与三棱柱右端面平行的平面，切割面为

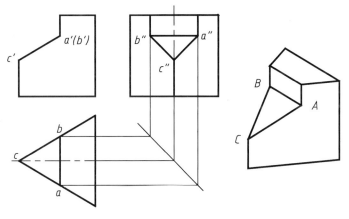

图 2-46 正三棱柱的截交线

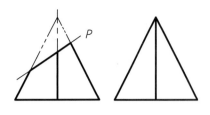

矩形，矩形宽度尺寸在俯视图上量取，左视图反映其特征。平面 ABC 与 V 面垂直，C 点在棱线上，因此，其三面投影主要是求切割面 ABC 与棱线交点的三面投影。

图 2-47 所示为经一个正垂面 P 切割正四棱锥而成的四棱锥截断体，其作图过程如图 2-48 所示。

2．平面切割曲面立体

平面与回转体相交时，截交线是截平面与回转体表面的共有线，可由曲线围成，或者由曲线与直线围成，或者由直线围成。平面与回转体表面相交，其截交线是封闭的平面图形。因此，求截交线的过程可归结为求出截平面和回转体表面的若干共有点（常利用积聚性或者辅助面的方法），然后依次光滑地连接成平面曲线。为了确切地表示截交线，必须求出其上的某些特殊点，如回转体转向线上的点以及截交线的最高点、最低点、最左点、最右点、最前点和最后点等。

图 2-47 切口四棱锥

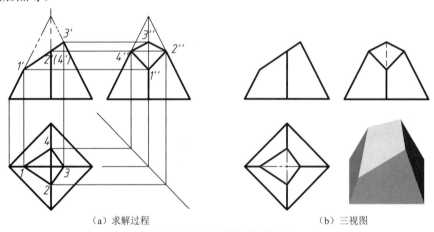

（a）求解过程　　　　　　（b）三视图

图 2-48 切口四棱锥的截交线

1）圆柱的截交线

如图 2-49 所示，平面与圆柱面相交时，根据截平面与圆柱轴线的相对位置不同，其截交线有三种情况：矩形、圆和椭圆。

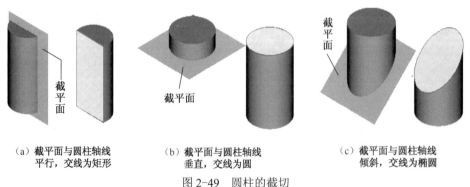

（a）截平面与圆柱轴线　　（b）截平面与圆柱轴线　　（c）截平面与圆柱轴线
　　平行，交线为矩形　　　　垂直，交线为圆　　　　　倾斜，交线为椭圆

图 2-49 圆柱的截切

如图 2-50 所示，圆柱被两相交平面对称切割。与圆柱轴线平行的切割面，其截交线为矩形，矩形宽度尺寸反映在俯视图中，左视图中反映其特征。与圆柱轴线垂直的切割面，其截交线为圆弧，圆弧直径即为圆柱直径。

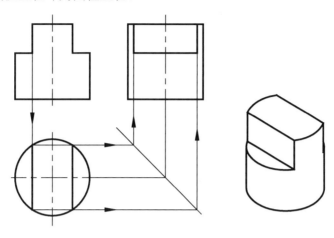

图 2-50　圆柱的截交线

实例 4　图 2-51（a）表示套筒上部有一切口，这个切口可看做是由三个平面截切圆筒而形成的。现已知切口的正面投影，试作出其水平投影和侧面投影。

解：切口是由一个水平面和两个侧平面截切圆柱体形成的。为便于分析，可将此圆筒先简化为上段实心圆柱的截切，如图 2-51（b）所示。在正面投影中，三个平面均积聚为直线；在水平投影中，两个侧平面积聚为直线，水平面为带圆弧的平面图形，且反映实形；在侧面投影中，两个侧平面为矩形且反映实形，水平面积聚为直线（被圆柱面遮住的一段不可见，应画成虚线）。应当指出，在侧面投影中，圆柱面上侧面的轮廓素线被切去的部分不应画出。

再将圆筒看做有切口的空心圆柱，其投影如图 2-51（c）所示。

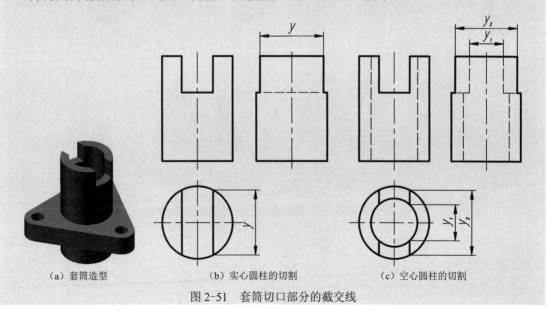

（a）套筒造型　　　　（b）实心圆柱的切割　　　　（c）空心圆柱的切割

图 2-51　套筒切口部分的截交线

在圆柱的三种不同形状的截交线求解中，圆的作图比较容易，矩形的作图要点在于定准圆柱表面上两条平行素线的位置，而椭圆的作图就要借助于找点的方法了。

按照上述方法，请试着补全图 2-52 所示接头的正面投影和水平投影。

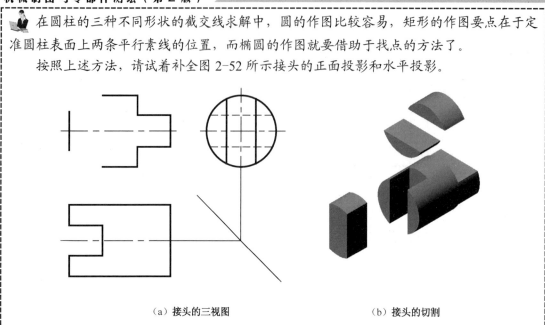

（a）接头的三视图　　　　　　　　　（b）接头的切割

图 2-52　接头

2）圆锥的截交线

如图 2-53 所示，平面与圆锥面相交时，根据平面与圆锥轴线的相对位置不同，其截交线有五种情况：圆、椭圆、双曲线、抛物线和直线。

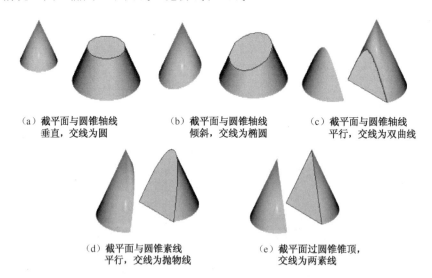

（a）截平面与圆锥轴线　　　（b）截平面与圆锥轴线　　　（c）截平面与圆锥轴线
　　垂直，交线为圆　　　　　　倾斜，交线为椭圆　　　　　平行，交线为双曲线

（d）截平面与圆锥素线　　　（e）截平面过圆锥锥顶，
　　平行，交线为抛物线　　　　交线为两素线

图 2-53　圆锥切割的五种形式

如图 2-54 所示，圆锥被一个与轴线平行的平面切割，其截交线为双曲线，其特征反映在主视图上。

圆锥同时被一个与轴线垂直的平面以及过锥顶的平面切割，其截交线投影如图 2-55 所示。

单元 2 投影基础

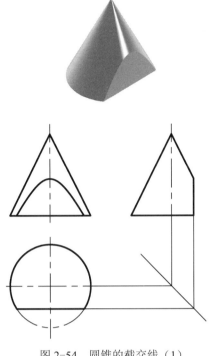

图 2-54 圆锥的截交线（1）

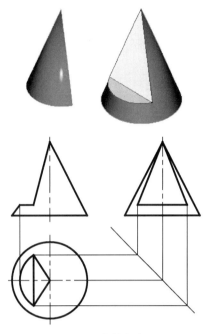

图 2-55 圆锥的截交线（2）

3）圆球的截交线

任何位置的平面与球面相交，其截交线空间均为圆，如图 2-56（a）所示。由于截平面对投影面位置的不同，截交线的圆的投影也不相同。当截平面与投影面垂直、平行和倾斜时，截交线的投影分别为直线段、圆和椭圆。

画图时，注意圆弧直径应为切割面与球轮廓的交线长度。如图 2-56（b）所示，球被一水平平面切割，主视图和左视图投影均为直线，俯视图投影为圆。

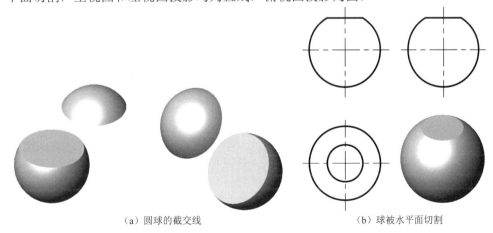

(a) 圆球的截交线　　　　　　　　　　(b) 球被水平面切割

图 2-56 圆球截交线的画法

如图 2-56（c）所示为开槽半球，三个切割面分别与水平面和正平面平行，槽底在俯视图上投影为圆弧，圆弧半径在左视图上量取；槽的两侧面在主视图上投影为圆弧，圆弧半径也在左视图上量取，注意各视图圆弧的圆心都应在球心的投影上。

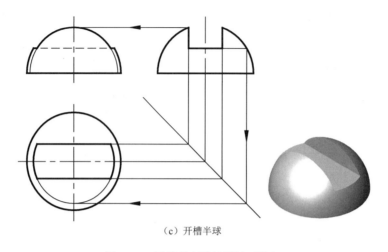

（c）开槽半球

图 2-56 圆球截交线的画法（续）

4）同轴组合回转体的截交线

由具有公共轴线的若干回转体所组成的立体称为同轴组合回转体，在生产中此类形体也较为常见，如图 2-57 所示。

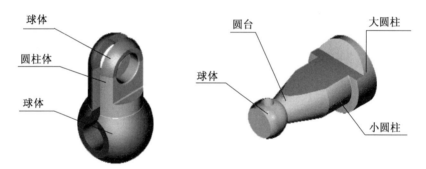

图 2-57 同轴组合回转体应用实例

在作组合回转体截交线时，首先要确定该立体的各组成部分，以及每一部分被截切后所产生的截交线的形状。作图时要在投影图中准确定出各形体的分界线位置，此外还要注意处理好各形体衔接处的图线。

如图 2-58 所示，该物体由一个圆锥和两个大、小直径的共有轴线圆柱组成，被一个平行于轴线的截面和一个倾斜于轴线的截面切割，产生的截交线为双曲线、直线和椭圆，反映在俯视图上。

> ❗ 在求解回转体的截交线时，当其截交线为非圆曲线时，其作图的基本方法是求出曲面立体表面上若干条素线与截平面的交点，然后光滑连接而成。截交线上一些能确定其形状和范围的点，如最高、最低点，最左、最右点，最前、最后点，以及可见与不可见的分界点等，均为特殊点。作图时，通常先作出截交线上的特殊点，再按需要作出一些中间点，最后依次连接各点，并注意投影的可见性。

单元 2 投影基础

2.4.2 相贯线

在一些机件上,常常会见到两个立体表面的交线,最常见的是两回转体表面的交线。两相交立体的表面交线,称为相贯线。把这两个立体看做一个整体,称为相贯体。例如,在图 2-59 所示的三通管上,就有两个圆柱的相贯线。

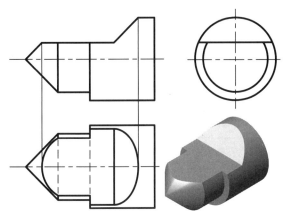

图 2-58 同轴组合回转体的截交线

图 2-59 三通管

两曲面体相交时,相贯线具有以下特性:

(1)相贯线是两曲面体表面的共线,也是两曲面表面的分界线,相贯线上的点是两曲面体表面的共有点。

(2)相贯线一般为封闭的空间曲线,特殊情况下可能是平面曲线或直线。

1.圆柱与圆柱相交

1)不同直径的两圆柱正交

实例 5 如图 2-60(a)所示,直径大的圆柱水平放置,直径小的圆柱垂直放置,求作两正交圆柱的相贯线投影。

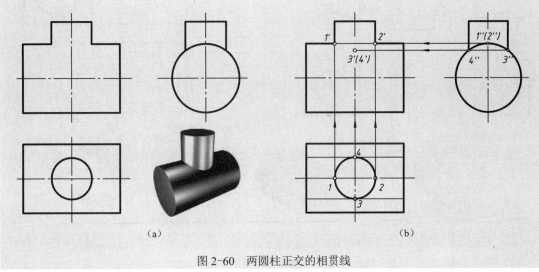

图 2-60 两圆柱正交的相贯线

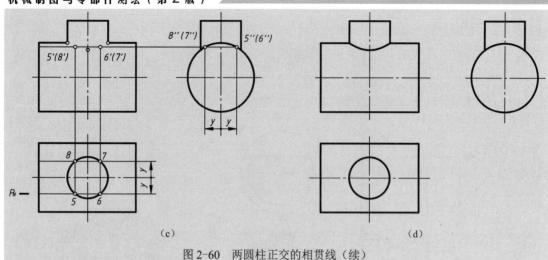

图 2-60 两圆柱正交的相贯线（续）

解： 两圆柱的轴线垂直相交，有共同的前后对称面和左右对称面，小圆柱全部穿进大圆柱。因此，相贯线是一条封闭的空间曲线，且前后对称和左右对称。

由于小圆柱面的水平投影积聚为圆，相贯线的水平投影便重合在其上；同理，大圆柱面的侧面投影积聚为圆，相贯线的侧面投影也就重合在小圆柱穿进处的一段圆弧上，且左半和右半相贯线的侧面投影相互重合。于是问题就可归结为已知相贯线的水平投影和侧面投影，求作它的正面投影。因此，可采用在圆柱面上取点的方法，先作出相贯线上的一些特殊点（Ⅰ、Ⅱ、Ⅲ、Ⅳ），再求出一般点（Ⅴ、Ⅵ、Ⅶ、Ⅷ）的投影，最后再顺序连成相贯线的投影。整个作图过程如 2-60（a）～（d）所示。

在生产实际中，两圆柱的轴线垂直相交是零件上较为常见的结构，其相贯线有以下三种形式，如图 2-61 所示。

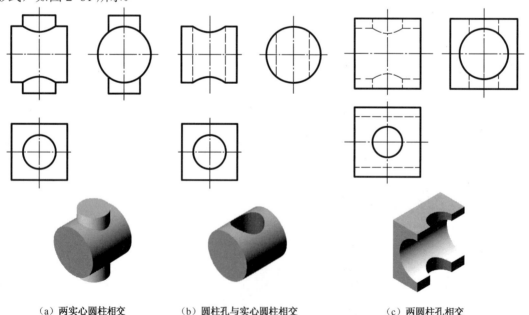

（a）两实心圆柱相交　　（b）圆柱孔与实心圆柱相交　　（c）两圆柱孔相交

图 2-61 圆柱的三种相贯线

以上三组投影图中所示的相贯线，具有同样的形状，其作图方法也是相同的。为了简化作图，可用如图 2-62 所示的圆弧近似代替这段非圆曲线，圆弧半径为大圆柱半径。必须注意根据相贯线的性质，其圆弧弯曲方向应向大圆柱轴线方向凸起。

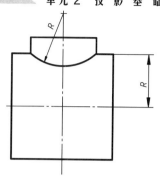

图 2-62　两圆柱正交的简化画法

2）正交两圆柱相对大小的变化引起相贯线的变化

如图 2-63 所示，其中图（a）、(b) 显示两圆柱直径不同时相贯线的位置，图 (c) 显示两圆柱直径相等时，相贯线为两个相交的椭圆，其正面投影为正交两直线。

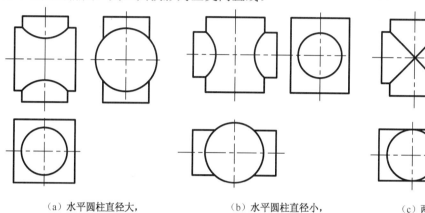

（a）水平圆柱直径大，垂直圆柱直径小　　（b）水平圆柱直径小，垂直圆柱直径大　　（c）两圆柱直径相等

图 2-63　圆柱表面的相贯线

画图时，注意两个不等直径正交圆柱的相贯线，在主视图上总是由小圆柱向大圆柱轴线弯曲，并且两圆柱直径相差越小，曲线顶点越向大圆柱轴线靠近。

2. 圆柱与圆锥相交

如图 2-64 所示，圆柱与圆锥（台）轴线垂直相交，其相贯线为封闭的空间曲线，且前后对称，前半、后半相贯线正面投影相互重合。又由于圆柱面的侧面投影积聚为圆，相贯线的侧面投影也

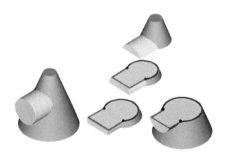

图 2-64　圆柱与圆锥正交

必重合在这个圆上。因此，相贯线的侧面投影是已知的，要求作正面投影和水平投影。

相贯线的正面投影和水平投影采用辅助平面法求作，即采用水平面切割圆柱产生两条直线，宽度尺寸在左视图量取；切割圆锥产生圆平面，直径尺寸在视图上量取；圆柱直线和圆锥的圆弧在俯视图上相交，交点即为相贯线上的点。主视图和俯视图分别把这些点的两面投影连接起来，完成相贯线的投影。注意哪些是转向点，应判别它们的可见性。

根据上述分析，作图过程如图 2-65（a）～（d）所示。根据圆柱和圆锥的相对位置可以看出，圆柱面的最前、最后素线的水平投影是可见的，所以在圆锥面的水平投影范围内的圆柱面水平投影的转向轮廓线是可见的。作图结果见图 2-65（d）。

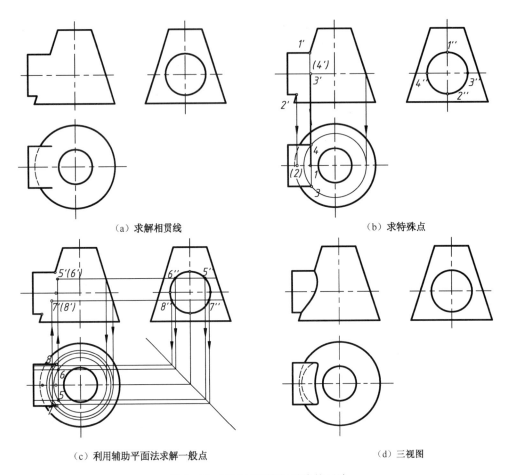

(a)求解相贯线　　　　　　　　(b)求特殊点

(c)利用辅助平面法求解一般点　　　(d)三视图

图 2-65　圆柱与圆锥相贯线的画法

3. 相贯线的特殊情况

在一般情况下，两回转体的相贯线是空间曲线，但在一些特殊情况下，也可能是平面曲线或直线。

（1）两回转体轴线相交且公切于圆球时，其相贯线为椭圆。

图 2-66（a）中两圆柱轴线相交且直径相等，其相贯线可分解为两平面曲线——椭圆（垂直于正面）。在此情况下，相贯线的正面投影积聚成直线。

如图 2-66（b）中圆柱与圆锥的轴线垂直相交且公切于一圆球，其相贯线为两个椭圆。

如图 2-66（c）所示，在立方体中开两个轴线相交的等直径圆柱孔，也会在其内表面上形成两个椭圆。在生产实际中，此类情况也比较常见。

（2）两同轴回转体的相贯线是垂直于轴线的圆。

图 2-67（a）中圆球与圆柱（或圆柱孔）同轴且轴线平行于正面，该相贯线为一垂直于回转体轴线的圆，其在正面上的投影积聚为直线。

图 2-67（b）为圆球与圆锥同轴相交，其相贯线为圆，其正面投影积聚为直线。

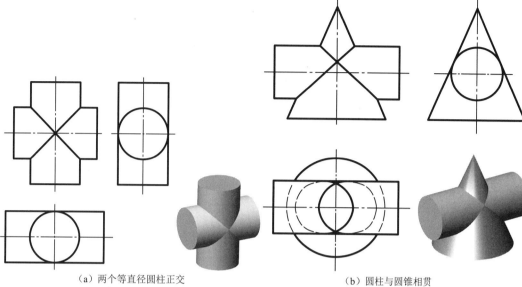
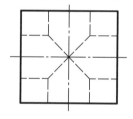
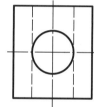
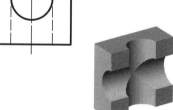
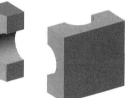

(a) 两个等直径圆柱正交　　　　　（b) 圆柱与圆锥相贯

(c) 两个等直径圆柱孔正交

图 2-66　两回转体轴线相交且公切于圆球时的相贯线

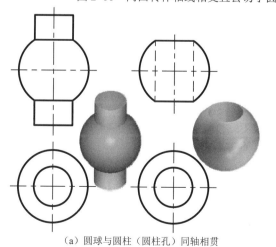
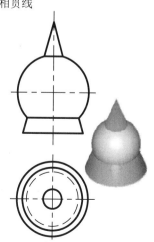

(a) 圆球与圆柱（圆柱孔）同轴相贯　　　　　（b) 圆球与圆锥同轴相贯

图 2-67　两同轴回转体的相贯线

机械制图与零部件测绘（第2版）

（3）轴线平行的两个圆柱相交，其相贯线是圆柱的两条平行素线，如图2-68所示。

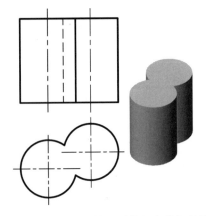

图2-68　轴线平行的两圆柱相交的相贯线

若干个立体相交构成一个形体的情况即为综合相贯，其作图方法同上。绘制多个相交立体的相贯线时，首先应分析各相交立体的形状和位置；其次是确定每两个相交立体之间的相贯线的形状；最后再根据上述分析确定求作相贯线的方法。

请试着完成图 2-69 所示相贯体的正面投影和侧面投影，看看这部分内容是不是学会了？

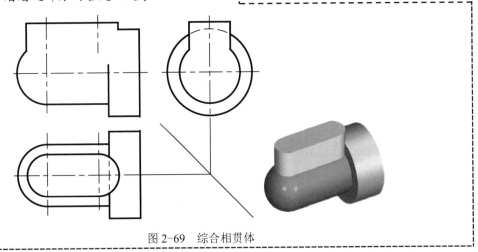

图2-69　综合相贯体

2.5　轴测图

轴测投影图（简称轴测图）通常称为立体图，是生产中的一种辅助图样（示例见图 2-70）。由于轴测图反映了物体长、宽、高三个方向的形状特征，直观性强，故常与物体的视图配置在一起，用来说明产品的结构和使用方法等。

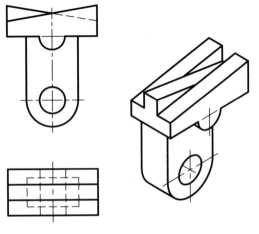

图2-70　物体的三视图与轴测图

2.5.1 轴测图的概念与性质

1．轴测图的形成

轴测图是一种平行投影图，如图 2-71 所示。将物体连同其参考直角坐标系，沿不平行于任一坐标面的方向，用平行投影法将其投射在单一投影面上，所得到的图形称为轴测图。它能同时反映出物体三个方向的尺度，富有立体感，但不能反映物体的真实形状和大小，度量性差。

轴测图的形成一般有两种方式，一种是改变物体相对于投影面的位置，而投影方向仍垂直于投影面，所得轴测图称为正轴测图，如图 2-71（a）所示；另一种是改变投影方向使其倾斜于投影面，而不改变物体对投影面的相对位置，所得投影图为斜轴测图，如图 2-71（b）所示。

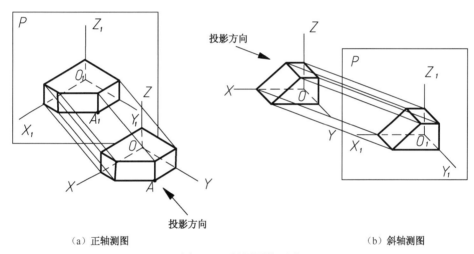

（a）正轴测图　　　　　　　　　　　　　　（b）斜轴测图

图 2-71　轴测图的形成

2．轴测图的基本术语

平面 P 称为**轴测投影面**；

坐标轴 OX、OY、OZ 在轴测投影面上的投影 O_1X_1、O_1Y_1、O_1Z_1 称为**轴测投影轴**，简称轴测轴；

轴测投影图中，每两根轴测轴之间的夹角 $\angle X_1O_1Y_1$、$\angle X_1O_1Z_1$、$\angle Y_1O_1Z_1$ 称为**轴间角**；

空间点 A 在轴测投影面上的投影 A_1 称为**轴测投影**；

直角坐标轴上单位长度的轴测投影长度与对应直角坐标轴上单位长度的比值，称为**轴向伸缩系数**，X、Y、Z 方向的轴向伸缩系数分别用 p、q、r 表示。

3．轴测图的基本性质

轴测图具有下面两个基本性质。

（1）平行性：物体上互相平行的线段，其轴测投影也互相平行；与参考坐标轴平行的线段，其轴测投影也必平行于轴测轴。

(2)可测量性：沿平行于轴测轴方向的线段长度可在轴测图上直接测量，其测量值乘以该方向的轴向伸缩系数即为该线段的空间长度，不平行于轴测轴方向的线段长度则不可以直接测量。

4．工程中常采用的轴测图种类

根据投影方向不同，轴测图可分为两类：正轴测图和斜轴测图。根据轴向伸缩系数不同，每类轴测图又可分为三类：三个轴向伸缩系数均相等的称为等测轴测图；其中只有两个轴向伸缩系数相等的称为二测轴测图；三个轴向伸缩系数均不相等的称为三测轴测图。

以上两种分类方法结合，得到六种轴测图，分别简称为正等测、正二测、正三测和斜等测、斜二测、斜三测。工程中使用较多的是正等测和斜二测，本单元只介绍这两种轴测图的画法。

1）正等轴测图

如图 2-72 所示，在正投影情况下，当 $p=q=r$ 时，三个坐标轴与轴测投影面的倾角都相等，均为 35°16′。由几何关系可以证明，其轴间角均为 120°，三个轴向伸缩系数均为：$p=q=r=\cos35°16′\approx0.82$。

在实际画图时，为了作图方便，一般将 O_1Z_1 轴取为铅垂位置，各轴向伸缩系数采用简化系数 $p=q=r=1$。这样，沿各轴向的长度均被放大 $1/0.82\approx1.22$ 倍，轴测图也就比实际物体大了一点，但这对形状没有影响。图 2-72 给出了轴测轴的画法和各轴向的简化轴向伸缩系数。

2）斜二等轴测图

如图 2-73 所示，在斜投影情况下，轴测轴 X_1 和 Z_1 仍为水平方向和铅垂方向，即轴间角 $\angle X_1O_1Z_1=90°$，物体上平行于坐标 XOZ 的平面图形都能反映实形，轴向伸缩系数 $p=r=2q=1$。为了作图简便，增强斜二等轴测图的立体感，通常取轴间角 $\angle X_1O_1Y_1=\angle Y_1O_1Z_1=135°$。

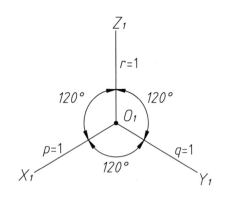

图 2-72　正等轴测轴形式

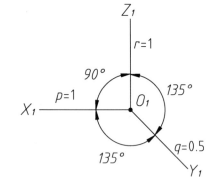

图 2-73　斜二等轴测轴形式

2.5.2　正等轴测图的画法

许多物体都是由平面体和回转体组合而成的，所以要画它们的轴测图只要研究平面体和回转体的轴测图的画法即可。

1. 平面体的正等轴测图画法

绘制平面立体正等轴测图的方法有:坐标法、切割法和叠加法。

1)坐标法

使用坐标法时,先在视图上选定一个合适的直角坐标系 $OXYZ$ 作为度量基准,然后根据物体上每一点的坐标,定出它的轴测投影。下面通过实例介绍坐标法的作图过程。

实例6 画出图2-74(a)正六棱柱的正等轴测图。

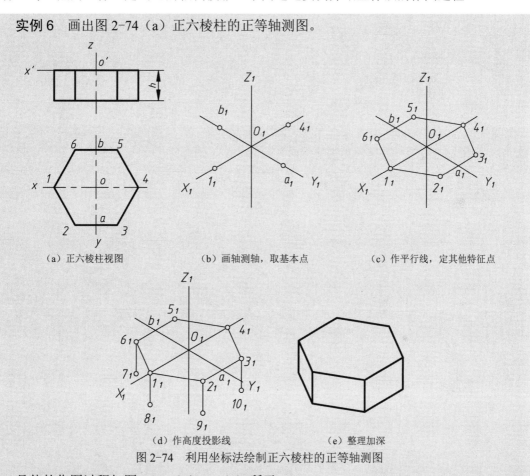

图2-74 利用坐标法绘制正六棱柱的正等轴测图

具体的作图过程如图2-74(b)~(e)所示:

(1)先进行形体分析,将直角坐标系原点 O 放在顶面中心位置,并确定坐标轴;

(2)画出轴测轴,采用坐标量取的方法,得到 1_1、4_1、a_1、b_1 四点投影;

(3)分别过 a_1、b_1 作两条线段平行于 $1_1 4_1$,在其上采用坐标量取的方法,得到 6_1、5_1、2_1、3_1 四点投影;

(4)从顶面 1_1、2_1、3_1、6_1 点沿 Z 向向下量取 h 高度,得到底面上的对应点;

(5)分别连接各点,用粗实线画出物体的可见轮廓,擦去不可见部分,得到六棱柱的轴测投影。

本例中将坐标系原点放在正六棱柱顶面,有利于沿 Z 轴方向从上向下量取棱柱高度 h,避免画出多余作图线,使作图简化。

2）切割法

切割法又称方箱法，适用于画由长方体切割而成的轴测图。它以坐标法为基础，先用坐标法画出完整的长方体，然后按形体分析的方法逐块切去多余的部分。举例说明如下。

实例7 绘制如图2-75（a）所示夹紧块的正等轴测图。

夹紧块是夹具中的一个主要零件，其画法和步骤如图2-75（b）～（i）所示。（注：因夹紧块上的长圆形孔属于回转体，故此时先略去不画。）

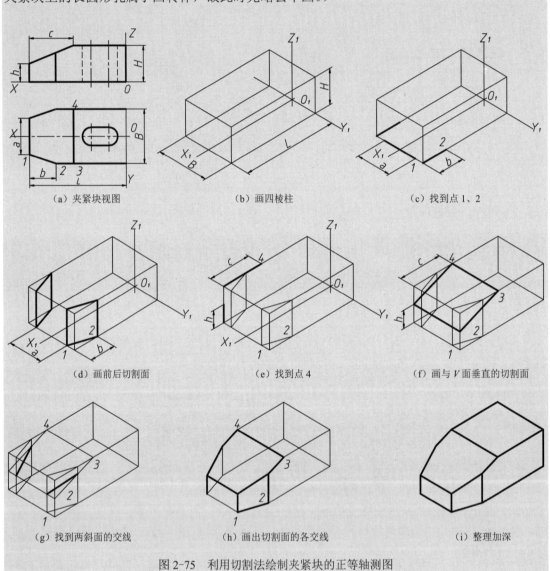

图2-75 利用切割法绘制夹紧块的正等轴测图

3）叠加法

叠加法是先将物体分成几个简单的组成部分，再将各部分的轴测图按照它们之间的相对位置叠加起来，并画出各表面之间的连接关系，最终得到轴测图的方法。举例说明如下。

实例8 画出如图2-76（a）所示垫块的正等轴测图。

该垫块的正等轴测图的作图过程如图2-76（b）～（e）所示。

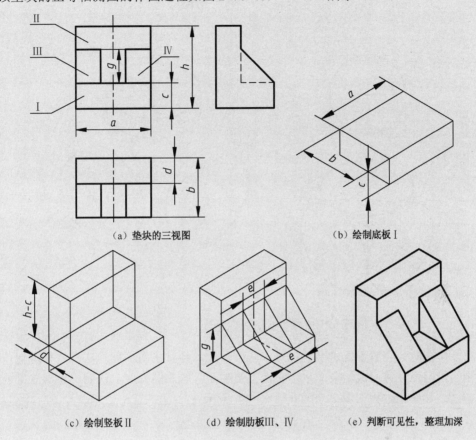

(a) 垫块的三视图　　(b) 绘制底板Ⅰ

(c) 绘制竖板Ⅱ　　(d) 绘制肋板Ⅲ、Ⅳ　　(e) 判断可见性，整理加深

图2-76 利用叠加法绘制垫块的正等轴测图

> ❗ 绘制正平面体正等轴测图注意事项：
> （1）在轴测图中为了使画出的图形特征更明显，通常不画出物体的不可见轮廓。
> （2）利用坐标法绘制轴测图时，特征点的选择至关重要，这将给后续作图带来很大的方便。通常可作为特征点的点有：形体上的某个角点、大端面上的某个点、对称面或重要轴线与某个端面相交的交点等，特征点也可与作图基准重合。
> （3）利用切割法绘制轴测图时，要注意切割后交线的画法：先找到这两个平面的边界线，确定出边界线的交点，最后才能求解得出交线。
> （4）切割法和叠加法都是根据形体分析法得来的，在绘制复杂零件的轴测图时，常常是综合在一起使用的，即根据物体的形状特征，决定物体上某些部分是用叠加法画出，而另一部分需要用切割法画出。

2．回转体的正等轴测图画法

1）平行于坐标投影面圆的正等测图画法

常见的回转体有圆柱、圆锥、圆球、圆环等。在绘制回转体的轴测图时，首先要解决圆

的轴测图画法问题。圆的正等轴测图是椭圆,三个坐标面或其平行面上的圆的正等轴测图是大小相等、形状相同的椭圆,只是长短轴方向不同,如图 2-77 所示。

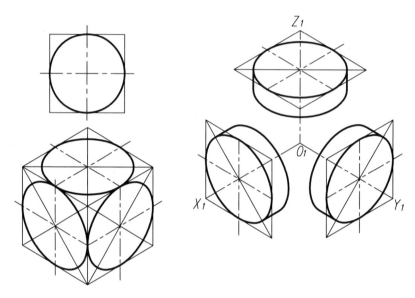

图 2-77 平行于坐标投影面的圆的正等轴测图

在实际作图时,一般不要求准确地画出椭圆曲线,经常采用"菱形法"进行近似作图,将椭圆用四段圆弧连接而成。下面以水平面上圆的正等轴测图为例,说明"菱形法"近似作椭圆的方法,其作图过程如图 2-78(b)～(f)所示。

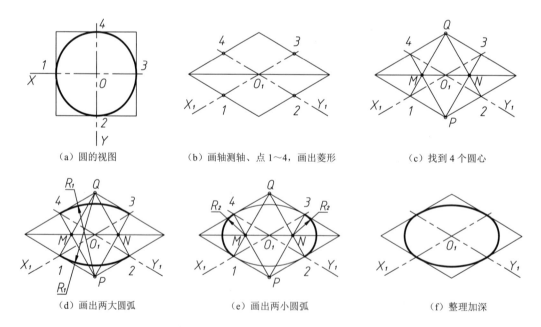

图 2-78 水平面上圆的正等轴测图画法

单元 2 投影基础

实例 9 画出如图 2-79（a）所示圆柱的正等轴测图。

该圆柱的正等轴测图的作图过程如图 2-79（b）～（e）所示。

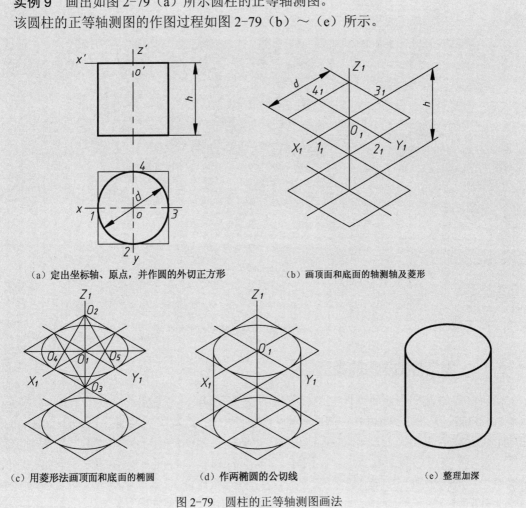

（a）定出坐标轴、原点，并作圆的外切正方形　　（b）画顶面和底面的轴测轴及菱形

（c）用菱形法画顶面和底面的椭圆　　（d）作两椭圆的公切线　　（e）整理加深

图 2-79　圆柱的正等轴测图画法

2）圆角的正等轴测图画法

在产品设计上，经常会遇到由 1/4 圆柱面形成的圆角轮廓，画图时就需画出由 1/4 圆周组成的圆弧，这些圆弧在轴测图上正好近似椭圆的四段圆弧中的一段。因此，这些圆角的画法可由菱形法画椭圆演变而来。举例说明如下。

实例 10 画出如图 2-80 所示带孔方板的正等轴测图。

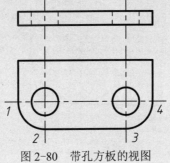

图 2-80　带孔方板的视图

该带孔方板正等轴测图的作图过程如图 2-81（a）～（f）所示。

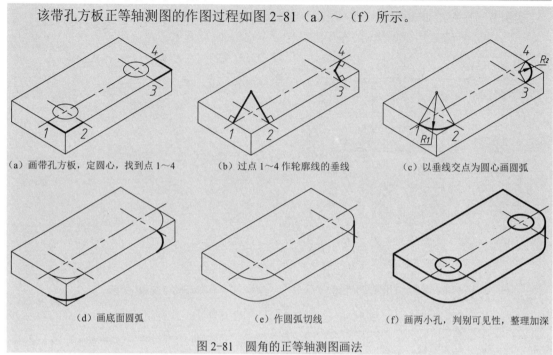

图 2-81　圆角的正等轴测图画法

2.5.3　斜二等轴测图的画法

在斜二等轴测图中，轴间角 $\angle X_1O_1Z_1=90°$，$\angle X_1O_1Y_1=\angle Y_1O_1Z_1=135°$，轴向伸缩系数 $p=r=1$，$q=0.5$。从图 2-73 可知，斜二等轴测图因其平行于 XOZ 坐标面上的形体与空间的形体的形状保持不变，所以在画斜二等轴测图时，平行于 $X_1O_1Z_1$ 面上的圆的斜二等轴测投影还是圆，大小不变，如图 2-82 所示。而平行于 $X_1O_1Y_1$ 和 $Z_1O_1Y_1$ 面上的圆的斜二等轴测投影都是椭圆，且形状相同，其长轴与圆所在坐标面上的一根轴测轴成 7°9′20″(可近似为 7°)的夹角，此时椭圆长轴长度为 1.06d，短轴长度为 0.33d。由于此时椭圆作图比较繁琐，所以当物体的某两个方向有圆时，一般不用斜二等轴测图，而采用正等轴测图。

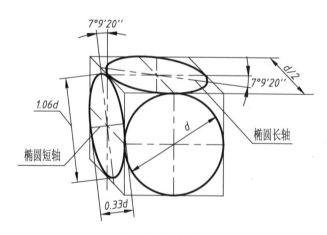

图 2-82　平行坐标面上圆的斜二等轴测圆

斜二等轴测图经常使用的场合一般为：平行于 XOZ 坐标面上有很多的圆；如果平行于其他某个坐标面上有很多的圆时，可将其转到平行于 XOZ 坐标面后再画其斜二等轴测图。下面通过两个实例说明斜二等轴测图的画法。

实例 11　画出如图 2-83（a）所示轴套的斜二等轴测图。

该轴套的斜二等轴测图的作图过程如图 2-83（b）～（d）所示。

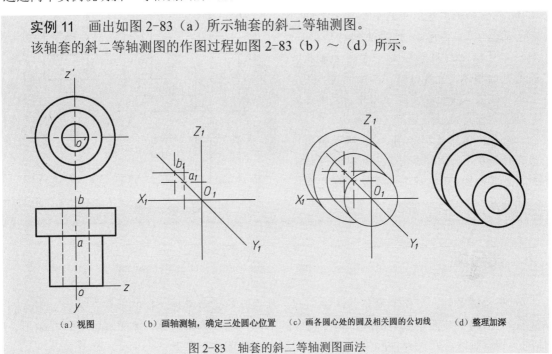

（a）视图　　　（b）画轴测轴，确定三处圆心位置　（c）画各圆心处的圆及相关圆的公切线　（d）整理加深

图 2-83　轴套的斜二等轴测图画法

实例 12　画出如图 2-84（a）所示圆盘的斜二等轴测图。

该圆盘的斜二等轴测图的作图过程如图 2-84（b）～（d）所示。

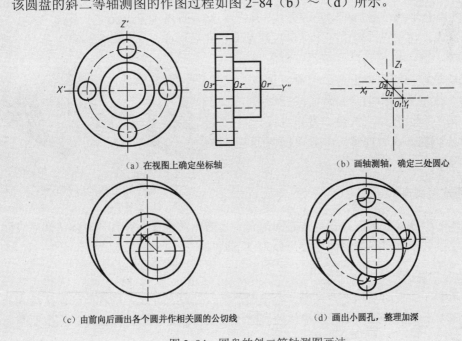

（a）在视图上确定坐标轴　　　　　　　　（b）画轴测轴，确定三处圆心

（c）由前向后画出各个圆并作相关圆的公切线　　（d）画出小圆孔，整理加深

图 2-84　圆盘的斜二等轴测图画法

从本节的作图实践可知：轴测图在工程上作为辅助图样，有助于对正投影图的阅读。正等轴测图适用于在多个方向上均有圆的物体，立体感强，但画法相对复杂；而斜二等轴测图用于在某一方向上形状较复杂的物体，直观性好，画法简单，但立体感较差。因此在实际使用中，运用正等轴测图还是比较普遍的。

来试一下：根据如图 2-85 所示的拱形开槽板视图，分别绘制其正等轴测图与斜二等轴测图，比较一下其立体感究竟有何区别？

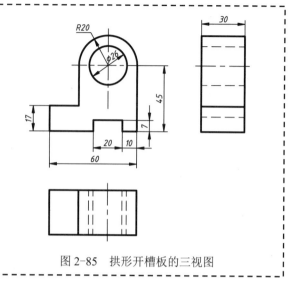

图 2-85 拱形开槽板的三视图

2.6 组合体

对于机械零件，可将其抽象并简化为若干基本几何体经叠加、切割或穿孔等方式组合而成，这种由两个或两个以上的基本体所组成的形体，称之为组合体。本单元将着重介绍组合体的三视图画法、尺寸标注和识图方法，为学习零件图打好基础。

2.6.1 组合体的组合形式

组合体的组合形式有叠加和切割等方式。从图 2-86 所示零件可以看出，叠加方式由若干基本体叠加而成，切割方式则由基本体经过切割或穿孔后形成，这些基本体可以是一个完整的柱、锥、球、环，也可以是一个不完整的基本形体，或者是它们的简单组合。一般较复杂的机械零件往往由叠加和切割综合而成。在多数情况下，同一个组合体可按叠加方式进行分析，也可以从切割方式去理解，一般要以便于作图和容易理解作为分类原则。

（a）叠加方式　　　　（b）切割方式

图 2-86 组合体的组合形式

1. 表面连接关系

从组合体的整体来分析，各基本体之间都有一定的相对位置，并且各形体之间的表面也存在一定的连接关系。常见的表面连接可分为以下四种。

1）共面和不共面

当相邻两形体的表面互相平齐连成一个平面，结合处没有界线，则称此表面连接为共面连接；反之则为不共面连接。如果两形体的表面不共面，而是相错，则在投影图中要画出两表面间的分界线，如图 2-87（a）、（b）所示。

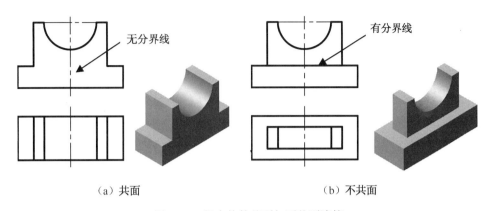

(a) 共面　　　　　　　　　　(b) 不共面

图 2-87　组合体的共面与不共面连接

2）两形体表面相切和相交

相切是指两个基本体的相邻表面光滑过渡，相切处不存在轮廓线，在投影图中一般不画分界线，如图 2-88（a）所示。当两形体相交时会产生各种形式的交线，应在投影图中画出交线的投影，如图 2-88（b）所示。

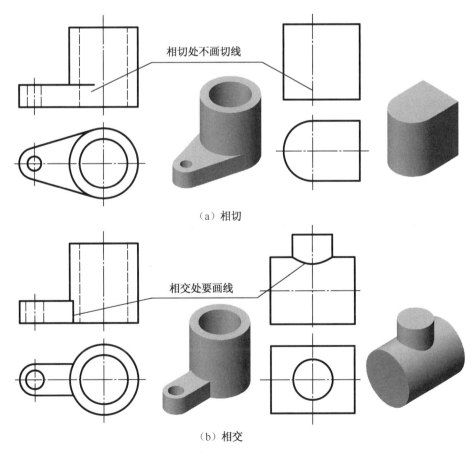

(a) 相切

(b) 相交

图 2-88　组合体的表面相切与相交连接

2. 形体分析法

将组合体按照其组成方式分解为若干基本形体，以便分析各基本形体的形状、相对位置和表面连接关系的方法称为形体分析法（见图2-89）。其实质是将组合体化整为零，即将一个复杂的问题分解为若干个简单问题。形体分析法是解决组合体问题的基本方法，在画图、读图和标注尺寸时常常会运用此方法。

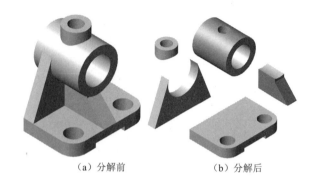

（a）分解前　　（b）分解后

图2-89　用形体分析法分析组合体

2.6.2 组合体的三视图画法

绘制组合体的三视图时，应采用形体分析法把组合体分解为几个基本几何体，然后按它们的组合关系和相对位置逐步画出三视图。

1. 叠加式组合体的三视图画法

下面以图2-89（a）所示轴承座为例，说明绘制叠加式组合体三视图的方法和步骤。

综合实例1　绘制轴承座的三视图

1）形体分析

如图2-89（b）所示，该组合体由五部分组成，支撑板在底板的上面，后面不平齐；肋板在支撑板前面、底板上方；圆筒在支撑板和肋板上方；凸台在圆筒上方。其中支撑板两斜面与圆筒相切，肋板与圆筒相交；凸台与圆筒正交。不同方向的投影视图如图2-90所示。

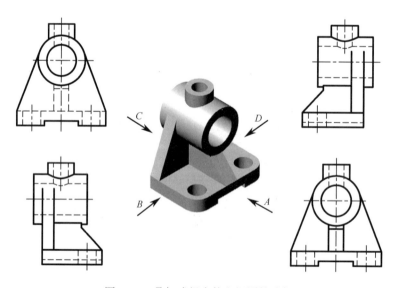

图2-90　叠加式组合体主视图的选择

2）视图选择

为方便看图，应选择最能反映该组合体形状特征和位置关系的视图作为主视图。比较图 2-90 中的 A、B、C 和 D 四个方向，A 向视图最能反映该组合体的形状特征、各基本组成部分的位置，且使其他视图中的虚线最少，因此，该组合体选择 A 向视图为主视图。

3）布置视图

根据组合体的大小，定比例，选图幅，确定各视图的位置。

4）画图步骤

画该组合体三视图的具体步骤如图 2-91 所示。

（1）运用形体分析，逐个绘出各部分基本形体。

（2）应先画反映形状特征的视图。

（3）检查加深描粗。

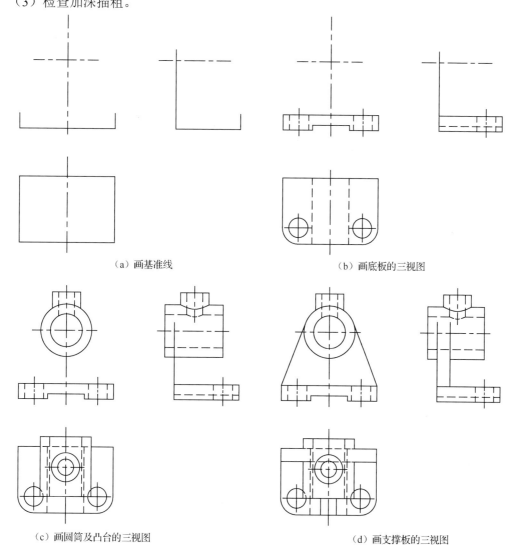

（a）画基准线　　　　　　　　　　　　（b）画底板的三视图

（c）画圆筒及凸台的三视图　　　　　　（d）画支撑板的三视图

图 2-91　叠加式组合体的绘图过程

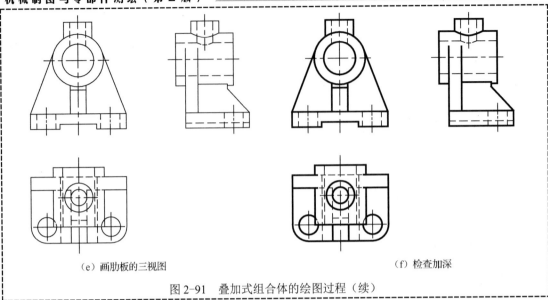

(e)画肋板的三视图　　　　　　　　　　　　　　(f)检查加深

图 2-91　叠加式组合体的绘图过程（续）

绘制叠加式组合体的三视图时，应注意以下几点：

（1）按形体分析法对各基本形体逐个画出，先画特征视图，再画另外两个一般视图，三个视图应按投影关系同时画出。

（2）完成各基本形体的三视图后，应检查形体间表面连接处的投影是否正确。

2．切割式组合体的三视图画法

绘制切割式组合体的三视图，一般采用面形分析法：根据表面的投影特性，来分析组合体表面的性质、形状和相对位置，以及画图方法，举例说明如图 2-92 所示。

绘制切割式组合体的三视图时，应注意以下几点：

（1）画切口投影时，应先从反映形体特征轮廓且具有积聚性投影的视图着手，再按投影关系画出另两个视图上的投影。

（2）切口截面投影仍符合视图的三等关系，若产生斜面，则要注意斜面投影的类似性。

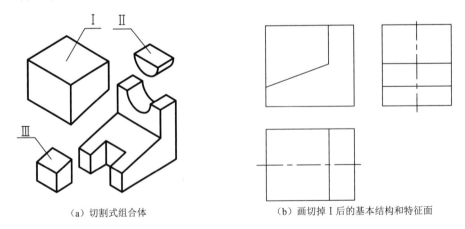

（a）切割式组合体　　　　　　　　　（b）画切掉Ⅰ后的基本结构和特征面

图 2-92　切割式组合体的绘图过程

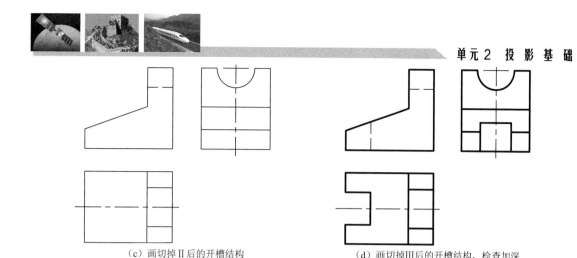

(c) 画切掉Ⅱ后的开槽结构　　　　　　(d) 画切掉Ⅲ后的开槽结构，检查加深

图 2-92　切割式组合体的绘图过程（续）

> ❗ 绘制组合体的三视图时，分析组合体的类型很重要。例如叠加式和切割式这两类不同组合方式的组合体，在视图分析和画图步骤上是截然不同的。叠加式组合体按先画主要部分、后画次要部分的顺序，依次画出组合体的各个组成部分，而切割式组合体应在画出组合体原形的基础上，按切去部分的位置和形状依次画出切割后的视图。
>
> 在画组合体三视图时要格外细心，尤其要注意绘图前的形体分析和完成三视图底稿后的检查与核对。

2.6.3　组合体的尺寸标注

机件的视图只能表达出其结构形状，它的大小必须由视图上所标注的尺寸来确定。尺寸是制造、加工和检验零件的依据，因此标注尺寸时，必须做到正确、完整、清晰。

在单元 1 中介绍的尺寸注法标准及平面图形尺寸注法的基础上，我们将进一步介绍基本体和组合体的尺寸注法。

1. 基本体的尺寸标注

常见的基本体形状和大小的尺寸标注方法及应标注的尺寸数，举例如图 2-93 和图 2-94 所示。

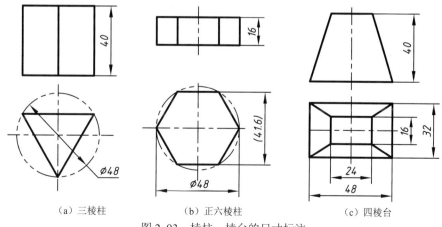

(a) 三棱柱　　　　　　(b) 正六棱柱　　　　　　(c) 四棱台

图 2-93　棱柱、棱台的尺寸标注

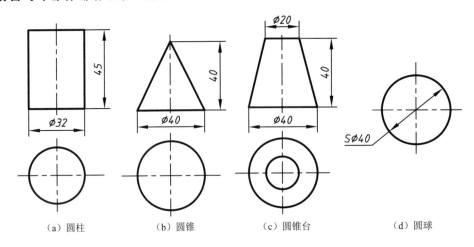

(a) 圆柱　　　　(b) 圆锥　　　　(c) 圆锥台　　　　(d) 圆球

图 2-94　圆柱、圆锥、圆锥台与圆球的尺寸标注

任何几何体都需注出长、宽、高三个方向的尺寸，虽因形状不同，标注形式可能有所不同，但基本形体的尺寸数量不能增减，一般均需要两个或两个以上的视图才能完成。

图 2-95 所示为经过某种切割后的基本体的尺寸注法。

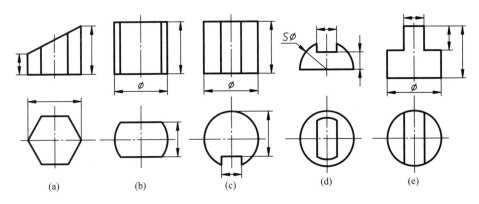

图 2-95　经某种切割后基本体的尺寸标注

在标注基本体的尺寸时，除应遵守尺寸标注的基本规则外，还应注意以下事项：
（1）尺寸应尽量标注在反映物体形状特征的视图上。
（2）半径尺寸一定要标注在视图中的圆弧上，尺寸数字前面加"R"。
（3）直径尺寸一般标注在非圆视图上，尺寸数字前面加"ϕ"。

图 2-96 中列举了几种不同形状板件的尺寸标注方法，这些结构常常会作为机件的一些底板，起到支承面或安装面的作用。

2. 组合体的尺寸标注

为保证组合体尺寸标注的完整性，一般采用形体分析法，将组合体分解为若干基本形体，先注出各基本形体的定形尺寸，然后再确定它们之间的相互位置，注出定位尺寸。标注组合体视图尺寸的基本要求是尺寸的完整性和清晰性。

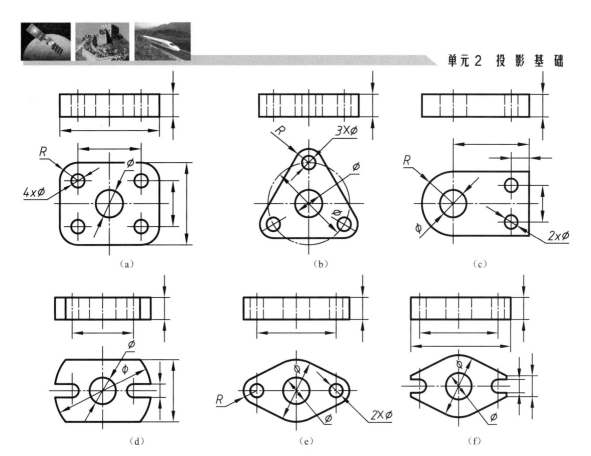

图 2-96 几种板件的尺寸注法

1)尺寸基准

标注组合体定位尺寸时,应先确定尺寸基准,即确定标注尺寸的起点。在三维空间中,应有长、宽、高三个方向的尺寸基准,一般采用组合体(或基本形体)的对称面、回转体轴线和较大的底面、端面作为尺寸基准。如图 2-97 所示的轴承座,在标注尺寸时长度方向的尺寸基准为对称面,宽度方向的尺寸基准为后端面,高度方向的尺寸基准为底面。

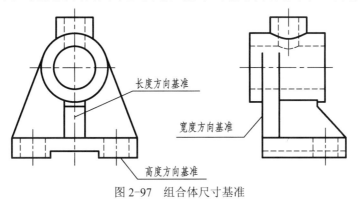

图 2-97 组合体尺寸基准

2)尺寸种类

以图 2-102 所示轴承座组合体为例,介绍组合体尺寸标注的基本方法。其中主要包括以下三类尺寸。

(1)定形尺寸:用于确定表示各基本形体大小的尺寸称为组合体的定形尺寸。在图 2-98~

图2-101中，除30、40、32外的尺寸均属于定形尺寸。

（2）定位尺寸：用于确定各基本形体之间相对位置的尺寸称为组合体的定位尺寸，如图2-98中反映底板上两个孔的位置的尺寸30和40。

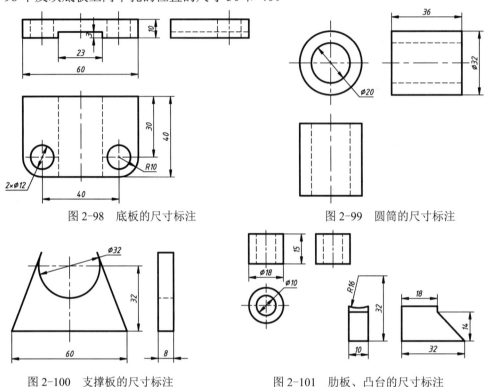

图2-98 底板的尺寸标注　　　　　图2-99 圆筒的尺寸标注

图2-100 支撑板的尺寸标注　　　图2-101 肋板、凸台的尺寸标注

（3）总体尺寸：确定组合体外形总长、总宽、总高的尺寸称为组合体的总体尺寸，有时不一定要直接注出。如图2-102中的尺寸60既是底板的定形尺寸，也是该组合体的总长尺寸。

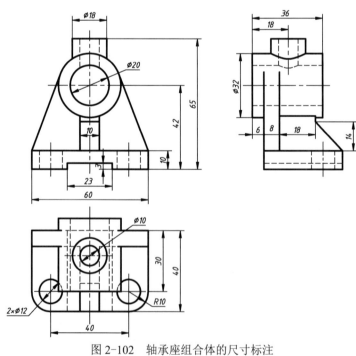

图2-102 轴承座组合体的尺寸标注

3）组合体尺寸标注步骤

对组合体的尺寸标注步骤如下。

（1）形体分析：轴承座的形体分析请参考图2-89，这里不再赘述。

（2）选择基准：标注尺寸时，应先选定尺寸基准。本例中选定轴承座的左、右对称平面及后端面、底面分别作为长、宽、高三个方向的尺寸基准，见图2-97。

（3）标注各基本形体的定形尺寸：图2-98中的60、40、10是长方形底板的定形尺寸；底板下部中央挖切出的长方板的定形尺寸为23和3；其他各形体的定形尺寸请读者自行分析。

（4）标注定位尺寸：底板、肋板、支撑板、圆筒、凸台处在选定的长度基准上，不需标注长度方向的定位尺寸；底板上被挖切的两个圆孔，其长、宽方向定位尺寸分别是40和30，孔的深度与底板同高，故高度方向不必标注定位尺寸；圆筒在高度方向应注出定位尺寸42；凸台在宽、高方向的定位尺寸分为18和65。

（5）标注（协调）总体尺寸：轴承座的总高为65，已在标注凸台尺寸时给出；而总长由底板的长60确定；总宽由底板的宽40及尺寸6确定，不必再单独注出，故本图中已不必再另行标注总体尺寸。

> ❗ 在进行组合体三视图的尺寸标注时，通过形体分析法分解标注出每一块的定位尺寸是重中之重。由于组合体的定形尺寸和定位尺寸已标注完整，如再加注总体尺寸会出现多余尺寸。为保持尺寸数量的恒定，在加注一个总体尺寸的同时，就应减少一个同方向的定形尺寸，以避免尺寸标注成为封闭尺寸链。

4）组合体尺寸标注的注意事项

尺寸标注首先注意要齐全：既不重复，也不遗漏，应先按形体分析的方法注出各形体的大小尺寸，再确定其相对位置尺寸，最后根据组合体的结构特点注出总体尺寸，如图2-98～图2-101所示。

其次注意尺寸标注要清晰，主要考虑以下几方面。

（1）应突出结构特征，定形尺寸尽量标注在反映该部分形状特征的视图上。圆的直径最好标注在非圆视图上，半径尺寸应标注在圆弧上，如图2-103所示。

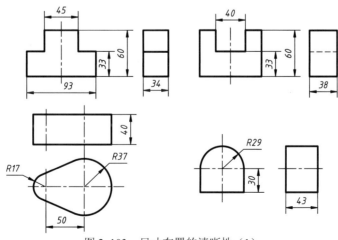

图2-103　尺寸布置的清晰性（1）

(2)尺寸相对集中，形体某个部分的定形和定位尺寸，应尽量集中标注在一个视图上，便于看图时查找，如图2-104所示。

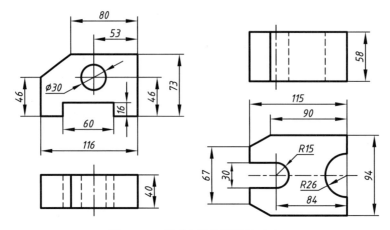

图 2-104　尺寸布置的清晰性（2）

(3)注意布局整齐，尺寸尽量布置在两视图之间，便于对照。

(4)标注时，尺寸应尽量放在图形之外，尺寸线不能与其他图线相交，尺寸数字不允许图线穿过，当遇到无法避免时，为保证清晰，可将图线断开，如图2-105所示。

(5)一般情况下，尺寸不标注在虚线上。

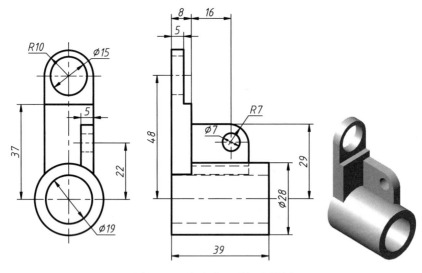

图 2-105　组合体尺寸标注图例

2.6.4　组合体视图的读图方法

画图过程主要是根据物体先进行形体分析，再按照基本形体的投影特点，逐个画出各形体，最后完成物体的三视图。而读图是根据物体的视图，想象出被表达物体的原形，是画图的一个逆向过程。

1．读图的基本要领

1）熟练掌握基本体的形体表达特征

组成组合体的基本体有：棱柱、棱锥、圆柱、圆锥等，它们的投影特征要熟练掌握，如图 2-106 和图 2-107 所示。

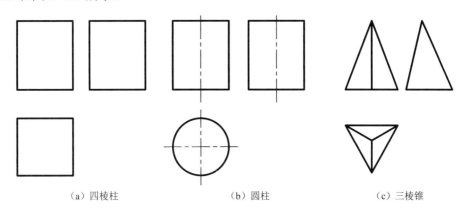

图 2-106　棱柱、圆柱、棱锥的视图

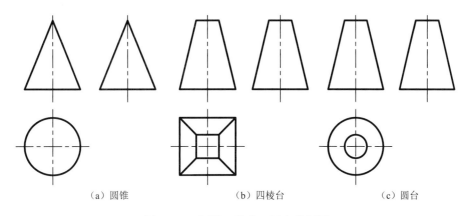

图 2-107　圆锥、棱台、圆台的视图

2）将几个视图联系起来进行识读

在机械图样中，机件的形状一般是通过几个视图来表达的，每个视图只能反映机件的部分形状。有时，仅靠一个或两个视图往往不能唯一地表达该机件的形状。

如图 2-108 和图 2-109 所示，机件视图的主、俯视图相同，要通过第三视图才能确定实际形状。如图 2-110 和图 2-111 所示，机件的俯视图相同，主视图不同，其实际形状不同。

3）明确视图中线框和图线的含义

（1）视图中的每个封闭线框，通常都是一个表面（平面或曲面）的投影。如图 2-112 所示，Ⅰ、Ⅱ、Ⅲ、Ⅳ四个线框表示的表面，对应俯视图长对正的位置，从而想象确定它们的空间位置。

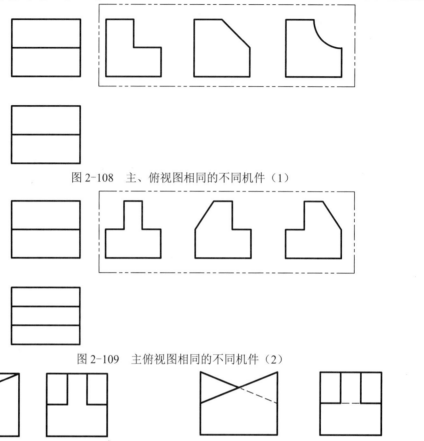

图 2-108 主、俯视图相同的不同机件（1）

图 2-109 主俯视图相同的不同机件（2）

    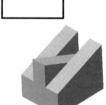

图 2-110 俯视图相同的不同机件（1）　　图 2-111 俯视图相同的不同机件（2）

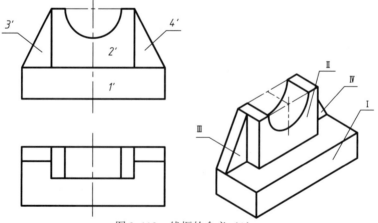

图 2-112 线框的含义（1）

（2）相邻两线框或大线框中有小线框，则表示物体上不同位置的两个表面。如图 2-113 所示，根据主视图上大线框内的圆和小矩形框，可确定为圆柱或圆孔和四棱柱或方孔，对应俯视图的位置，因它们长度方向的尺寸相等，难以确定其位置，此时必需由左视图才能确定其形状和位置。

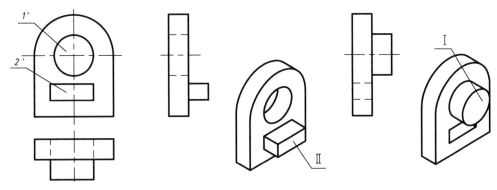

图 2-113　线框的含义（2）

（3）视图中的每条图线，可能是表面有积聚性的投影，或者是两平面交线的投影，也可能是曲面转向轮廓线的投影。

4）善于构思物体的形状

为了提高读图能力，应注意培养构思物体形状的能力，从而进一步丰富空间想象能力。如图 2-114 所示，主视图和俯视图形状相同的矩形，首先想到的是四棱柱，但小矩形显示的形状也是四棱柱，如何放到图示位置，且投影正确，只能考虑成大小四棱柱对角切割，才能对角面结合，形成如下视图。

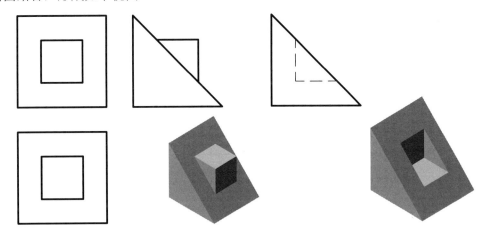

图 2-114　物体形状构思举例

2．读图的基本方法

1）形体分析法

看图过程应是根据物体的三视图（或两个视图），用形体分析法逐个分析投影的特点，并确定它们的相互位置，综合想象出物体的结构、形状。

如图 2-115（a）所示，根据主视图可确定该组合体由三部分组成，下面的矩形框对应俯视图的两圆，再高平齐结合左视图，可以确定为带孔圆板，上面两对称的矩形框对应左视图，可确定为带孔的拱形板。综合起来想象，确定组合体的形状如图 2-115（b）所示。

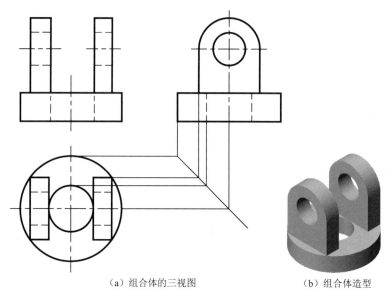

(a) 组合体的三视图　　　　　(b) 组合体造型

图 2-115　组合体读图（1）

如图 2-116（a）所示，根据主视图可确定该组合体由三个表面平齐的部分组成，下面的矩形框对应俯视图的两圆，再高平齐结合左视图，可以确定为带孔圆板；上面两对称的矩形框对应左视图，看似为带孔的矩形板，但因为表面是和圆柱面平齐，所以它们的两个表面为圆柱面。综合起来想象，最终确定组合体形状如图 2-116（b）所示。

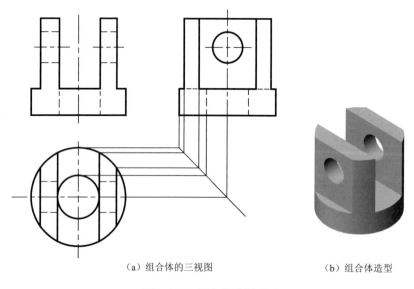

(a) 组合体的三视图　　　　　(b) 组合体造型

图 2-116　组合体读图（2）

2）线面分析法

对于以切割为主要方式形成的组合体的三视图识读，则需要分析基本形体的相对位置，利用正投影的特性，分析与投影面平行、垂直和倾斜的表面在三视图中的投影特点。如图 2-117 所示，平面 A、B、C 分别与 H、V 面平行，它们在俯视图和主视图上反映实形。斜面 I 垂直于 V 面，俯视图和左视图上对应位置的投影具有类似性。

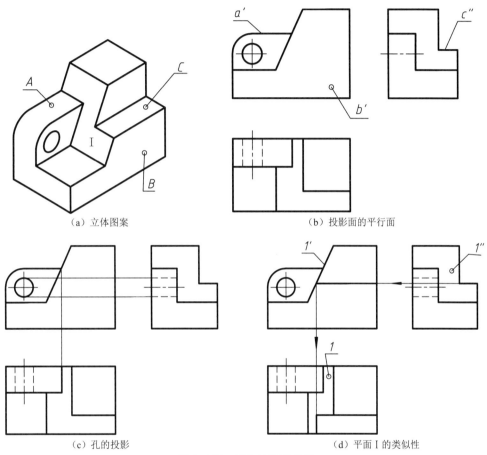

（a）立体图案　　　（b）投影面的平行面

（c）孔的投影　　　（d）平面 I 的类似性

图 2-117　组合体线面分析

> 🛈 画图实现形体从空间到平面的转换，而读图则实现了形体从平面到空间的转换，这两项都是一个机械专业技术人员经常要做的工作。
>
> 看组合体的三视图时，一般先从主视图看起，借助于丁字尺、三角板、分规等工具，根据"长对正、高平齐、宽相等"的规律，要把几个视图联系起来看，只看一个视图往往不能确定形体的形状和相邻表面的相对位置关系。在看图过程中，一定要对各个视图反复对照，直至都符合投影规律时，才能最后定下结论，切忌看了一个视图就下结论。
>
> 看图一般是以形体分析法为主，线面分析法为辅。形体分析法主要用于识读叠加式组合体视图，其要点在于从形体的主视图入手，正确地分解形体并能迅速抓住特征视图。而线面分析法主要用来分析视图中的局部复杂投影，对于切割式的零件用得较多。
>
> 再次强调一下看图步骤：联系有关视图，看清投影关系→把一个视图分成几个独立部分加以考虑→识别形体，定位置→综合起来想象整体形状。

3. 补画视图以及视图中的漏线

1）补画视图中的漏线

在绘图过程中，难免会漏画某些图线，如已知某形体的不完整的三视图，要求补全遗漏的图线。在补线的过程中，可应用投影规律分析该形体的结构形状，因为视图中每个线框、每条图线都有其特定的含义，它们所表示的几何元素也都有对应的投影，在分析过程中仔细核对投影就会发现视图中的漏线。示例如图 2-118、图 2-119 所示。

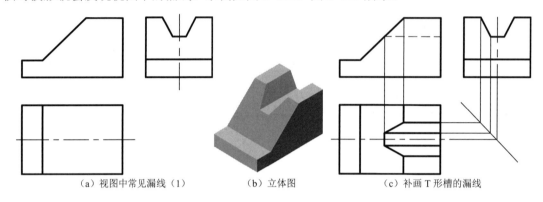

(a) 视图中常见漏线（1）   (b) 立体图   (c) 补画 T 形槽的漏线

图 2-118 补画组合体视图漏线（1）

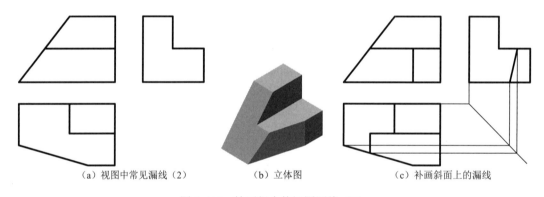

(a) 视图中常见漏线（2）   (b) 立体图   (c) 补画斜面上的漏线

图 2-119 补画组合体视图漏线（2）

2）补画视图

在制图学习中，为了验证读图能力，往往有许多根据两视图补画第三视图的练习，这也是培养和训练空间想象能力的一种方法。如图 2-120 所示，从已知的主视图和俯视图可确定，该组合体为四棱柱块被三部分切割，1 是四棱柱底板，2 是带孔的拱形板，3 是带方槽的四棱柱，方槽穿透底板，圆孔与方槽相通。补画左视图时，根据三个组成部分顺序补出。

4. 读三视图与画轴测图

在阅读组合体的三视图时，也可边看视图边画其轴测图，这样能更快地想象出该物体的形状。在生产实际中运用轴测图，有利于更好地与人交流设计思想。因此，绘制轴测图也是一个工程技术人员必须具备的技能。下面通过两个实例分别介绍叠加式和切割式组合体的轴测图画法。

单元 2 投影基础

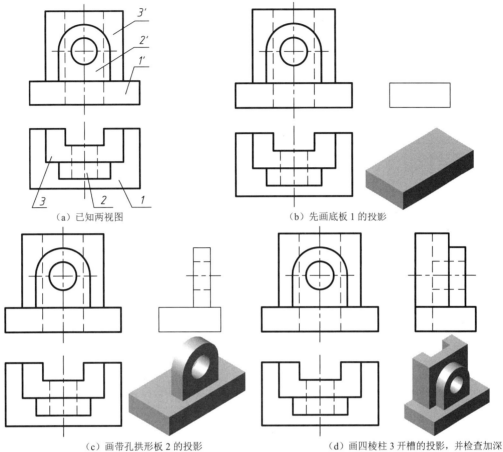

(a) 已知两视图　　　　　　　　　　(b) 先画底板 1 的投影

(c) 画带孔拱形板 2 的投影　　　　　(d) 画四棱柱 3 开槽的投影，并检查加深

图 2-120　补画组合体视图的步骤

实例 13　由图 2-121（a）读图可知，该组合体以叠加式为主，分别由底板（带圆角的四棱柱板）、拱形柱和三角形肋板组合而成。绘制该组合体的轴测图时，可根据尺寸按形体

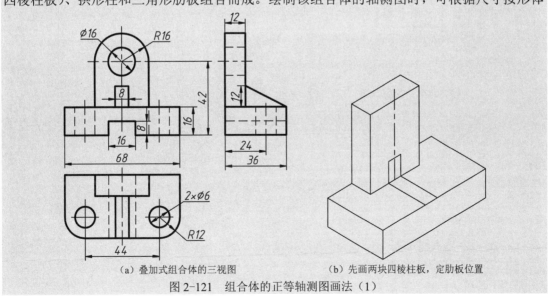

(a) 叠加式组合体的三视图　　　　　　(b) 先画两块四棱柱板，定肋板位置

图 2-121　组合体的正等轴测图画法（1）

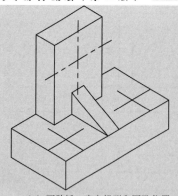
(c) 画肋板,确定拱形和圆孔位置

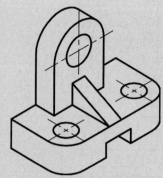
(d) 画圆角和方槽,整理加深

图 2-121 组合体的正等轴测图画法(1)(续)

分析法先画出底板,再画肋板、孔、拱形和圆角,用叠加方式依次画出,绘图过程中要注意连接部分及不可见部分的相关投影。该组合体正等轴测图的作图过程如图 2-121(b)~(d)所示。

实例 14 由图 2-122(a)所示的三视图读图可知,该组合体以切割式为主,表现为在

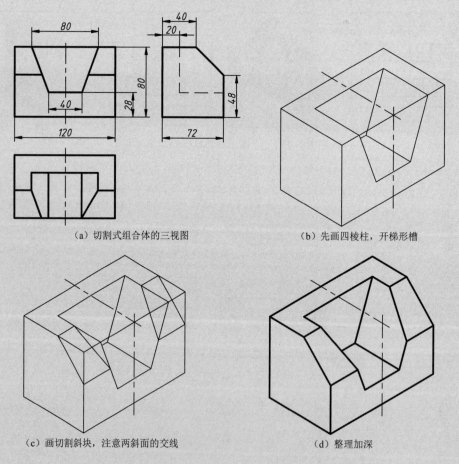

(a) 切割式组合体的三视图　　(b) 先画四棱柱,开梯形槽

(c) 画切割斜块,注意两斜面的交线　　(d) 整理加深

图 2-122 组合体的正等轴测图画法(2)

直四棱柱（也就是俗称的长方体）上开槽与切块。绘制其轴测图时，先画出四棱柱的正等轴测图，然后开梯形槽，再画前面的切块，要注意切块斜面与梯形斜面产生的交线。

该组合体正等轴测图的作图过程如图 2-122（b）～（d）所示。

2.7 图样画法

在实际工程中，由于使用场合和要求的不同，机件的结构形状也是各不相同的。当机件的形状、结构比较复杂时，仅用三视图的方法难以将其表达清楚。为了完整、清晰、简便地表达出它们的内外结构，以适应生产需要，国家标准 GB/T 4458.1—2002《机械制图 图样画法 视图》和 GB/T 17451—1998《技术制图 图样画法 视图》中规定了视图、剖视图、断面图等常用的图样画法。

2.7.1 视图

视图主要用来表达机件的外部结构形状，通常有基本视图、向视图、局部视图和斜视图等类型。在视图中一般只画机件的可见部分，必要时才画出虚线表示其不可见的部分。

1．基本视图

1）六个基本视图的产生

机件在基本投影面上投射所得的视图称为基本视图，根据国家标准《机械制图》的规定，用正六面体的六个面作为基本投影面，如图 2-123 所示。把机件放置其中，用正投影的方法向六个基本投影面分别进行投射，就得到该机件的六个基本视图。

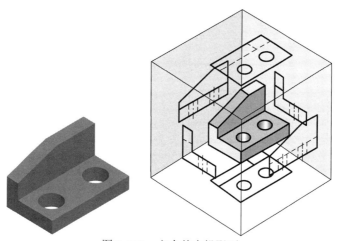

图 2-123　六个基本投影面

投射后，规定正投影面不动，把其他投影面按图 2-124 所示的方法展开到与正投影面成同一平面。

2）基本视图的配置及投影规律

基本视图的配置位置如图 2-125 所示。在同一张图样上，按投影关系配置的视图一律不

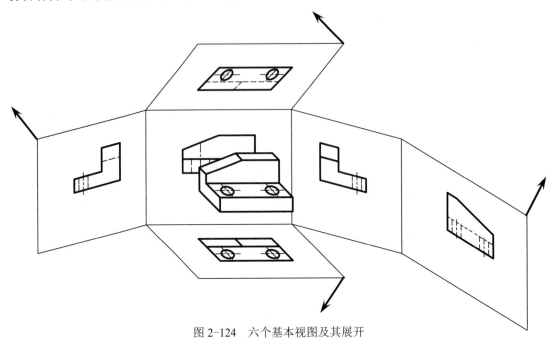

图 2-124　六个基本视图及其展开

标注视图的名称，六个基本视图之间仍然符合"长对正、高平齐、宽相等"的投影规律，即主视图、俯视图和仰视图长对正（后视图同样反映零件的长度尺寸，但未能与上述三视图长对正），主视图、左视图、右视图和后视图高平齐，左、右视图与俯、仰视图宽相等。另外，主视图与后视图、左视图与右视图、俯视图与仰视图还具有轮廓对称的特点。

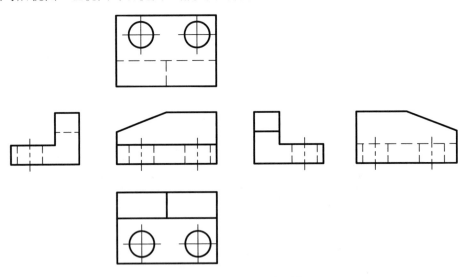

图 2-125　基本视图的配置

> 在表达机件的形状时，不是任何机件都需要画出六个基本视图，应根据机件的结构特点，按需要选出其中几个视图。但是主视图是必不可少的哦！
> 想想看，图 2-126 所示的机件为什么只采用图示的四个基本视图来表示就足够了。

单元 2 投 影 基 础

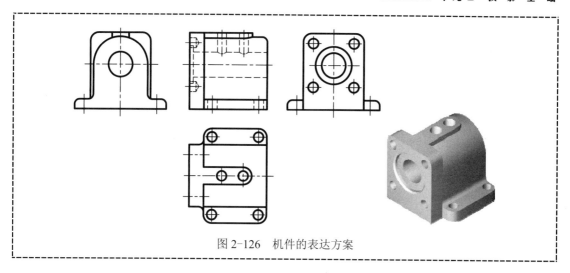

图 2-126 机件的表达方案

2．向视图

在某些情况下，基本视图不能按规定配置，这时可用向视图来表示。向视图是指自由配置的视图。向视图的表示方法如下：在向视图的上方标注"×"（"×"为大写的拉丁字母），在相应的视图附近用箭头指明投影方向，并注上相同的字母，如图 2-127 所示。

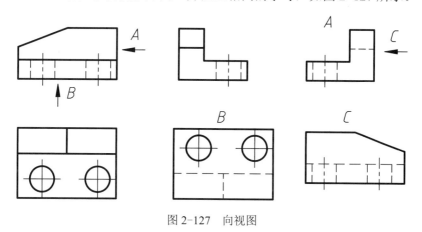

图 2-127 向视图

3．局部视图

将机件的某一部分向基本投影面投影，所得到的视图叫做局部视图。

1）局部视图的画法

如图 2-128 所示，该机件的主要结构通过主视图和俯视图已表达清楚，未表达清楚的是 A 向和 B 向的两处局部结构，这时可采用局部视图来表达。图 2-128 所示的机件，当画出其主、俯视图后，仍有两侧的结构没有表达清楚。因此，需要画出表达该部分的局部左视图 A 和局部右视图 B。局部视图的断裂边界用波浪线画出，当所表达的局部结构是完整的，且外轮廓又成封闭线时，波浪线可以省略，如图 2-128 中的局部视图 B。

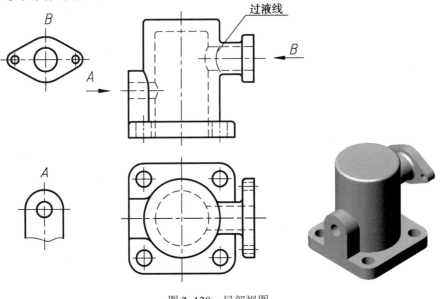

图2-128 局部视图

> 在实际生产中，复杂的零件一般先通过铸（或锻）造的方式制成毛坯，再根据需要进行机械加工。由于铸（或锻）件的工艺要求转角处必须是圆角光滑过渡，因此交线就不是很明显，在工程行业中称为"过渡线"。它的画法与原有交线基本相同，只是交线的两端不再与铸（或锻）件的轮廓线相接触。**注意**：过渡线的线型为细实线，详细画法请参考6.2节内容。

2）局部视图的配置及标注

局部视图一般按基本视图的投影关系配置，或画在箭头所指部位的附近。若图纸布置不适宜时，也可按向视图的配置形式配置并标注，如图2-128所示局部视图A。

画图时，一般应在局部视图上方标上视图的名称"×"（"×"为大写拉丁字母），在相应的视图附近用箭头指明投影方向，并注上同样的字母。当局部视图按投影关系配置、且中间又无其他图形隔开时，可省略各标注，如图2-128中的B向局部视图。

4．斜视图

机件在不平行于任何基本投影面的平面上投射所得的视图称为斜视图。斜视图主要用于表达机件上倾斜部分的实形。

1）斜视图的画法

由于斜视图主要用来表达机件上倾斜部分的实形，故其余部分不必画出，其断裂边界用波浪线表示；当所表示的结构形状是完整的，且外形轮廓又成封闭线时，波浪线可省略不画。

2）斜视图的配置及标注

斜视图按向视图的形式配置并标注，必要时也可配置在其他适当位置，示例如图2-129所示。在不引起误解时，允许将视图旋转配置，表示该视图名称的大写拉丁字母应靠近旋转符号的箭头端，箭头方向与视图旋转方向相同，必要时也可将旋转角度标注在字母之后。

单元 2 投影基础

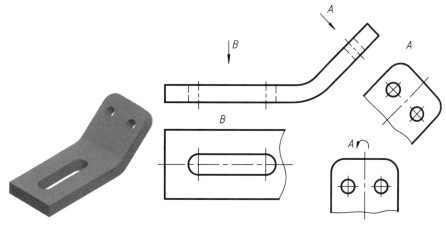

图 2-129 斜视图

> 向视图、局部视图、斜视图均为辅助视图，作为基本视图的补充，不能单独表示，主要用来表示一些复杂机件上的凸台、凹坑、槽或倾斜结构。注意波浪线表示机件表面上的断裂边界线，不应画在机件的中空处以及图形外，作图时只需徒手画出。
>
> 分析一下，如图 2-130 所示的四通管零件需用几个视图来表达？记住先确定基本视图，再确定辅助视图。
>
>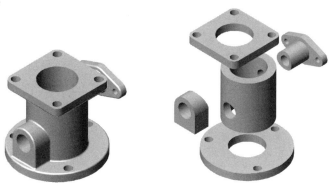
>
> 图 2-130 四通管

2.7.2 剖视图

当机件内部结构比较复杂时，视图上就会出现较多的虚线，这些虚线与外部轮廓线交叠在一起影响图面清晰，对读图和标注尺寸带来很大的不便。为此，对机件不可见的内部结构形状经常采用剖视图来表达。国家标准 GB/T 4458.6—2002《机械制图 图样画法 剖视图和断面图》对剖视图的画法等做出了明确规定。

用剖切面（平面或柱面）剖开机件，将处在观察者和剖切面之间的部分移去，而将其余部分向投影面投射所得的图形，称为剖视图，简称剖视，示例如图 2-131 所示。

1. 剖视图的画法

绘制剖视图的目的在于清楚地表达机件的内部结构，因此应尽量使剖切平面通过内部结

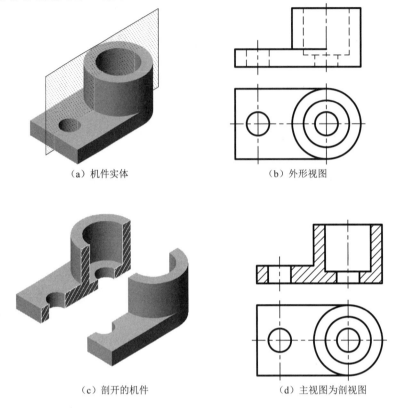

(a)机件实体　　(b)外形视图

(c)剖开的机件　　(d)主视图为剖视图

图 2-131　视剖图的概念

构比较复杂的部位（如孔、沟槽）的对称平面或轴线。另外，为便于看图，剖切平面应取平行于投影面的位置，这样可在剖视图中反映出剖切到的部分实形，示例如图 2-132 所示。

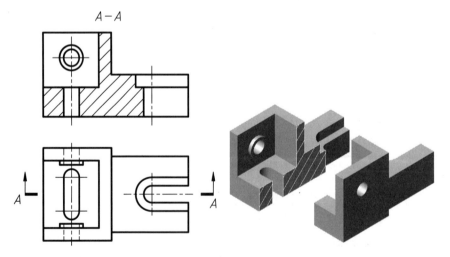

图 2-132　机件的剖视图

绘制剖视图时不仅要画出剖切面与机件实体接触部分（断面）的投影，而且还要画出剖切面与投影面之后轮廓的投影。

为了区别被剖切面切到的实体部分和未与剖切面接触的部分,要在剖切到的实体部分上画上剖面符号,见图 2-131 和图 2-132。国家标准 GB/T 4457.5—1984《机械制图 剖面符号》规定了各种材料剖面符号的画法,见表 2-7。

表 2-7 材料的剖面符号

金属材料 (已有规定剖面符号者除外)	▨	木材纵剖面	▨
非金属材料 (已有规定剖面符号者除外)	▨	木材横剖面	▨
玻璃及透明材料	▨	木质胶合板 (不分层数)	▨
型砂、填砂、粉末冶金、 砂轮、陶瓷刀片、硬质 合金刀片等	▨	液体	▨
混凝土	▨	钢筋混凝土	▨
砖	▨	格网 (筛网、过滤网等)	▨
线圈绕组元件	▨	转子、电枢、变压器和 电抗器等的迭钢片	▨

注:① 剖面符号仅表示材料的类别,材料的名称和代号必须另行注明。
② 迭钢片的剖面线方向,应与束装中迭钢片的方向一致。
③ 液面用细实线绘制。

如金属材料的剖面符号规定画成间隔相等、方向相同,且与图形主要轮廓线或对称面方向成 45°的平行细实线,向左或向右倾斜均可,如图 2-133 所示。

图 2-133 剖面线的方向

在同一张图样中,同一金属零件在各个剖视图中的所有剖面线应该相同,其倾斜方向和间隔保持一致,如图 2-134(a)所示。

当图形中的主要轮廓线与水平方向成 45°时,该图形的剖面线应画成与水平成 30°或 60°的平行线,其倾斜方向仍与其他图形的剖面线一致,如图 2-134(b)所示。

剖视图标注的目的在于向读者表明设计者的剖切意图,一般需标注剖切线路、投影方向、剖视图名称。标注时,用断开线(粗短线)表示剖切平面的位置,用箭头表示投影方向,在

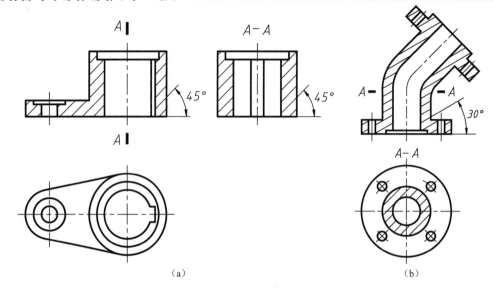

图 2-134 金属材料剖面符号的规定

剖切符号的起迄及转折处注上相同的字母，最后在剖视图上方用字母标注出剖视图的名称"×-×"，如图 2-132 所示。

凡是完全满足以下两个条件的剖视图，在断开线的两端可以不画箭头：

（1）剖切平面是基本投影面的平行面；

（2）剖视图按投影关系配置，且中间没有其他图形隔开。

剖视图如果满足以下三个条件，可省略全部的标注（见图 2-134（a）、（b））：

（1）剖切平面是单一的，而且是平行于要采取剖视的基本投影面的平面；

（2）剖视图配置在相应的基本视图位置；

（3）剖切平面与机件的对称面重合。

绘制剖视图的注意事项：

（1）剖切是假想的，事实上机件仍是完整的，因此除剖视图外，其他视图仍按完整的机件画出。因此，图 2-135（b）中的左视图与俯视图的画法是不正确的。

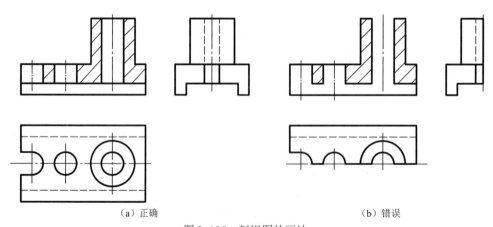

图 2-135 剖视图的画法

（2）画剖视图时，应将剖切面与投影面之间机件的可见轮廓线全部画出，不能遗漏。图 2-135（b）中的主视图的画法是不正确的。

（3）剖视图中，对已经表达清楚的不可见结构，其虚线省略不画；当机件的结构没有表达清楚时，在剖视图中仍需画出虚线。如图 2-136 所示，底板的高度在主视图上只能用虚线表示。

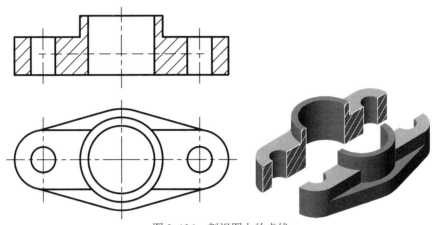

图 2-136　剖视图上的虚线

2．剖视图的种类

根据机件被剖切范围的大小分类，剖视图可分为全剖视图、半剖视图和局部剖视图。

1）全剖视图

用剖切面全部剖开机件所得的剖视图称为全剖视图。当机件的外形简单或外形已在其他视图中表示清楚时，为表达其内部结构，常采用全剖视图。如图 2-137、图 2-131（d）、图 2-132、图 2-135（a）和图 2-136 中的剖视图均为全剖视图，其画法和标注不再赘述。

为了便于标注尺寸，对于外形简单，且具有对称平面的机件也常采用全剖视图，如图 2-137。

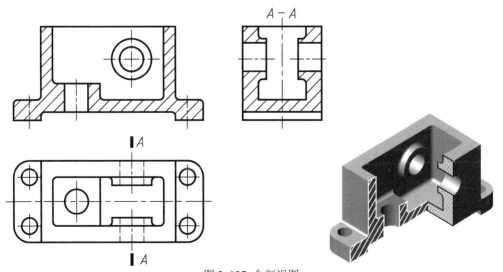

图 2-137　全剖视图

2）半剖视图

当机件具有对称平面时，在垂直对称平面的投影面上所得的图形，以对称中心线（细点画线）为界，一半画成表达内形的剖视图，另一半画成表达外形的视图，这种组合的图形称为半剖视图。如图 2-138 所示机件，其主视图、俯视图和左视图均为半剖视图。

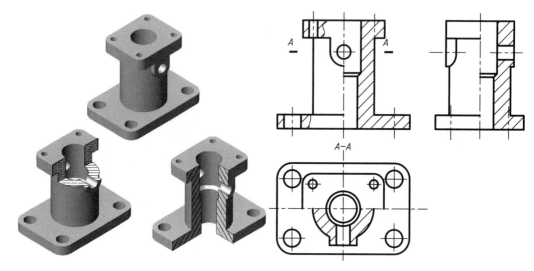

图 2-138 半剖视图

半剖视图主要用于内外形状都需要表达的对称机件。由于半剖视图的一半表达了外形，另一半表达了内形，因此在半剖视图上一般不需要把看不见的内形用虚线画出来。当机件的形状基本对称，且不对称部分另有视图表达时，也可画成半剖视图。

如图 2-139 所示，该机件左右对称，为保留前面四棱柱的形状和孔的位置，因此主视图采用了半剖视图（其中肋板的画法见 2.7.4 节中的简化画法）。同时，为清楚表达垂直圆柱孔与四棱柱上小孔间的关系，左视图采用了全剖。在半剖视图中标注对称结构的尺寸时，其尺寸线应略超过对称中心线，并在尺寸线的一端画出箭头。

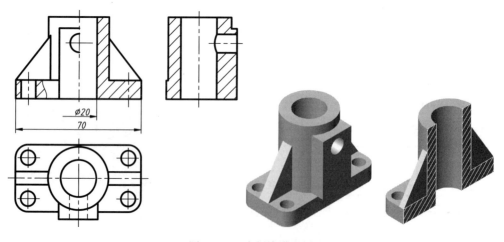

图 2-139 半剖视图示例

3）局部剖视图

假想用剖切面局部剖开机件，这时所得的剖视图称为局部剖视图。局部剖视图常用来表达机件上的孔、槽、缺口等局部的内部形状，示例如图 2-140 所示。

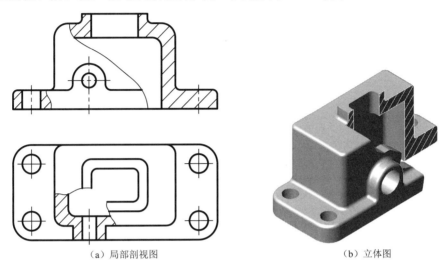

（a）局部剖视图　　　　　　　　（b）立体图

图 2-140　局部剖视图

局部剖切后，机件断裂处的轮廓线用波浪线表示。局部剖视不受结构是否对称的限制，剖切位置和剖切范围根据需要而定。这种比较灵活的表达方法常用于下列情况：

（1）不对称机件的内外形状需要在同一视图上表达；

（2）反映机件上的孔、槽、缺口等局部结构的内部形状；

（3）对称机件的分界处（即对称面）有轮廓线时，不适合采用半剖视图，示例如图 2-141 所示。

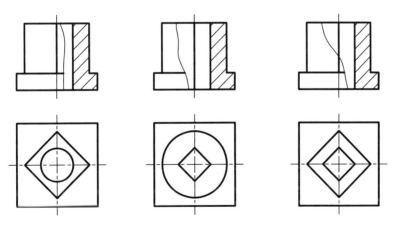

图 2-141　对称结构的局部剖

> 🛈 外形简单、内形复杂的不对称机件多采用全剖视图，而对称机件多采用半剖视图。局部剖视图是一种比较灵活的表达方法，运用得当可使视图简明、清晰。但在同一视图中局部剖的数量不宜过多，否则会影响图形的清晰性。

画局部剖视图时，应注意以下事项（见图 2-142）：

（1）剖视图与视图以波浪线为分界线，波浪线应画在零件的实体处，孔、槽等中空处不能画波浪线，且波浪线不能超出轮廓线；

（2）波浪线不能画在轮廓线的延长线上；

（3）不能用轮廓线代替波浪线。

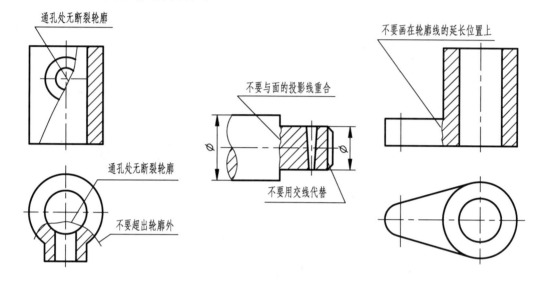

图 2-142　绘制波浪线的注意事项

3．剖切面的种类及方法

1）单一剖切面

单一剖切面应用最为广泛，可以用与投影面平行的剖切面进行剖切，也可用于表达机件具有倾斜结构的内部形状，采用与倾斜部分的主要平面平行或垂直的剖切面进行剖切，示例如图 2-143 所示。

用单一剖切平面剖开机件的方法称为单一剖，可用以下平面作为剖切平面。

（1）投影面的平行面

前面所举图例中的剖视图都是用这种平面剖切得到的，在单一剖中用的最多。如图 2-143 所示为圆盘的视图表达，图（a）为结构不对称时视图处理成全剖视，图（b）为结构对称时处理成半剖视图。

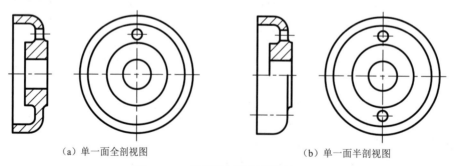

(a) 单一面全剖视图　　　　　　(b) 单一面半剖视图

图 2-143　采用平行投影面的单一剖

（2）垂直于基本投影面的平面

当机件上有倾斜部分的内部结构需要表达时，可仿照斜视图的画法，选择一个垂直于基本投影面且与所需表达部分平行的投影面，然后再用一个平行于这个投影面的剖切平面剖开机件，再向此投影面投影，这样得到的剖视图称为斜剖视图，简称斜剖视。

斜剖视图主要用以表达倾斜部分的结构。机件上与基本投影面平行的部分，在斜剖视图中不反映实形，一般应避免画出，常将它舍去画成局部视图。

画斜剖视图时，应注意以下几点：

① 斜剖视最好配置在与基本视图的相应部分保持直接投影关系的地方，标出剖切位置和字母，并用箭头表示投影方向，还要在该斜剖视图上方用相同的字母标明视图的名称，如图 2-144 所示；

② 为使视图布局合理，可将斜剖视保持原来的倾斜程度，平移到图纸上适当的地方；为画图方便，在不引起误解时，也可把图形旋转到水平位置，表示该剖视图名称的大写字母应靠近旋转符号的箭头端，如图 2-144 所示。

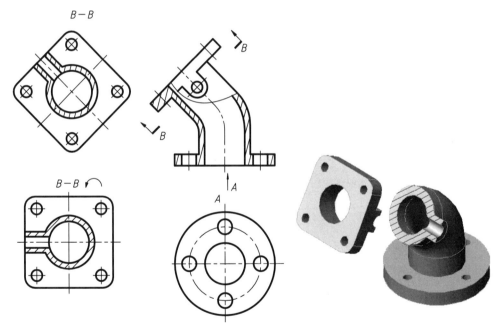

图 2-144　采用垂直投影面的斜剖视图

（3）柱面

图 2-145 所示为圆柱剖切面切开零件后的投影图。用柱面切开零件后，要将其轮廓结构展开到平面上再作投影，此时应在剖视图名称后加注"展开"二字，如图 2-146 所示。

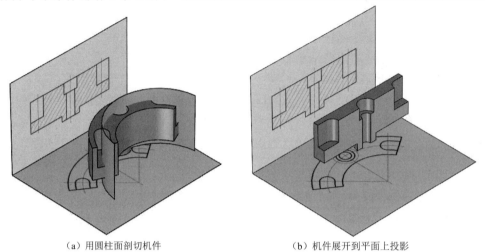

（a）用圆柱面剖切机件　　　　　　　（b）机件展开到平面上投影

图 2-145　采用柱面剖切零件

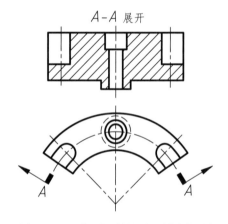

图 2-146　采用柱面剖切得到的剖视图

2）几个平行的剖切面

当机件上有较多的内部结构形状，且它们的轴线不在同一平面内时，可用几个互相平行的剖切平面剖切，这种剖切方法也称为阶梯剖。图 2-147 所示机件用了两个平行的剖切平面剖切后画出的"A-A"全剖视图。

采用阶梯剖方法画剖视图时，应注意以下几点：

（1）剖视图中不能画出各剖切平面转折处的界线，且不应出现不完整的要素，如图 2-148（a）和图 2-149（a）所示。

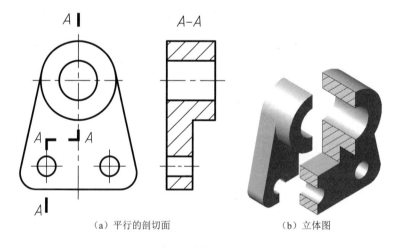

（a）平行的剖切面　　　　　　　　　（b）立体图

图 2-147　用几个平行的剖切面剖得的全剖视图

单元 2 投影基础

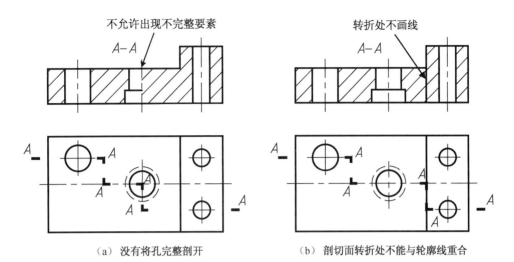

(a) 没有将孔完整剖开　　　　(b) 剖切面转折处不能与轮廓线重合

图 2-148　阶梯剖视图中的常见错误画法

（2）剖切符号的转折处不能与视图中的轮廓线重合，如图 2-148（b）所示。只有当机件上两个要素在图形上具有公共对称中心线或轴线时，才可以各画一半，此时不完整要素应以对称中心线或轴线为界，如图 2-149（b）所示。

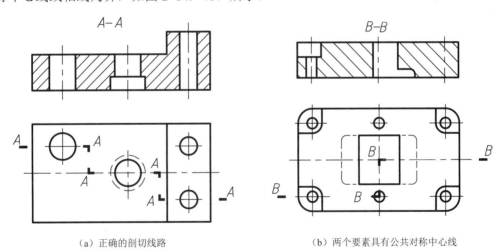

(a) 正确的剖切线路　　　　(b) 两个要素具有公共对称中心线

图 2-149　阶梯剖视图的正确画法

（3）阶梯剖必须标注。标注时在剖切平面的起、迄、转折处画上剖切符号，标上同一字母，并在起迄画出箭头表示投影方向，在所画的剖视图的上方中间位置用同一字母写出其名称"×-×"，如图 2-149。当剖视图按投影关系配置，中间无其他图形时，可省略箭头。当转折处的地方很小时，也可省略字母。

3）几个相交的剖切面

当机件的内部结构形状用一个剖切平面不能表达完全，且这个机件在整体上又具有回转轴时，可用两个相交的剖切平面剖开，这种剖切方法称为旋转剖，如图 2-150 中的主视图即为旋转剖切后所画出的全剖视图。

采用旋转剖方法绘制剖视图时，首先把由倾斜平面剖开的结构连同有关部分旋转到与选定的基本投影面平行，然后再进行投影，使剖视图既反映实形又便于画图。

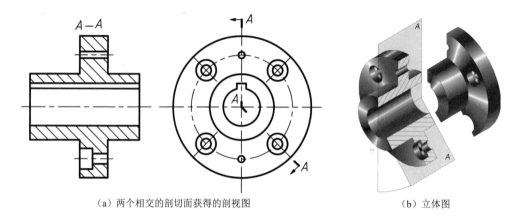

(a) 两个相交的剖切面获得的剖视图　　　　　　(b) 立体图

图 2-150　用两个相交的剖切面剖切（1）

采用旋转剖方法画剖视图时，应注意以下几点：
(1) 在剖切平面后的其他结构一般仍按原来位置投影，如图 2-151（a）中小孔的投影；
(2) 当剖切后产生不完整要素时，应将该部分按不剖切绘制，如图 2-152 所示；
(3) 旋转剖必须标注，其方法与阶梯剖的标注与要求相同。

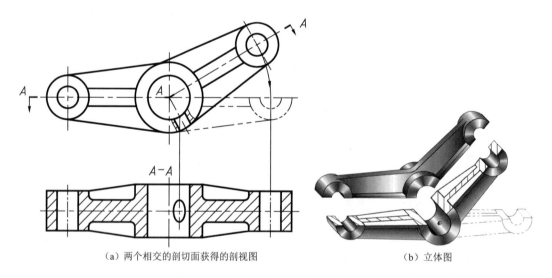

(a) 两个相交的剖切面获得的剖视图　　　　　　(b) 立体图

图 2-151　用两个相交的剖切面剖切（2）

当采用两个或两个以上相交的剖切平面时，一般采用展开画法，并需在剖视图的上方标注"×-×展开"字样，如图 2-153 所示。

单元 2 投影基础

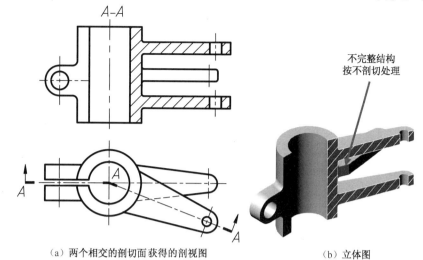

(a) 两个相交的剖切面获得的剖视图　　　(b) 立体图

图 2-152　用两个相交的剖切面剖切（3）

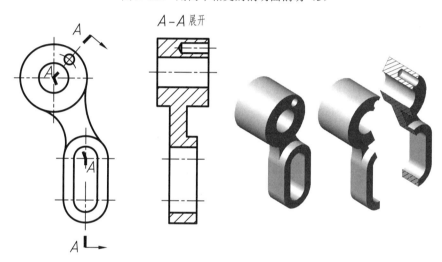

图 2-153　用三个相交的剖切面剖切

> 机件结构形状不同，表达其内部形状所采用的剖切方法也不一样。国家标准规定的剖切方法有三种：单一剖、阶梯剖、旋转剖。无论采用哪一种剖切方法，均可画成全剖视图、半剖视图或局部剖视图的形式。
>
> 观察图 2-154 所示的接线盒盖，想一想，可以采用哪些剖切平面，用怎么样的一组图形来清晰表达出内外结构？

(a) 接线盒盖正面　　　(b) 接线盒盖背面

图 2-154　接线盒盖的三维造型

103

2.7.3 断面图

断面图主要用来表达型材及机件某部分断面的结构形状。国家标准 GB/T 4458.6—2002《机械制图 图样画法 剖面图和断面图》对断面图的画法等做出了明确规定。

1. 断面图的形成

假如用剖切面将机件的某处切断，仅画出断面的图形，称为断面图，简称断面。

断面与剖视的区别在于：断面只画出剖切平面和机件相交部分的断面形状，而剖视则须把断面和断面后可见的轮廓线都画出来，如图 2-155 所示。

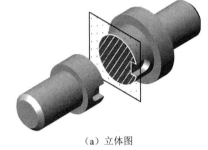

（a）立体图

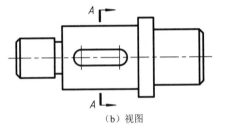

（b）视图

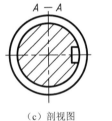

（c）剖视图

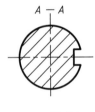

（d）断面图

图 2-155 剖视图与断面图

2. 断面图的分类

根据断面图配置位置的不同，可分为移出断面和重合断面两种。

1) 移出断面

画在视图轮廓线之外的断面，称为移出断面。

（1）画法与配置

移出断面的轮廓线用粗实线表示，图形位置应尽量配置在剖切位置符号或剖切平面迹线的延长线上（剖切平面迹线是剖切平面与投影面的交线），如图 2-156（a）所示。当遇到

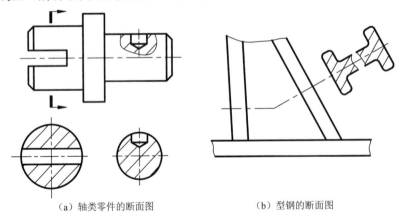

（a）轴类零件的断面图　　（b）型钢的断面图

图 2-156 移出断面图（1）

如图 2-156（b）所示的肋板结构时，可用两个相交的剖切平面，分别垂直于左、右肋板进行剖切，这样画出的剖面图，中间应用波浪线断开。当断面图形对称时，也可将断面画在视图的中断处，如图 2-157 所示。

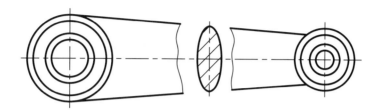

图 2-157　断面图配置在视图中断处

一般情况下，画断面时只画出剖切的断面形状。当剖切平面通过机件上回转面形成的孔或凹坑的轴线时，这些结构按剖视画出，如图 2-158 所示。

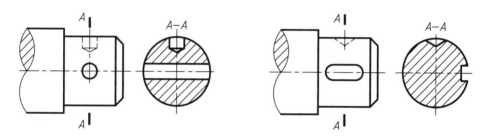

图 2-158　移出断面图（2）

当剖切平面通过非圆孔会导致出现完全分离的两个断面时，这些结构也应按剖视画出，如图 2-159 所示。

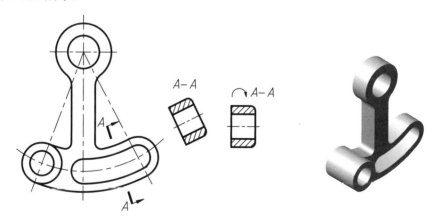

图 2-159　移出断面图（3）

（2）标注

移出断面图的标注参见表 2-8。

表 2-8 移出断面图的配置与标注

断面图配置 \ 断面形状	对称的移出断面	不对称的移出断面
配置在剖切线或剖切符号延长线上	不必标出字母和剖切符号，剖切线路用细点画线表示	不必标注字母
按投影关系配置	不必标注箭头	不必标注箭头
配置在其他位置	标注字母，不必标注箭头	应标注剖切符号（含箭头）和字母
配置在视图中断处	不必标注（见图 2-143）	

2）重合断面

画在视图轮廓内的断面称为重合断面，如图 2-160 所示的吊钩，只画了一个主视图，并在几处画出了断面形状，就把整个吊钩的结构形状表达清楚了，比用多个视图或剖视图显得更为简便明了。

重合断面的轮廓线用细实线绘制，断面上画出剖面线。当视图中的轮廓线与重合断面的图形相交或重合时，视图中的轮廓线仍应完整画出，不可中断，如图 2-161 所示。

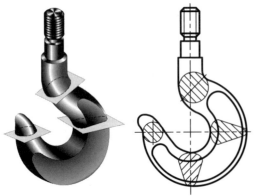

图 2-160 吊钩的重合断面图

单元 2 投影基础

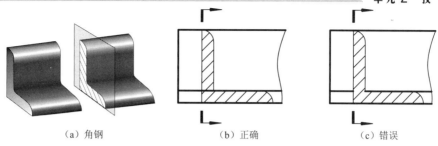

（a）角钢　　　　　　　（b）正确　　　　　　　（c）错误

图 2-161　角钢的重合断面图

对称的重合断面不必标注，如图 2-160 所示。配置在剖切线上的不对称重合断面，不必注写字母，但一般要在剖切符号上画出表示投影方向的箭头，如图 2-161（b）所示。

> 型材是铁或钢以及具有一定强度和韧性的材料（如塑料、铝、玻璃纤维等）通过轧制、挤出、铸造等工艺制成的具有一定几何形状的物体。一般按其断面形状可分为工字钢、槽钢、角钢、圆钢、方钢、扁钢等。工字钢、槽钢、角钢广泛应用于工业建筑和金属结构，如厂房、桥梁、船舶、农机车辆制造、输电铁塔、运输机械等；扁钢主要应用于桥梁、房架、栅栏、输电、船舶、车辆等；而圆钢、方钢多用做各种机械零件、农机配件、工具等。

2.7.4　局部放大图和简化画法

1. 局部放大图

当机件的某些局部结构较小，在原定比例的图形中不易表达清楚或不便标注尺寸时，可将此局部结构用较大比例单独画出，这种图形称为局部放大图。如图 2-162 所示，此时原视图中该部分结构可简化表示。

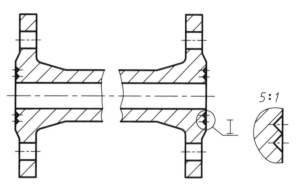

图 2-162　局部放大图（1）

当机件上仅一处被放大时，在局部放大图的上方只需注明所采用的比例；若几处被放大时，须用罗马数字依次标明被放大部位，在局部放大图的上方标注出相应的罗马数字和采用的比例，如图 2-163 所示。

画局部放大图时应注意以下几点：

（1）局部放大图可以画成视图、剖视和断面，与被放大部分的表达方式无关。局部放大图应尽量配置在被放大部位的附近，如图 2-163 所示。

（2）绘制局部放大图时，除螺纹牙型和齿轮的齿形外，应在视图上用细实线圈出被放大的部位。

2. 剖视图中的规定画法

1）肋板、轮辐等在剖视图中的画法

机件上常常有加强肋板和轮辐等结构，起到加固的作用。如图 2-164 所示机件，若按

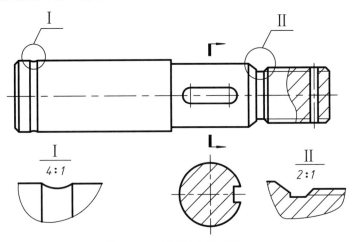

图 2-163 局部放大图（2）

纵向剖切，这些结构不画剖面符号，而是用粗实线将它与其邻接的部分分开；而横向切断时，则要在相应的剖视图上画上剖面符号。

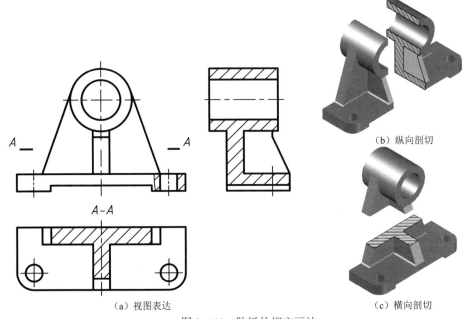

(a) 视图表达　　　　　　　　　　　　(c) 横向剖切

图 2-164 肋板的规定画法

2) 回转体上均匀分布的肋板、孔、轮辐等结构的画法

当零件回转体上均匀分布的肋板、轮辐、孔等结构不处于剖切平面上时，可将这些结构旋转到剖切平面上画出，如图 2-165 所示。

3. 简化画法

（1）当机件具有若干相同结构（齿、槽等）并按一定规律分布时，只需画出几个完整的结构，其余用细实线连接结构的顶部或底部，并注明该结构的总数。若干直径相同且成规律分布的孔（圆孔、螺孔、沉孔等），可仅画出一个或几个，其余用点画线表示中心位置，并

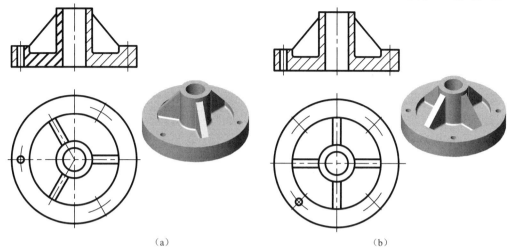

(a)　　　　　　　　　　　　　　　(b)

图 2-165　回转体上孔、肋板的画法

注明孔的总数，如图 2-166 所示。

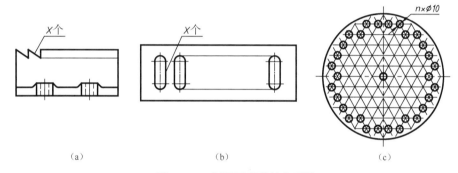

(a)　　　　　　　　(b)　　　　　　　　(c)

图 2-166　相同要素的简化画法

图 2-167　滚花的画法

（2）对于网状物、编织物或机件上的滚花部分，可在轮廓线附近用细实线示意画出，并在零件图上或技术要求中注明这些结构的具体要求，如图 2-167 所示。

（3）圆柱形法兰盘和类似零件上均匀分布的孔，其简化画法如图 2-168 所示。

（4）在不致引起误解时，对于对称机件的视图可只画一半或 1/4，此时必须在对称中心线的两端画出两条与其垂直的平行细实线，如图 2-169 所示。

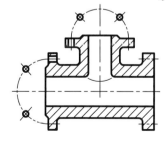

图 2-168　法兰盘上孔的简化画法

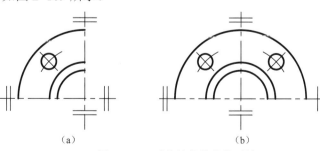

(a)　　　　　　　　　(b)

图 2-169　对称结构的简化画法

（5）机件上斜度不大的结构，若在一个视图中已表达清楚时，则其他视图可按小端画出，如图 2-170 所示。

（6）倾斜圆投影的简化画法：机件上与投影面的倾斜角度小于或等于 30°的圆或圆弧，其投影可用圆或圆弧代替，如图 2-171 所示。

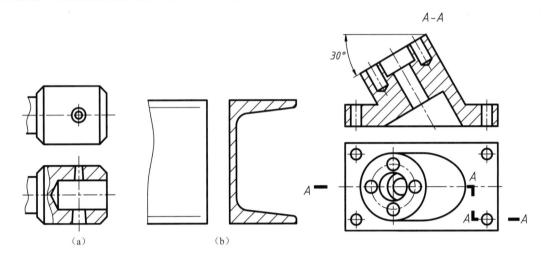

图 2-170　较小结构的简化画法　　　　图 2-171　斜面上圆或圆弧的简化画法

（7）小结构的简化画法：在不致引起误解时，零件图中的小圆角、锐边的小倒圆或小倒角允许省略不画，但必须标注尺寸或在技术要求中加以说明，如图 2-172 所示。

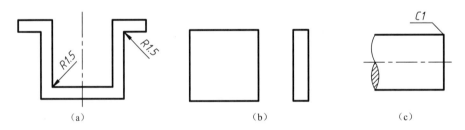

图 2-172　小倒角、小圆角的简化画法和标注

（8）平面表示法：当图形不能充分表达平面时，可用平面符号两条对角细实线表示，如图 2-173 所示。

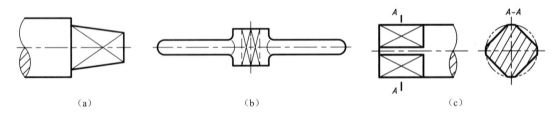

图 2-173　平面符号的画法

（9）折断画法：当轴、连杆、型材等机件长度较长，并沿着这个方向形状一致或均匀变化时，在视图中可断开后缩短画出，但要按实际长度标注尺寸。断裂处用波浪线或双点画线

画出，如图 2-174 所示。

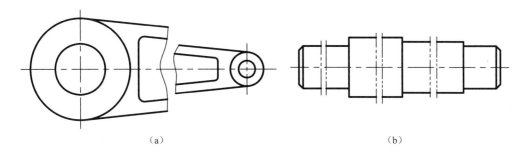

图 2-174　较长机件的简化画法

（10）零件上对称结构的局部视图，如腰形槽、方孔等，可按图 2-175 所示的方法表示。

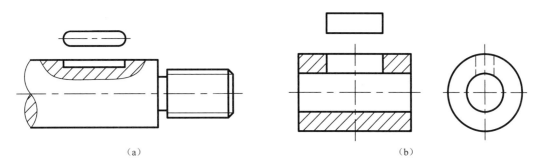

图 2-175　局部视图的简化画法

> ❗ 机件的简化画法常用于零件上某些特殊结构的表达。采用技术图样的简化画法，可以缩短绘图时间，提高工作效率。推进图样的简化是发展工程技术语言的必然趋势。在日常学习中，大家一定要细心观察每个零件的结构特点，紧密联系生产实际，灵活地运用上述知识点去解决实际问题。

2.7.5　机件表达方法的理解与应用

在表达一个机件时，应根据机件的具体形状和结构，选用适当的表达方法，合理地标注尺寸，将机件的内外形状结构表达清楚。

1. 看剖视图

机件表达方案中常用到剖视图。要看懂剖视图，首先要区分机件上结构要素的空与实、远与近。在机件的剖视图中，凡是画有剖面符号的封闭形线框均表示实体范围，而空白封闭线框一般情况下表示空体范围及剖切面后的结构。接下来要根据机件内部结构的特征，结合其他视图的投影，确定机件的内部形状。机件外形也是如此，要从局部线段推想整个面形。最后综合起来想象机件的内外结构。

如图 2-176 所示，该机件由四部分组成，左视图采用全剖视图，主要表达圆柱内孔结构；俯视图采用剖视图，主要表达支撑肋板的断面形状。

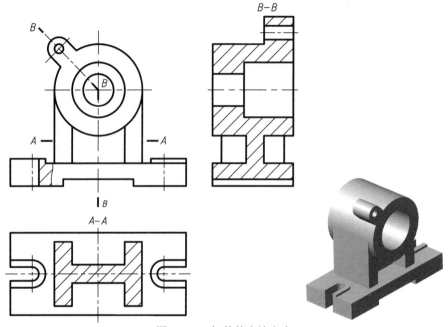

图 2-176　机件的表达方案

2．表达方法的选择与应用

绘制机械图样时，应首先考虑看图方便。根据机件的结构特点，巧妙地应用图样的各种画法，在完整、清晰地表达机件各部分的内外形状的前提下，力求制图简便，使所绘图样易看易画。

分析图 2-177 所示机件的表达方案可知，该机件的主视图为 $A\text{-}A$ 全剖视图，采用了两个相交的剖切平面，主要反映机件的内部结构。考虑到该机件左右两侧为倾斜结构，因此采用

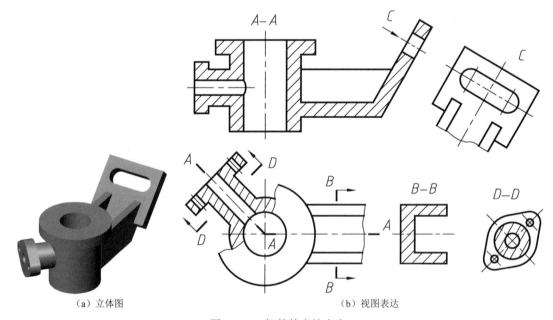

（a）立体图　　　　　　　　　　　（b）视图表达

图 2-177　机件的表达方案

局部的俯视图反映中间主体部分的外形,且在该图上采用了局部剖视图,反映了左侧结构的内部形状,同时该结构还采用了 D-D 斜剖视图反映外形;而右侧倾斜结构的外形特征则通过 C 向斜视图来表达。除此以外,该机件还采用了 B-B 断面图表示连接板的截面形状。整个方案表达简洁明了,无论看图、绘图都比较简单。

3. 剖视图上尺寸标注的注意事项

在剖视图上尺寸标注时应注意以下几点(参考图 2-178 进行理解记忆):
(1)在剖视图中机件某些结构往往未全部画出,标注尺寸时,应按完整形状注出。
(2)对称分布的内形结构在半剖视图中另一半未画出,应把尺寸线超过对称中心线或轴线。
(3)肋板、连接板的横断面尺寸应注在断面图上。
(4)回转面的内形尺寸,一般情况下应注在非圆视图上。
(5)内、外形的尺寸应分开两侧注出。

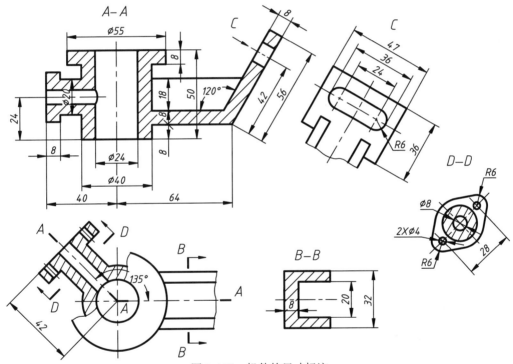

图 2-178 机件的尺寸标注

> ❗ 生产中使用的工程图样通常是综合应用各种表达方法绘制的,即视图、剖视、断面及其简化画法并存,具有表达方法灵活、投影方向和视图位置多变等特点。有时,同一个机件可有多种合理的表达方案可供选择。

2.7.6 第三角画法的概念

国家标准 GB/T 14692—2008《技术制图 投影法》规定:"技术图样应采用正投影法绘制,

并优先采用第一角画法。"世界上大多数国家（如中国、英国、俄国、德国等）都是采用第一角画法，但美国、日本、加拿大、澳大利亚等则采用第三角画法。为了便于国际间的技术交流和协作，我国在 1993 年颁布的国家标准（GB/T 14692）中就曾规定："必要时（如按合同规定等）允许使用第三角画法。"

所谓第几角画法，说的是三个两两互相垂直的投影平面（即正面 V、水平面 H、侧面 W），将空间分为八个部分，每个部分为一分角，依次为Ⅰ、Ⅱ、Ⅲ……Ⅷ分角，如图 2-179 所示。

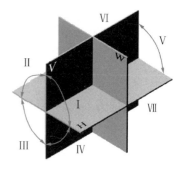

图 2-179　八个分角

第一角画法是将物体放在第一分角内，采用观察者→物体→投影面的位置关系进行正投影，并获得视图的过程，如图 2-180 所示。

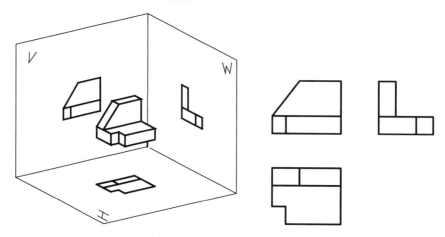

图 2-180　第一角的位置关系

第三角画法是将物体放在第三分角内，采用观察者→投影面→物体的位置关系进行正投影，并获得视图的过程，如图 2-181 所示。

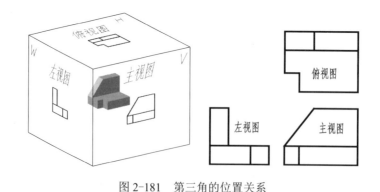

图 2-181　第三角的位置关系

六个基本视图的位置关系比较如图 2-182 所示。

单元 2 投影基础

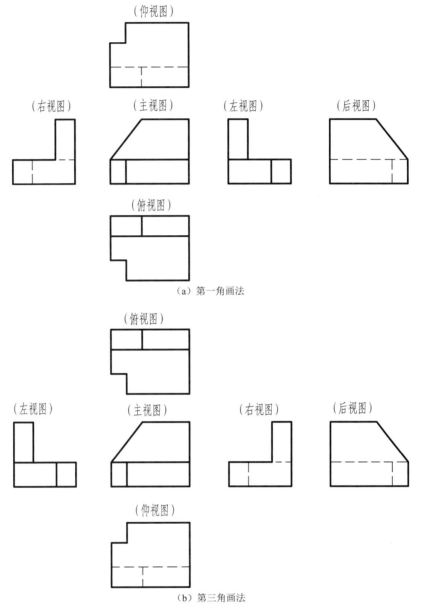

图 2-182 第一角画法和第三角画法的六个基本视图比较

采用第三角画法时，必须在图样中画出第三角投影的识别符号，如图 2-183 所示为第一角和第三角画法的识别符号。

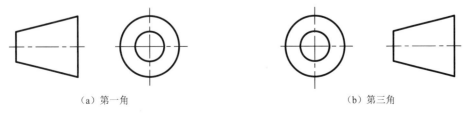

图 2-183 投影法的识别符号

在第三角画法中，剖视图和断面图统称为"剖面图"，具体包括全剖面图、半剖面图、破裂剖面图、旋转剖面图和阶梯剖面图。剖面的标注与第一角画法不同，剖切线用双点画线表示，并以箭头指明投影方向，剖面的名称写在剖面图的下方。

如图 2-184 所示的机件，主视图采用阶梯剖全剖面图，左视图取半剖面，肋板在主视图中纵剖不画剖面线，另外还采用了移出旋转剖面图（相当于第一角画法中的移出断面图）。

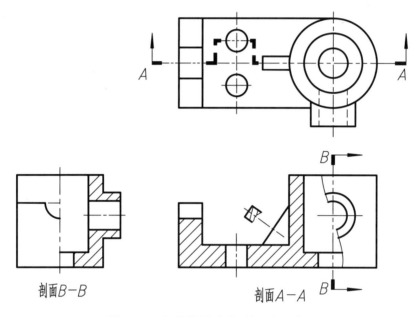

图 2-184　机件的剖面图（第三角画法）

> 毕业后想去外资或中外合资企业工作的同学，要想上岗后能快速适应国外的工程图纸，那么弄懂第三角画法的原理和画法是十分必要的。自己做个归纳，想想看，第一角画法与第三角画法的区别在哪些地方，它们又是如何转换的？

知识梳理与总结

本单元重点学习了正投影的基本知识；物体三视图的画法；点、直线和平面投影的基本知识；基本体的特点及三视图画法；基本体上的截交线和相贯线的画法；物体轴测图（包含正等测图和斜二测图）的画法；组合体三视图的画法、尺寸标注和读组合体视图的方法；视图（包括基本视图、局部视图、斜视图）的画法、应用场合及标注方法；不同剖视图（全剖、半剖、局部剖）、各种剖切面剖视图的表达方法和剖视图的标注方法；不同断面（移出断面图、重合断面图）的绘制方法和标注方法；常用简化画法和局部放大图的画法；第三角画法的基本知识。

三视图是工程图样最基本的表现形式，是工程图样的核心内容。同学们在学习过程中应充分理解三视图画法中的"三等"尺寸关系及方位关系，这是技术制图的理论基础所在。

对于柱、锥、圆球等各种基本体，应认真分析其形成、形状特点、三视图画法、尺寸标注以及各种基本体经叠加、切割和变形后的分析，掌握基本体常见截交线和相贯线的画法。

单元 2 投影基础

在识读和绘制物体的三视图时，机械工程上常采取勾画轴测图（俗称立体图）的方式，来表达一些较难想象的结构形状。

运用形体分析法掌握绘制组合体三视图的画法以及尺寸标注。同样，形体分析法、线面分析法是读组合体三视图的基本方法，通过画图及读图的循环，可以提高学习者的空间想象能力和看懂各种形体视图的能力。

在生产实际中，当机件的形状结构比较复杂时，国家标准规定了各种图样画法。其中：各种视图主要表达机件的外部形状，剖视图主要表达内部形状复杂的机件，断面图主要表达实心机件、肋板及各种型材的截面形状，简化画法用于特殊机件的表达。生产中使用的工程图样，通常是综合应用各种表达方法绘制的，表达方法灵活简洁。只要表达方案得体，同一个机件可能会有多个合理的表达方案。

本单元的主要内容是机械制图课程的投影基础，是同学们今后学习和工作所必须具备的重要绘图基础知识。

单元 3 AutoCAD 二维绘图基础

:::教学导航:::

学习目标	了解 AutoCAD 的主要功能；熟悉 AutoCAD 的绘图环境；掌握图形文件的创建、打开、保存以及命令执行等基本操作方法；掌握 AutoCAD 常用绘图命令及修改命令；能够绘制零件的平面图形
学习重点	常用绘图、修改命令的正确操作；精确绘图工具的使用
学习难点	平面图形的作图规范
建议课时	8～12 课时

单元3　AutoCAD 二维绘图基础

　　AutoCAD 是由美国 Autodesk 公司开发的通用计算机辅助设计软件，是目前世界上应用最广的 CAD 软件，它广泛应用于机械、电子、石油、化工、航空、冶金以及建筑施工和室内装潢等行业。随着时间的推移和软件的不断完善，AutoCAD 已由原先的侧重于二维绘图技术为主，发展到二维、三维绘图技术兼备，且具有界面友好、功能强大、易于掌握、使用方便和体系结构开放等特点。

　　AutoCAD 从 1982 年正式出版后，随着功能的完善与调整已产生了许多的版本，较为常见的有 AutoCAD 2006、AutoCAD 2008、AutoCAD 2010、AutoCAD 2012 等。

　　本书以 AutoCAD 2010 版软件作为绘图工具，侧重讲解 AutoCAD 在二维机械图样绘制和三维零件造型方面的基本应用。AutoCAD 2010 的主要功能和操作方法与较低或较高版本的软件基本相同，只要熟练掌握某一版本 AutoCAD 的操作技巧，就能快速上手并使用相近版本的软件进行绘图操作。

3.1　AutoCAD 的基本操作

3.1.1　AutoCAD 软件的启动与退出

　　启用中文版 AutoCAD 有以下三种方式：
　　（1）双击桌面上的 AutoCAD 快捷图标。
　　（2）在桌面依次单击"开始"→"程序"→"Autodesk"→"AutoCAD 2010-Simplified Chinese"→"AutoCAD 2010"菜单命令。
　　（3）双击已存在的 AutoCAD 图形文件（*.dwg 格式）。
　　退出中文版 AutoCAD 有以下几种方式：
　　（1）菜单栏：选择"文件"→"退出"命令。
　　（2）命令窗口：输入"QUIT"或"EXIT"命令。
　　（3）单击 AutoCAD 操作界面右上角的"关闭"按钮。

3.1.2　AutoCAD 2010 工作界面

　　AutoCAD 2010 提供了以下 3 种工作界面模式，用户可根据需要和习惯安排合适的工作界面。
　　（1）"二维草图与注释"工作界面：提供了非常方便的二维绘图操作环境，用于绘制二维图形；
　　（2）"三维建模"工作界面：为三维建模和渲染提供了非常便利的操作环境，用于三维建模和渲染；
　　（3）"AutoCAD 经典"工作界面：既可用于二维绘图，也可用于三维建模和渲染。这是 AutoCAD 的传统工作界面，如图 3-1 所示，本书主要以"AutoCAD 经典"工作界面进行讲解。

　　从图 3-1 可以看出，"AutoCAD 经典"工作界面主要由标题栏、菜单栏、工具栏、绘图窗口、光标、命令窗口、状态栏、坐标系图标、模型/布局选项卡、滚动条和菜单浏览器等组成，下面进行简单介绍。

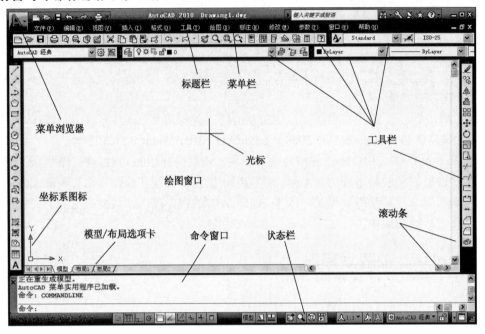

图 3-1 AutoCAD 2010 经典工作界面

1．标题栏

标题栏位于工作界面的最上方，用于显示 AutoCAD 的程序图标以及当前所操作的图形文件名等信息，AutoCAD 2010 默认的新建文件名为 drawingN.dwg（N 为自然数）。

2．菜单栏

菜单栏只有在"AutoCAD 经典"工作界面才会显示，默认共有 12 个菜单，可执行 AutoCAD 的大部分命令。单击菜单栏中的某一选项，会打开相应的下拉菜单，如图 3-2 所示为"视图"下拉菜单。

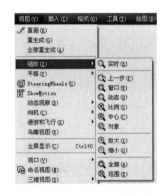

图 3-2 "视图"下拉菜单

AutoCAD 的下拉菜单有以下几个特点：

（1）若右边出现符号▶，则表明还有下一级子菜单，如图 3-2 所示，单击下拉菜单"视图"→"缩放"，则出现下一级子菜单。

（2）若右边出现符号…，则会继续弹出一个对话框，提供更进一步的选择和设置。

（3）若右边没有上述标记的菜单项，单击后会直接执行相应的 AutoCAD 命令。

3．工具栏

AutoCAD 提供了许多工具栏。利用工具栏中的相应按钮，可方便地启动 AutoCAD 命令。在默认设置下，AutoCAD 2010 在工作界面上显示"标准"、"样式"、"工作空间"、"快速访问"、"图层"、"特性"、"绘图"和"修改"工具栏。工具栏是该软件中重要的操作区域，用户利用它们可完成绝大部分的命令操作，建议初学者多多使用。

> AutoCAD 2010 共有 40 多个工具栏，若将其全部打开，会占用较大的绘图空间，因此常常会根据需要打开或关闭部分工具栏。操作方法之一：在已打开的工具栏上右击，弹出列有工具栏目录的快捷菜单，在此快捷菜单中选择相应的工具栏名称，即可打开或关闭该工具栏。

4．绘图窗口

AutoCAD 工作界面上最大的空白区是绘图窗口，它类似于手工绘图时的图纸，是用户绘图并显示图形的区域。

5．坐标系图标

通常位于绘图区域的左下角，表示当前绘图使用的坐标系形式以及方向等。AutoCAD 提供了世界坐标系(World Coordinate System，简称 WCS)和用户坐标系(User Coordinate System，简称 UCS)，系统默认坐标系为世界坐标系。

6．光标

在 AutoCAD 的绘图区内有一个十字线称之为光标，其交点反映了光标在当前坐标系中的位置，十字线的方向与当前用户坐标系的 X 轴、Y 轴方向平行，其长度系统预设为屏幕大小的 5%。AutoCAD 光标可用于绘图、选择对象等操作。

7．模型/布局选项卡

模型/布局选项卡用于实现模型空间与图纸空间的切换，通常情况下先在模型空间绘图，然后在图纸空间安排图纸输出布局。

8．命令窗口

命令窗口位于绘图窗口的底部，用于显示用户从键盘输入的命令以及显示 AutoCAD 提示信息，亦称命令行。AutoCAD 通过命令窗口反馈各种信息，包括出错信息，因此，用户要时刻关注在命令行中出现的信息。

> 在默认设置下，AutoCAD 在命令窗口保留最后 3 行所执行的命令或提示信息。如想要显示更多内容，可按 F2 键切换至文本窗口，查看本次作图时操作的所有命令。

9．状态栏

状态栏在屏幕的底部，用于显示或设置当前的绘图状态。状态栏位于左端的一组数字反映当前光标的坐标。位于数字右侧依次有"捕捉模式"、"栅格模式"、"正交模式"、"极轴追踪"、"对象捕捉"、"对象捕捉追踪"、"允许/禁止动态 UCS"、"动态输入"和"显示/隐藏线宽"、"快捷特征" 10 个功能开关按钮。单击某一按钮可实现启用或关闭其对应功能，按钮为蓝颜色时表示启用对应的功能，灰颜色时则表示关闭该功能。

10．滚动栏

在 AutoCAD 绘图窗口的下方和右侧还提供了用来浏览图形的水平滚动条和竖直滚动条，

在滚动条中单击鼠标或拖动滚动块，用户可以在绘图窗口中按水平或竖直两个方向浏览图形。

11．菜单浏览器

AutoCAD 提供有菜单浏览器，单击此浏览器图标，系统会弹出浏览器的菜单。该菜单包含了 AutoCAD 的部分功能和命令，选择命令后可执行相应的操作。

> AutoCAD 是美国 Autodesk 公司于 1982 年开发的一个交互式绘图软件，主要的开发语言是 AutoLISP，用户可用它来创建、浏览、管理、打印、输出、共享及准确复用富含信息的设计图形。经过 40 多年的发展与完善，AutoCAD 已成为目前世界上应用最广的 CAD 软件，市场占有率位居世界第一。
>
> 除此之外，我国也自行研制和开发了一些国产 CAD 软件，如中望 CAD、尧创 CAD、天正 CAD、浩辰 CAD、CAXA 电子图板、开目 CAD、天河 CAD、InteCAD 等，它们大多是基于 AutoCAD 为内核扩展开发的，软件操作与功能在许多方面具有类似性，也已在国内外许多的设计与生产领域得到广泛应用，尤其在专业性较强的二维设计领域具有较多的用户。

3.1.3 AutoCAD 的图形文件管理

计算机中所有的资料都是以文件的形式存在的，在 AutoCAD 中，图形文件的管理包括新建、打开、关闭、保存、输出等功能。

1．新建图形文件

在 AutoCAD 中，可通过以下几个方法来新建文件。
（1）命令窗口：输入"NEW"命令。
（2）菜单栏：单击"文件"→"新建"菜单命令。
（3）工具栏：在"快速访问工具栏"或"标准"工具栏上单击"新建"按钮。
（4）快捷键：按 Ctrl+N 组合键。

执行以上操作都会弹出如图 3-3 所示的"选择样板"对话框，可以通过此对话框选择不同的绘图样板，选择好绘图样板后，单击"打开"按钮即可创建一个新的图形文件。

2．打开图形文件

AutoCAD 文件的打开方式有如下几种。
（1）命令窗口：输入"OPEN"命令。
（2）菜单栏：单击"文件"→"打开"菜单命令。
（3）工具栏：在"快速访问工具栏"或"标准"工具栏上单击"打开"按钮。
（4）快捷键：按 Ctrl+O 组合键。

执行以上操作都会弹出如图 3-4 所示的"选择文件"对话框，在该对话框中选择已有的 AutoCAD 图形文件，单击"打开"按钮即可打开所选择的文件。

单元 3 AutoCAD 二维绘图基础

图 3-3 "选择样板"对话框　　　　　图 3-4 "选择文件"对话框

3. 保存图形文件

在 AutoCAD 中，可以使用多种方式将所绘图形存入磁盘。

（1）命令窗口：输入"QSAVE"命令。

（2）菜单栏：单击"文件"→"保存"菜单命令。

（3）工具栏：在"快速访问工具栏"或"标准"工具栏上单击"保存"按钮 🖫。

（4）快捷键：按 Ctrl+S 组合键。

如果当前所绘图形文件是以前命名过的文件，则 AutoCAD 自动按照以前定义好的路径和文件名保存所做的修改；如果当前所绘图形文件是第一次保存，则弹出"图形另存为"对话框，如图 3-5 所示。在该对话框中，"保存于"下拉列表框用于设置图形文件的保存路径；"文件名"文本框用于输入图形文件的名称；"文件类型"下拉列表框用于选择文件的保存格式。其中"*.dwg"是图形文件的默认格式，"*.dwt"是样板文件格式，这两种格式最为常用。

图 3-5 "图形另存为"对话框

> 如果用户想为当前图形文件保存一个副本，可以选择菜单"文件"→"另存为"命令或在命令窗口输入"SAVE"命令，可直接打开如图 3-5 所示的"图形另存为"对话框，对图形进行重命名保存。

5．关闭当前图形文件

单击 AutoCAD"标准"工具栏右侧的关闭按钮 ⊠ 或键入"Close"命令或选择"文件"→"关闭"菜单命令可关闭当前文件。如果当前图形文件没有存盘，系统将弹出 AutoCAD 警告对话框，询问对方是否保存文件，如图 3-6 所示。此时单击"是"按钮或直接按 Enter 键可保存当前图形文件并将其关闭；单击"否"按钮可关闭当前图形文件但不对目前改动进行保存；单击"取消"按钮则取消关闭当前图形文件的操作，即不保存也不关闭。

图 3-6　保存警告对话框

3.1.4　AutoCAD 命令的基本操作方法

1．启动命令的输入方法

AutoCAD 在绘图时要启动任何一项操作，都必须输入 AutoCAD 的命令。AutoCAD 命令的输入方式主要有三种：键盘输入方式、图标按钮方式和菜单方式。

1）键盘输入方式

用户可通过键盘输入命令来绘制或编辑图形，命令字符可不区分大小写。如在屏幕上画一条直线，则可在命令行的"命令："提示后输入"Line"，然后按 Enter 键，即可运行该命令。

> AutoCAD 为一些常用命令提供缩写形式，以便快速输入。例如用"圆"命令作图时，可以不输入"Circle"而只输入"C"。AutoCAD 2010 的详细命令可上华信教育资源网查看。

2）图标按钮方式

AutoCAD 的工具栏都是以各种图标按钮组成的，将光标移动到某一按钮上停留片刻，在光标附近将提示该按钮的名称及作用，用鼠标单击工具栏上的按钮就能执行对应的命令。如绘制一条直线，可单击"绘图"工具栏中的按钮 ∕ 。

3）菜单方式

AutoCAD 的下拉菜单包含了绝大部分的系统操作命令。如绘制一条直线，可选择"绘图"→"直线"菜单命令。

2．命令的响应提示及操作

AutoCAD 在执行用户输入的命令时，都会在命令窗口显示各种信息提示，用户往往需根据其信息提示完成该命令的相关操作。如单击"绘图"工具栏中的"偏移"命令按钮 ⌂，则在 AutoCAD 的命令窗口将出现图 3-7 所示的信息提示。

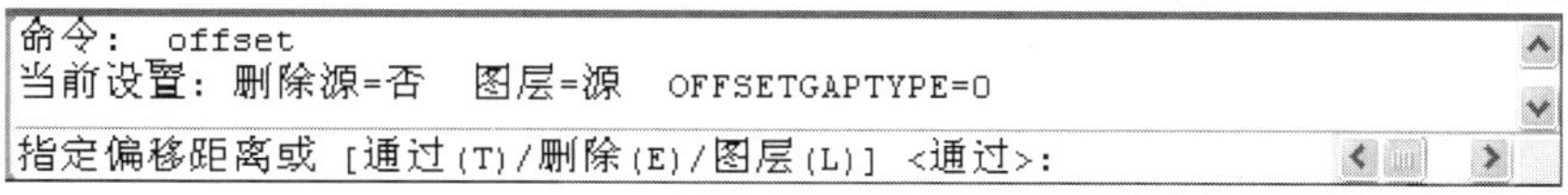

单元 3　AutoCAD 二维绘图基础

```
命令: offset
当前设置: 删除源=否　图层=源　OFFSETGAPTYPE=0
指定偏移距离或 [通过(T)/删除(E)/图层(L)] <通过>:
```

图 3-7　命令响应提示信息

提示内容有时用"或"分为两部分，则前面部分为优先选项，如果用户想要执行该选项，可直接用鼠标或键盘输入相应的数据；如果用户想要执行"[ ]"中各选项，则应首先输入该选项的标识字符（选项后面的字母），按 Enter 键后按系统提示输入对应的数据即可；在命令提示结尾有时还带有尖括号"< >"，尖括号中给出的为默认选项或数值，用户若选择该项，可直接按 Enter 键。

3．命令的重复、撤销、重做

1) 命令的重复

在需要连续反复使用同一条命令时，可以使用 AutoCAD 的连续操作功能。即在上一个命令刚好执行结束，命令窗口自动返回到"命令:"提示状态时，如果此时用户想重复使用该命令，只需直接按 Enter 键或空格键，系统会自动执行前一次命令。

2) 命令的撤销与终止

在完成某一项操作后，如果发现所做的操作不符合要求，希望将该步操作取消，可在命令行键入"UNDO"命令或其简写形式"U"后按 Enter 键，可以撤销刚刚执行的操作。也可单击"标准"工具栏的图标按钮 撤销刚刚执行的操作，如果单击该图标按钮右侧的下拉箭头，还可以选择撤销的步骤。

撤销操作必须在命令结束之后进行操作，如果在命令的执行过程中想终止操作，可按键盘左上角的 Esc 键。

3) 命令的重做

已被撤销的命令还可以重新恢复重做。单击"标准"工具栏的图标按钮 或在命令行键入"MREDO"后按 Enter 键即可执行该命令。

3.1.5　AutoCAD 的数据输入方法

在执行 AutoCAD 命令时，通常需要为命令的执行提供必要的数据。常见的输入数据有：点的坐标（如线段的端点、圆的圆心等）、数值（如距离或长度、直径或半径、角度、位移量、项目数等）。

1．点的坐标输入方式

1) 输入点的绝对直角坐标

点的绝对直角坐标输入格式为"m,n"，表示输入点相对于坐标系原点（0,0）的水平距离为 m，竖直距离为 n，如图 3-8（a）所示。

2) 输入点的相对直角坐标

点的相对直角坐标输入格式为"@m,n"，表示输入点相对于前一个输入点的水平距离为 m，竖直距离为 n，如图 3-8（b）所示。

3）输入点的绝对极坐标

点的绝对极坐标输入格式为"r<θ"，其中 r 表示输入点到坐标系原点（0,0）的距离，θ 为该点至坐标系原点（0,0）的连线与 x 轴正向夹角，如图 3-8（c）所示。

4）输入点的相对极坐标

点的相对极坐标输入格式为"@r<θ"，其中 r 表示输入点到前一个输入点的距离，θ 为该点至前一个输入点的连线与 x 轴正向夹角，如图 3-8（d）所示。

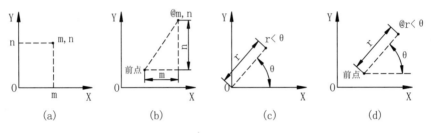

图 3-8　点的坐标输入方式

5）用鼠标输入点的坐标

在绘图窗口中，移动鼠标至合适位置然后单击鼠标左键，即可输入相应点的坐标。

2．数值输入方式

AutoCAD 提供了两种输入数值的方式：一种是用键盘在命令窗口直接输入数值，另一种是在屏幕上拾取两点，以两点的距离值定出所需的数值。

> ❗ AutoCAD 还提供了动态输入模式，单击状态行上的按钮，系统将打开动态输入功能，可以在屏幕上动态输入数据。如果屏幕上出现两个及以上的数据框要输入，可用 Tab 键在数据框之间切换输入。

3.1.6　对象的选择方法

对象选择是一种常用的、使用频率极高的操作。在对图形进行编辑和特性查询等操作时，经常要求选择图形对象，此时绘图区的十字光标将变成选择框 □，被选中的对象将以虚线显示。AutoCAD 提供了多种选择对象的方法，常用的方式有以下三种。

1．点选方式

在出现"选择对象"提示下，移动鼠标，让选择框 □ 置于要选择的对象上并单击鼠标左键，该对象变成虚线显示即被选中。使用该方式可连续选择多个图形对象。

2．窗选方式

窗选方式是通过确定选取图形对象的范围而进行对象选择的一种方法，有窗口方式和交叉窗口方式两种形式。

单元 3　AutoCAD 二维绘图基础

1）窗口方式

该方式用于选中完全显示在窗口的对象。如图 3-9 所示，在出现"选择对象"提示下，用鼠标先给出左上角点 A，然后拖动鼠标至右下角 B 处，则出现如图所示的矩形窗口，单击鼠标左键，则完全包含在矩形窗口中的对象变成虚线显示，即被选中。

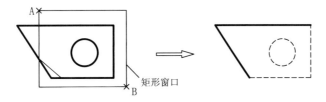

图 3-9　窗口方式选择对象

2）交叉窗口方式

该方式用于选中完全或部分显示在窗口的对象。如图 3-10 所示，在出现"选择对象"提示下，用鼠标先给出右下角点 A，然后拖动鼠标至左上角 B 处，则出现如图所示的矩形窗口，单击鼠标左键，则完全或部分处在矩形窗口中的对象都变成虚线显示，即被选中。

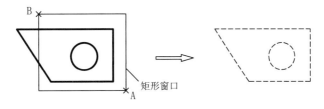

图 3-10　交叉窗口方式选择对象

3. 全选方式

在出现"选择对象"提示下，输入"ALL"后按 Enter 键，将选中整个图形对象。

3.1.7　图形的显示控制

为了便于绘图操作，AutoCAD 提供了多种控制图形显示的命令，以满足用户观察图形的不同需求。一般这些命令只能改变图形在屏幕上的显示方式，例如可按操作者期望的位置、比例和范围进行显示以便观察，但不能使图形产生实质性的改变，既不改变图形的实际尺寸，也不影响对象间的相对位置。换句话说，其作用只改变了主观的视觉效果，而不会引起图形产生客观实际变化。

1. 图形的缩放

图形的缩放显示命令可以改变图形实体在视窗中显示的大小，以便于实现准确绘制实体、捕捉目标等操作。启动该命令有以下几种方式。

（1）直接输入"zoom"命令，出现如图 3-11 的所示的信息提示，然后选中某一选项进行相应的缩放操作。

（2）单击如图 3-12 所示"缩放"工具栏中的操作按钮进行相应的缩放操作。

```
命令: zoom
指定窗口的角点,输入比例因子 (nX 或 nXP),或者
[全部(A)/中心(C)/动态(D)/范围(E)/上一个(P)/比例(S)/窗口(W)/对象(O)] <实时>:
```

图 3-11 zoom 命令的信息提示

图 3-12 "缩放"工具栏

（3）选择菜单"视图"→"缩放"子菜单下的命令选项进行相应的缩放操作。

> ⚠ 在"缩放"命令中"全部（A）"操作用于全屏显示,"窗口（W）"操作用于放大局部结构,这两个操作选项最常用。

2. 视图平移

使用 AutoCAD 绘图时,当前图形文件中的所有图形并不一定全部显示在屏幕内。如果想查看落在屏幕外的图形,可以使用实时平移命令。单击"标准"工具栏的图标按钮,或输入"Pan"命令,或选择菜单"视图"→"平移"命令项均可启动该命令。

启动该项命令后光标变为,按住鼠标左键,即可将图形平移。如要结束"实时平移"命令,可按 Esc 键或 Enter 键退出操作。

> ⚠ 使用鼠标中键（即滚轮）可以进行实时平移和部分缩放功能的快捷操作:
> （1）向前转动滚轮可放大视图,向后转动滚轮可缩小视图。
> （2）双击鼠标中键可将所绘图形最大化地全部显示在绘图窗口。
> （3）按住鼠标中键不放,光标变成手形,移动鼠标可以平移视图。

3.2　AutoCAD 绘图环境设置

3.2.1　AutoCAD 绘图环境的设置与调用

在 AutoCAD 启动后,可在其默认的绘图环境中绘图,但是这种绘图环境并不能完全满足机械工程图样的要求。为了保证图形文件的规范性、图形的准确性,提高绘图效率,需要在绘制图形前对绘图环境（如图形单位、图形界限、图层、文字样式和标注样式等）进行设置。本单元仅讲解其中的部分内容。

图 3-13　"图形单位"对话框

1. 图形单位设置

选择菜单"格式"→"单位"或输入"Units"命令均可执行该命令,系统会弹出"图形单位"对话框,然后根据绘图需要在对话框中对各选项进行设置,设置效果如图 3-13 所示。

2. 绘图界限设置

用户绘图的区域是无限大的，为了方便打印和控制图形显示，用户需指定一个绘图区域并在其界限内绘图，这个指定区域就叫图形界限。图形界限相当于图纸的大小，一般根据国家标准关于图幅尺寸的规定设置。

1）执行方式

（1）菜单栏：选择"格式"→"图形界限"命令。

（2）命令行：输入"LIMITS"命令。

2）操作步骤

以 A3 横放图纸为例说明如下。

命令：LIMITS↙

重新设置模型空间界限：

指定左下角点或 [开(ON)/关(OFF)] <0.0000,0.0000>: 0,0↙（输入图形边界左下角的坐标，此处系统默认值显示为（0，0），可直接按 Enter 键）

指定右上角点 <420.0000,297.0000>: 420,297↙（输入右上角坐标按 Enter 键）

操作结果相当于使用了一张 A3 的工程图纸。

> ❗ 为加以区分，本书中列出命令行的提示信息文字一律采用小 5 号宋体，以后不再加以说明。

3）选项说明

（1）开（ON）：打开边界检验功能，此时用户只能在设定的绘图范围内绘图。当图形超出设置的绘图范围时，系统会拒绝执行命令操作。此选项对于有严格的外部尺寸要求的图形设计来说是非常有用的。

（2）关（OFF）：关闭边界检验功能。此时用户不再受绘图范围的限制，一般不推荐。

3. 图层的创建

图层是 AutoCAD 用来组织图形的一种重要工具。形象地说，一个图层就像一张透明纸，将图形对象的不同属性部分绘制在不同的透明纸上（即不同的图层上），然后将这些透明纸叠加，就得到一幅完整的图形。应用图层可以方便地管理一些复杂的图形，也可以快速准确地对图形进行修改。

在机械图样中，常用的图线有粗实线、细实线、虚线、点画线、剖面线、尺寸线以及文字说明等。利用图层来进行管理，不仅能使图形的各种信息清晰，便于观察，而且也会给图形的编辑和打印带来很大的方便。图层的创建过程如下。

1）启动"图层"命令

单击"图层"工具栏的"图层特性管理器"按钮，或在命令行输入"LAYER"命令，或选择菜单"格式"→"图层"命令，均可打开如图 3-14 所示的"图层特性管理器"对话框。

在"图层特性管理器"中，"0"图层是系统默认的图层，用户是不能对该图层进行删除或重命名。在"0"图层名称前有状态标记"√"，表示该图层为当前层，即用户当前正在使用的图层。

机械制图与零部件测绘（第2版）

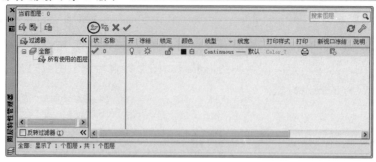

图 3-14　"图层特性管理器"对话框

2）建立一个图层名为"点画线"的新图层

单击"图层特性管理器"对话框上方的"新建"按钮，在列表框中会自动出现一个名为"图层1"的新图层，此时"图层1"处于可修改状态，把"图层1"改为"点画线"，结果如图3-15所示。

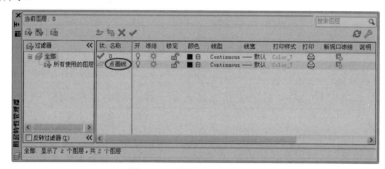

图 3-15　创建并命名图层

3）设置颜色

在图 3-15 中，单击"点画线"层上"白"（该图层的初始颜色）颜色项，弹出"选择颜色"对话框，在该对话框中选择用户所需的颜色，如"红色"，效果如图3-16所示。单击"确定"按钮完成颜色设置。

4）设置线型

在图 3-15 所示对话框中，单击"点画线"层上的"Continuous"（该图层的初始线型名称）线型项，弹出"选择线型"对话框，如图3-17所示。单击"加载"按钮，出现如图3-18所示

图 3-16　"选择颜色"对话框

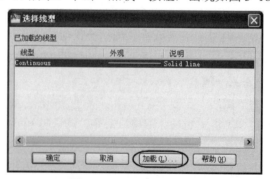

图 3-17　"选择线型"对话框

单元 3　AutoCAD 二维绘图基础

"加载或重载线型"对话框。AutoCAD 中的线型包含在线型库定义文件"acadiso.lin"中，选择"CENTER（点画线）"线型，单击"确定"按钮，系统返回到"选择线型"对话框，选中已加载的 CENTER 线型（图 3-19），单击"确定"按钮完成"点画线"图层的线型设置。

图 3-18　"加载或重载线型"对话框

图 3-19　选取加载的线型

5）设置线宽

在图 3-15 所示对话框中，单击"点画线"层上的"默认"线宽项，打开"线宽"对话框，如图 3-20 所示。选择"0.20mm"线宽，单击"确定"按钮完成"点画线"层的线宽设置。

6）创建其他图层

用类似的方式创建其他图层，结果如图 3-21 所示。

图 3-20　"线宽"对话框

图 3-21　图层创建效果

在绘制机械图样时，应根据国家标准 GB/T 14665—2012《机械工程 CAD 制图规则》，建议设置下列图层，如表 3-1 所示。

表 3-1　各图层的名称、颜色、线型及内容

层名	颜色	线型	内　容	线宽/mm
01	白色	Continuous	粗实线（可见轮廓线）	0.7
02	红色	Continuous	细实线（剖面线、波浪线等）	0.25
04	黄色	Hidden	虚线（不可见轮廓线）	0.25
05	青色	Center	中心线（轴线、对称中心线等）	0.25
07	品红	Divide	细双点画线（假想投影的轮廓线等）	0.25
11	绿色	Continuous	细实线（文字、符号）	0.35
12	红色	Continuous	细实线（尺寸标注）	0.25

4. 图层的管理

AutoCAD 中常见的图层管理方法有三种：一是通过图层特性管理器来管理，二是通过"图层"及"对象特性工具栏"来管理，三是通过"格式"→"图层工具"菜单命令项管理图层。下面介绍常见图层管理的操作方法。

1）图层的调用方法

在 AutoCAD 中系统默认是在"0 层"上绘图。为了将不同的图形元素绘制在不同的图层上，画图时用户需要经常切换图层。如用户要想在"粗实线"层中绘制图形，具体的方法有：

（1）在图 3-22 所示的"图层特性管理器"对话框中选择"粗实线"图层，然后单击对话框上部的按钮✔，则把该层设置为当前层。当该图层设置为当前图层后，关闭"图层特性管理器"对话框，系统将返回到"粗实线"图层上绘制图形。

（2）在"图层"工具栏中单击右侧的"图层控制"三角按钮▼，出现如图 3-23 所示的下拉框，选择"粗实线"则将"粗实线"图层置为当前绘图层，该方法切换图层较为便捷。

图 3-22　利用"图层"工具栏切换图层

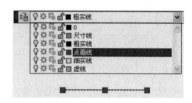
图 3-23　改变对象所在的图层

2）图层的删除

用户要删除不用的图层，可以在"图层特性管理器"对话框中选择该图层，然后单击对话框上部的按钮✘，则把该层删除。

3）改变对象所在的图层

在实际绘图时，如果绘制完某一图形元素（如直线）后，发现该元素并没有绘制在预先设置的图层（如"点画线"），而是绘制在当前图层（如"粗实线"），这时可用鼠标选中该图形元素，在"图层"工具栏中单击右侧的"图层控制"三角按钮▼，出现如图 3-23 所示的下拉框，如选择"点画线"可将选中的粗实线图形改变成点画线图形，最后按 Esc 键退出当前选择状态。

4）图层状态开关的控制

在 AutoCAD 中，用户可以通过"图层特性管理器"对话框中的"打开/关闭"、"冻结/解冻"、"锁定/解锁"开关来进一步管理图层，以提高绘图效率。

> ⓘ 从可见性来说，被冻结或被关闭图层上的图形都是不显示的。但被冻结图层的图形不参加软件后台处理运算，而被关闭图层上的图形则要参加运算，所以在复杂图形的绘制中冻结不需要的图层可以加快系统重新生成图形时的速度。
>
> 当图层处于锁定状态时并不影响该图层上图形对象的显示及打印，但用户不能编辑被锁定图层上的对象。

3.2.2 AutoCAD 绘图环境的保存与调用

在完成上述绘图环境的设置后，可以开始正式绘图。如果每一次绘图前都重复这些设置，将是一项很繁琐的工作。要是在一个设计部门，每个设计人员都自己来做这项工作，将导致图纸规范的不统一。为了提高绘图效率和图纸的规范性，用户可以把设置好的 AutoCAD 绘图环境保存为样板图。在绘制新的工程图样时，使用该样板图创建新图，这样就减少了不必要的重复设置，保证了图纸格式的统一性。

1．将绘图环境保存为样板图

选择"文件"→"另存为"菜单命令，此时弹出如图 3-5 所示的"图形另存为"对话框，在对话框中的"文件类型"下拉列表中选择"AutoCAD 图形样板（*.dwt）"，在"文件名"文本框中输入文件名，如"模板"，单击"保存"按钮。此时将弹出"样板说明"对话框，用户可在对话框中做一些简要说明，单击"确定"按钮完成样板图的保存。

> 上述样板图将在后续章节的讲解中继续添加文字样式、尺寸标注样式等内容。

2．使用样板图创建新图形

创建好样板图后，可直接选择"文件"→"新建"菜单命令，或在"快速访问工具栏"或"标准"工具栏上单击"新建"按钮，将弹出"选择样板"对话框，如图 3-24 所示。选择刚才新建的"模板"文件，单击"打开"按钮，就新建了一个以"模板"作为样板的图形文件。

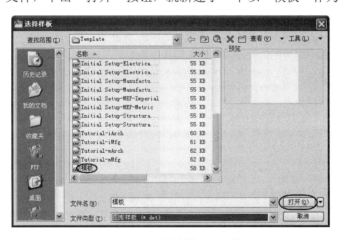

图 3-24 "选择样板"对话框

> 在 AutoCAD 中，默认的样板图存在子目录 Template 下，如 ISO、ANSI、DIN、JIS、GB 等绘图格式的样板，其中 ANSI 为美国国家标准协会制定的标准，ISO 为国际协会制定的标准，JIS 为日本工业协会制定的标准，DIN 为早期的欧洲标准，GB 为我国正在使用的标准等。
>
> 如果用户需要的样板图无法在 AutoCAD 软件包自带的标准样板图中找到，则可以自己创建所需要的样板图。

3.3 AutoCAD 常用命令

3.3.1 AutoCAD 常用绘图命令

AutoCAD 提供了丰富的绘图命令，供用户绘制各种复杂的图形，如图 3-25 所示。

图 3-25 "绘图"工具栏

1．直线

直线可以是一条线段，也可以是连续线段。每条线段都是独立的，可以单独编辑。
（1）直线命令的启动方式：
① 菜单栏：选择"绘图"→"直线"菜单命令。
② 工具栏：单击"绘图"工具栏的"直线"按钮 。
③ 命令行：输入"LINE"或"L"命令。
（2）命令行提示及操作：

命令：_line↙

指定第一点： 输入直线的起点。

指定下一点或[放弃（U）]： 输入直线的端点或按 Enter 键结束命令。

指定下一点或[放弃（U）]： 继续输入直线的其他端点或按 Enter 键结束命令。

指定下一点或[闭合（C）/放弃（U）]： 继续输入直线的其他端点或按 Enter 键结束命令。

2．矩形

在 AutoCAD 中，矩形通常是通过指定其两个对角点的方式来绘制的。
（1）矩形命令的启动方式：
① 菜单栏：选择"绘图"→"矩形"菜单命令。
② 工具栏：单击"绘图"工具栏的"矩形"按钮 。
③ 命令行：输入"RECTANG"或"REC"命令。
（2）命令行提示及默认操作：

命令：_rectang↙

指定第一个角点或[倒角（C）/标高（E）/圆角（F）/厚度（T）/宽度（W）]： 输入矩形的对角点中的一个端点，如图 3-26（a）中的 1 点。

指定另一个角点或[面积（A）/尺寸（D）/旋转（R）]： 输入矩形的对角点中的另一个端点，如图 3-26（a）中的 2 点，完成矩形绘制。

利用"矩形"命令选项进行操作，矩形也可采用倒角、圆角和尺寸等方式来绘制，如图 3-26（b）、（c）、（d）所示。

单元 3　AutoCAD 二维绘图基础

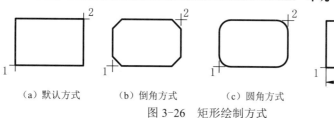

（a）默认方式　　（b）倒角方式　　（c）圆角方式　　（d）尺寸方式

图 3-26　矩形绘制方式

3．正多边形

此命令用于绘制 3～1024 边的正多边形。

（1）正多边形命令的启动方式：

① 菜单栏：选择"绘图"→"正多边形"命令。

② 工具栏：单击"绘图"工具栏的"正多边形"按钮⬠。

③ 命令行：输入"POLYGON"或"POL"命令。

（2）命令行提示及操作：

命令： _polygon↙

输入边的数目<6>: 输入要绘制正多边形的边数；

指定正多边形的中心点[边（E）]: 指定多边形的中心点，如图 3-27（a）中的 O 点；

输入选项[内接于圆（I）/外切于圆（C）] <I>: 输入 i 后按 Enter 键（表示用内接于圆的方式绘制）；

指定圆的半径: 输入内接圆的半径，完成内接于圆方式的正多边形的绘制，如图 3-27（a）所示。

利用"正多边形"命令选项进行操作，还可以采用外切于圆、边长等方式来绘制正多边形，如图 3-27（b）、（c）所示。

（a）内接于圆方式　　（b）外切于圆方式　　（c）边长方式

图 3-27　矩形绘制方式

4．圆

绘制圆的方法有多种，默认情况下是通过指定圆心和半径来绘制。

（1）圆命令的启动方式：

① 菜单栏：选择"绘图"→"圆"命令。

② 工具栏：单击"绘图"工具栏的"圆"按钮⊙。

③ 命令行：输入"CIRCLE"或"C"命令。

（2）命令行提示及默认操作：

命令： _circle↙

指定圆的圆心点或[三点（3P）/两点（2P）/相切、相切、半径（T）]: 指定圆心。

指定圆的半径或 [直径（D）]: 输入半径，结果如图 3-28（a）所示。

135

(a) 圆心、半径方式　　　　(b) 圆心、直径方式　　　　(c) 三点方式

 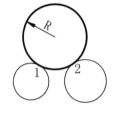 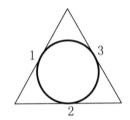

(d) 两点方式　　　　(e) 相切、相切、半径方式　　　　(f) 相切、相切、相切方式

图 3-28　圆绘制方式

利用"圆"命令选项进行操作，圆可采用多种方式绘制，如图 3-28（b）、（c）、（d）、（e）所示，图 3-28（f）所示的相切、相切、相切方式在命令行的"圆"命令选项中没有这一操作，只有在"绘图"→"圆"的子菜单命令中才有。

5．圆弧

绘制圆弧的方法有多种，默认情况下 AutoCAD 从起点到端点按逆时针方向绘制圆弧。

（1）圆弧命令的启动方式：

① 菜单栏：选择"绘图"→"圆弧"命令。

② 工具栏：单击"绘图"工具栏的"圆弧"按钮。

③ 命令行：输入"ARC"或"A"命令。

（2）命令行提示及默认操作：

命令：_arc↙

指定圆弧的起点或 [圆心（C）]: 指定圆弧的起点。

指定圆弧的第二点或 [圆心（C）/端点（E）]: 指定圆弧的第二点。

指定圆弧的端点: 指定圆弧的终点，结果如图 3-29（a）所示。

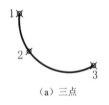 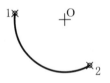  

(a) 三点　　　　(b) 起点、圆心、端点　　　　(c) 起点、端点、半径　　　　(d) 圆心、起点、角度

图 3-29　几种常见圆弧绘制方式

> "绘图"→"圆弧"子菜单命令项提供绘制圆弧的方式最多，共有 11 种方式，其中"三点"、"起点、圆心、端点"、"起点、端点、半径"、"圆心、起点、角度"这几种方式较为常用，如图 3-29 所示。

6. 多段线

多段线命令不仅可以画直线，还可以画圆弧，画直线和圆弧、圆弧与圆弧的组合线。另外，它还可以画等宽或不等宽的有宽线，如图3-30所示。

（1）多段线命令的启动方式：

① 菜单栏：选择"绘图"→"多段线"命令。

② 工具栏：单击"绘图"工具栏的"多段线"按钮 。

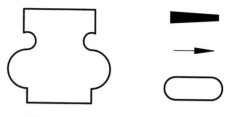

图3-30　"多段线"命令画线示例

③ 命令行：输入"PLINE"或"PL"命令。

（2）命令行提示及操作：

命令: _pline↙

指定起点: 给定多段线的起点。

当前线宽为 0.0000

指定下一个点或 [圆弧(a)/半宽(H)/长度(L)/放弃(U)/宽度(W)]: 默认指定一点绘制直线。

指定下一点或 [圆弧（a）/闭合（c）/半宽(H)/长度(L)/放弃(U)/宽度(W)]: 继续指定点将绘制出由多条直线段相连的组合线，如按 Enter 键则结束绘制。

> 在执行同一次"多段线"命令中的图形是一个目标对象，命令提示中的其他备选项含义如下：
> （1）"圆弧（A）"：表示转入画圆弧方式绘制多段线。
> （2）"宽度（W）"：用于改变当前线宽。操作时需指定起点线宽和端点线宽。
> （3）"半宽（H）"：表示按线宽的一半指定当前线宽（同"W"操作）。

7. 样条曲线

该命令用于绘制不规制的曲线，通过指定的一系列点拟合成一条光滑的曲线。

（1）样条曲线命令的启动方式：

① 菜单栏：选择"绘图"→"样条曲线"命令。

② 工具栏：单击"绘图"工具栏的"样条曲线"按钮 。

③ 命令行：输入"SPLINE"或"SPL"命令。

（2）命令行提示及操作：

命令: _spline↙

指定第一个点或[对象(O)]: 在绘图区拾取第一个点，如图3-31中的1点。

指定下一点: 在绘图区拾取第二个点，如图3-31中的2点。

指定下一点或 [闭合(c)/拟合公差(f)]<起点切向>: 可继续拾取所需的拟合点，如图3-31中的3、4点。当无需再拾取拟合点时，按 Enter 键结束点的拾取。

指定起点切向: 在绘图区拾取一点，则样条曲线的起点与该点的连线作为起点的切线方向。一般按 Enter 键选默认方向即可。

指定端点切向: 在绘图区拾取一点，则样条曲线的终点与该点的连线作为端点的切线方向。一般按 Enter 键选默认方向即可。

8．椭圆

该命令可以快速地画出许多不同方向及形状的椭圆。

（1）椭圆命令的启动方式：

① 菜单栏：选择"绘图"→"样条曲线"命令。

② 工具栏：单击"绘图"工具栏的"样条曲线"按钮 ◯。

③ 命令行：输入"ELLIPSE"或"EL"命令。

（2）命令行提示及操作：

命令：_ellipse↙

指定椭圆的轴端点或[圆弧（A）/中心点（C）]： 指定椭圆某轴的一个端点，如图3-32中的1点。

指定轴的另一个端点： 指定椭圆某轴的另一个端点，如图3-32中的2点。

指定另一条半轴长度或 [旋转(R)]： 输入椭圆另一轴的半轴长度。结果如图3-32所示。

 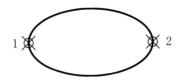

图3-31 "样条曲线"命令画线示例　　图3-32 "椭圆"命令操作示例

3.3.2　AutoCAD 常用编辑命令

利用 AutoCAD 提供的绘图命令只能绘制一些基本对象，要想获得复杂的图形，还必须对这些图形进行编辑。如图3-33所示"修改"工具栏的命令为 AutoCAD 的常用编辑命令，本节仅介绍其中用于绘制平面图形的常用命令。

图3-33　"修改"工具栏

1．删除命令

该命令用于从已有的图形中删除选中的对象。

（1）删除命令的启动方式

① 菜单栏：选择"修改"→"删除"命令。

② 工具栏：单击"修改"工具栏的"删除"按钮 ✎。

③ 命令行：输入"ERASE"或"E"命令。

（2）命令提示及操作：

命令：_erase↙

选择对象： 选择要删除的对象，选取后该对象呈虚线状态显示，然后按 Enter 键即可结束对象选择，可删除已选择的对象，如图3-34为删除操作的一个样例。

单元3 AutoCAD 二维绘图基础

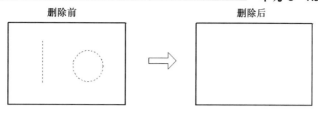

图 3-34 "删除"命令示例

> 若不小心误删了图形上的某些要素,可在命令行键入命令"OOPS"恢复。注意该命令只能恢复最后一次被删除的对象,如果要连续向前恢复被删除的对象,则需要使用取消命令"UNDO"。

2. 打断命令

利用该命令可将指定两点之间的对象删除。
(1) 命令的启动方式:
① 菜单栏:选择"修改"→"打断"命令。
② 工具栏:单击"修改"工具栏的"打断"按钮。
③ 命令行:输入"BREAK"或"BR"命令。
(2) 命令提示及操作:

命令: _break↙
选择对象: 选择要打断的对象(默认情况下,以选择对象时的拾取点作为第一个打断点)。
指定第二个打断点或[第一点(F)]: 指定第二个断点(系统将指定两点之间的对象打断)。

如果对圆、矩形等封闭图形使用打断命令,AutoCAD 将沿逆时针方向把第一断点到第二断点之间的那段实体删除,如图 3-35(a)、(b)所示。如果第二断点不在实体上,那么选择实体上离拾取点最近的点作为第二打断点,如图 3-35(c)、(d)所示。

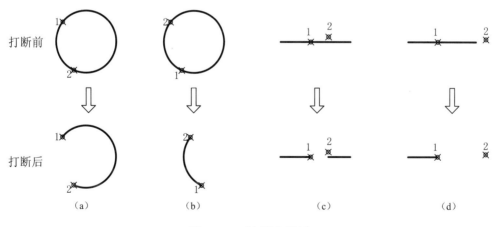

图 3-35 "打断"示例

3. 复制命令

该命令可将选中的对象复制出副本,并放置到指定的位置。操作对象可以复制一次,也可复制多次。

(1) 复制命令的启动方式：

① 菜单栏：选择"修改"→"复制"命令。

② 工具栏：单击"修改"工具栏的"复制"按钮。

③ 命令行：输入"COPY"或"CO"命令。

(2) 命令提示及相关操作：

命令： _copy↙

选择对象： 选择要复制的对象，如图 3-36 中的小圆，然后按 Enter 键结束对象的选择。

指定基点 [位 (D)] < 位 移 >： 在屏幕上拾取一点，该点是确定新复制实体位置的参考点，如图 3-36 左侧图形中小圆的圆心。

指定第二个点或<使用第一个点作为位移>： 在屏幕上拾取一点，如图 3-36 中的 A 点，则将复制出一个对象，继续拾取（如图 3-36 中的 B 点）将复制多个对象，最后按 Enter 键结束复制工作。

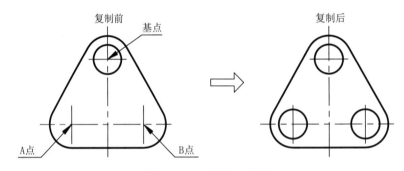

图 3-36　"复制"示例

> 复制时基点及第二点很重要，因为这两点构成一个位移矢量，方向从基点指向第二点，移动距离为该位移矢量的长度，移动方向为该位移矢量的方向。

4．镜像命令

该命令可将所选实体按指定的对称中心线（镜像线）进行镜像复制。

(1) 镜像命令的启动方式：

① 菜单栏：选择"修改"→"镜像"命令。

② 工具栏：单击"修改"工具栏的"镜像"按钮。

③ 命令行：输入"MIRROR"或"MI"命令。

(2) 命令提示及操作：

命令： _mirror↙

选择对象： 选择要镜像的对象，如图 3-37（a）中左侧部分。

选择对象： 按 Enter 键结束对象的选择。

指定镜像线的第一点： 拾取镜像线上一点，如图 3-37（a）中的 A 点。

指定镜像线的第二点： 拾取镜像线另一点，如图 3-37（a）中的 B 点。

是否删除源对象？[是(Y)/否(N)] <N>： 按 Enter 键（表示不删除原有的要镜像的部分）完成镜像操作，结果如图 3-37（a）所示。图 3-37（b）所示为删除源对象方式的操作结果。

单元 3　AutoCAD 二维绘图基础

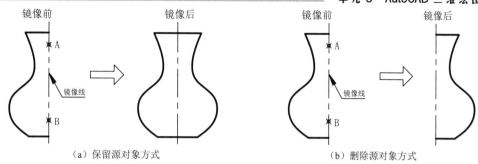

图 3-37　镜像示例

5．偏移命令

该命令可创建与选定对象平行并保持等距的新对象，被偏移的对象可以是直线、圆、圆弧、矩形等。

（1）偏移命令的启动方式：

① 菜单栏：选择"修改"→"偏移"命令。

② 工具栏：单击"修改"工具栏的"偏移"按钮。

③ 命令行：输入"OFFSET"或"O"命令。

（2）命令提示及操作：

命令: _offset↙

当前层设置: 删除源=否　图层=源　OFFSETGAPTYPE=0

指定偏移距离或[通过（T）/删除（E）/图层（L）] < 通过 >: 输入偏移的距离。

选择要偏移的对象，或 [退出（E）/放弃（U）] <退出>: 选择要偏移的对象。

指定要偏移的那一侧上的点，或[退出（E）/多个（M）/放弃（U）] <退出>: 在偏移一侧的任意位置，用鼠标左键单击以确定偏移的方位，此时将产生偏移对象。

选择要偏移的对象，或[退出（E）/放弃(U)] <退出>: 重复上述步骤可产生多个偏移对象，如按 Enter 键则结束命令。

6．阵列命令

该命令可将指定的目标对象复制成多个对象，并把这些对象按一定的规则排列，可排成矩形或环形（也称为矩形阵列或环形阵列）。

（1）阵列命令的启动方式：

① 菜单栏：选择"修改"→"阵列"命令。

② 工具栏：单击"修改"工具栏的"阵列"按钮。

③ 命令行：输入"ARRAY"或"AR"命令。

（2）矩形阵列创建步骤：

在启动命令后，出现如图 3-38 所示的"阵列"对话框，选择"矩形阵列"单选按钮，单击"选择对象"按钮进行对象选择，并进行阵列的"行数"、"列数"、"行偏移"、"列偏移"等设置，可先点击"预览"按钮看设置效果，最后单击"确定"按钮完成操作。如图 3-39 为矩形阵列的一个示例。

141

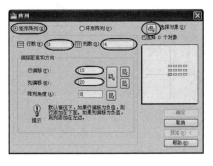
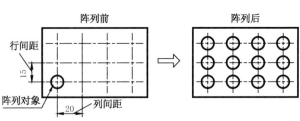

图 3-38　矩形阵列设置　　　　　　图 3-39　矩形阵列示例

> 在输入"行偏移"、"列偏移"的数值时,注意正负号。"行偏移"若为负值,阵列将从上向下布置行,"列偏移"若为负值,阵列将从右向左布置列。

（3）环形阵列创建步骤：在图 3-40 所示的"阵列"对话框中,选择"环形阵列"单选按钮,再选择对象,并进行"中心点"、"项目总数"、"填充角度"等设置,单击"预览"按钮观看设置效果,最后单击"确定"按钮完成操作。图 3-41 为环形阵列参数设置的一个示例。

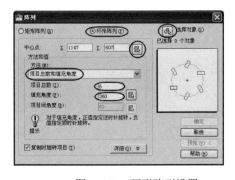
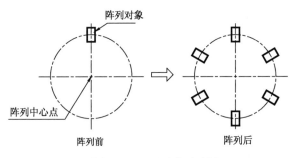

图 3-40　环形阵列设置　　　　　　图 3-41　环形阵列示例

7．移动命令

该命令可将图形从一个位置平移到另一外位置,图形的方向和大小保持不变。

（1）移动命令的启动方式：

① 菜单栏：选择"修改"→"移动"命令。

② 工具栏：单击"修改"工具栏的"移动"按钮✥。

③ 命令行：输入"MOVE"或"M"命令。

（2）命令提示及操作：

命令： _move↙

选择对象： 选择需要移动的对象,按 Enter 键完成对象的选择。

指定基点或 [位移（D）] <位移>： 指定一点作为位移矢量的起点。

指定第二个点或 <使用第一个点作为位移>： 指定第二点作为位移矢量的终点,则选择的对象将按给定的矢量进行移动。如图 3-42 为移动操作的一个样例。

8. 旋转命令

该命令可将图形围绕着一个固定的点（称之为基点）旋转一定的角度。

（1）旋转命令的启动方式：

① 菜单栏：选择"修改"→"旋转"命令。

② 工具栏：单击"修改"工具栏的"旋转"按钮 ○。

③ 命令行：输入"ROTATE"或"RO"命令。

（2）命令行提示及操作：

命令：_rotate↙

USC 当前的正角方向：ANGDIR=逆时针　　ANGBASE=0

选择对象： 选择需要旋转的对象，按 Enter 键完成对象的选择。

指定基点： 指定基点作为旋转的中心。

指定旋转角度，或[复制（C）/参照（R）] <0>： 输入旋转的角度，完成对象的旋转。若旋转对象按逆时针旋转则输入正值，反之则输入负值。如图 3-43 为旋转操作的样例。

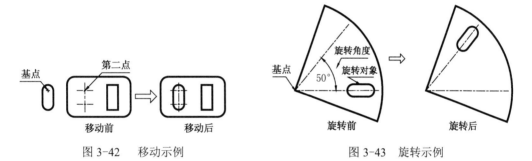

图 3-42　移动示例　　　　　　　　图 3-43　旋转示例

9. 修剪命令

该命令可将选定的目标对象以指定的对象作为边界，剪去对象中的多余部分。

（1）修剪命令的启动方式：

① 菜单栏：选择"修改"→"修剪"命令。

② 工具栏：单击"修改"工具栏的"修剪"按钮 ⊣⊢。

③ 命令行：输入"TRIM"或"TR"命令。

（2）命令提示及操作：

命令：_trim↙

当前设置：投影 UCS，边=无

选择剪切边……

选择对象或<全部选择>： 选择作为剪切边界的对象，可选择多个对象作为剪切边界，如图 3-44 中的①、②两直线，然后按 Enter 键结束剪切边界选择。

选择要修剪的对象或按住 shift 键，选择要延伸的对象，或[栏选（F）/窗交（C）投影（P）边（E）/放弃（U）]： 单击需要剪掉的部分，即被修剪的实体，如在图 3-44 中的③、④、⑤处单击，最后按 Enter 键结束修剪操作。

10. 缩放

该命令可将选中的对象相对于某一个基点，按比例进行放大或缩小。

（1）缩放命令的启动方式：

① 菜单栏：选择"修改"→"缩放"命令。

② 工具栏：单击"修改"工具栏的"缩放"按钮 。

③ 命令行：输入"SCALE"或"SC"命令。

（2）命令提示及操作：

命令： _scale↙

选择对象： 选择要缩放的图形，按 Enter 键完成对象的选择。

指定基点： 选择缩放基点（缩放中心点）。

指定比例因子或 [复制（C）/参照(R)] <1.0000>: 输入缩放的比例值，按 Enter 键结束命令操作。图 3-45 所示为缩放命令操作的样例。

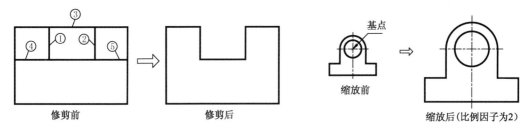

图 3-44　修剪示例　　　　　　　　　图 3-45　缩放示例

11. 分解命令

该命令可将多段线、矩形、正多边形等分解成若干个独立的子对象。

（1）分解命令的启动方式：

① 菜单栏：选择"修改"→"分解"命令。

② 工具栏：单击"修改"工具栏的"分解"按钮 。

③ 命令行：输入"EXPLODE"或"X"命令。

（2）命令提示及操作

命令： _explode↙

选择对象： 选择要分解的对象，选取后该对象呈虚线状态显示，按 Enter 键即可结束对象选择，此时系统将已选择的对象分解成单个图形对象。

> ⚠ 如果需要对组合对象中的子对象进行编辑时，可先执行该命令将组合对象分解成单个图形对象，然后再利用编辑工具进行编辑。

3.4　AutoCAD 精确绘图辅助工具

在实际绘图中，用鼠标定位虽然方便快速，但精度不高，为了解决快速精确定位的问题，AutoCAD 提供一些绘图辅助工具，如栅格和捕捉、正交与极轴、对象捕捉与对象追踪等。利用这些辅助工具，可以在不输入坐标的情况下精确绘图，提高绘图速度。

单元 3 AutoCAD 二维绘图基础

1．栅格与捕捉

利用栅格捕捉功能，可以使光标在绘图窗口按指定的步距移动，就像在绘图屏幕上隐含分布着按指定行间距和列间距排列的栅格点，这些栅格点对光标有吸附作用，即能够捕捉光标，使光标只能落在由这些点确定的位置上，从而使光标只能按指定的步距移动。

栅格显示功能是指在屏幕上显示分布一些按指定行间距和列间距排列的栅格点，就像在屏幕上铺了一张坐标纸，如图 3-46 所示。用户可根据需要设置是否启用栅格捕捉和栅格显示功能，还可以设置对应的间距。

选择菜单栏的"工具"→"草图设置"命令，利用对话框中的"捕捉和栅格"选项卡（见图 3-47），可进行栅格捕捉与栅格显示方面的设置。另外，也可将鼠标指针置于状态栏的"栅格"按钮上，单击鼠标右键，在弹出的快捷菜单中选择"设置"命令，也可打开"草图设置"对话框。

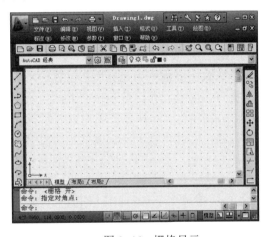
图 3-46 栅格显示

图 3-47 "草图设置"对话框

打开或关闭"捕捉"和"栅格"功能，可以选择以下几种方法：

（1）在 AutoCAD 程序窗口的状态栏中，单击"捕捉"按钮 和"栅格"按钮 。

（2）按 F7 键打开或关闭"栅格"功能，按 F9 键打开或关闭"捕捉"功能。

（3）选择"工具"→"草图设置"命令，打开"草图设置"对话框，在"捕捉和栅格"选项卡中选中或取消"启用捕捉"和"启用栅格"复选框。

> 栅格是一种视觉辅助工具，既不是图形的一部分，也不能被打印输出。设置栅格捕捉功能后，光标由原来的连续移动变为跳跃式移动，这时用户可比较状态栏左下角点中坐标点的显示方式。
>
> 当图形的尺寸比较有规律时，通过栅格辅助工具可大幅度提高绘图的速度。

2．正交

正交模式用于绘制垂直或水平的直线。

（1）打开或关闭正交模式方法：

① 在状态栏中，单击"正交"按钮 。

② 按功能键 F8 键。

（2）正交模式操作方法：当正交模式启用后，只能画水平或垂直的直线。在绘图过程中，指定直线的起点后移动光标时，会出现一条水平或垂直的辅助线，如图 3-48 所示。由于正交功能已经限制了直线的方向，所以要绘制一定长度的直线时，只需直接输入长度值，而不再需要输入完整的坐标。

3．极轴追踪

利用极轴追踪功能可以实现按事先指定的角度绘制直线对象。

（1）打开或关闭极轴追踪模式的方法：

① 在状态栏中，单击"极轴追踪"按钮 。

② 按功能键 F10 键。

图 3-48　正交模式操作示例

（2）极轴追踪的设置：用右键单击状态栏上的"极轴追踪"按钮，选择"设置"命令项，在对话框中选中"极轴追踪"选项卡，进行"启用极轴追踪"、"增量角"、"极轴角测量"等参数的设置（见图 3-49）。设置完成后，单击"确定"按钮。

（3）极轴追踪操作步骤：设置完参数并启用后，在绘图过程中当光标所在位置的角度在所设增量角、附加角或增量角的整数倍附近时，光标将自动吸附在这些角上并显示一条无限延伸的辅助线。此时在适当位置单击鼠标左键，即可绘制出一条具有精确角度的直线，如图 3-50 所示。由于极轴追踪模式已控制了直线的方向，因此只须输入长度值，即可绘制一定长度和角度的直线。

图 3-49　"极轴追踪"选项卡

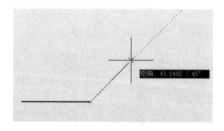

图 3-50　极轴追踪操作示例

4．对象捕捉

使用对象捕捉功能可以精确地定位现有图形对象的特征点，如端点、中点、圆心、切点等。当光标移到要捕捉的特征点位置时，将显示特征点标记和相应提示。使用该功能可快速准确地捕捉到图形上的特征点，从而达到准确绘图的目的。AutoCAD 提供了以下两种捕捉方式。

1）临时捕捉

临时捕捉是一种一次性捕捉模式，这种捕捉模式不是自动的。当需要捕捉某个特征点时，需先激活该特征点捕捉功能,然后进行捕捉,且仅对本次捕捉点有效。捕捉后系统将自动关闭捕捉功能,下次遇到相同的特征点,仍需再次设置。

(1)临时捕捉功能的启用:临时捕捉功能的启用通常是通过单击"对象捕捉"工具栏的"特征点"按钮来实现的。启用该工具栏有如下两种方式。

① 在 AutoCAD 工作界面的任一工具栏上单击鼠标右键,在快捷菜单中选取"对象捕捉",即可弹出"对象捕捉"工具栏,如图 3-51 所示。

② 选取"视图"→"工具栏"下拉菜单通过"自定义"对话框,也可打开该工具栏。

图 3-51 "对象捕捉"工具栏

(2)捕捉对象特征点:"对象捕捉"工具栏启用后,在绘图过程中如需捕捉某个特征点,可单击该工具栏上相应的"特征点"按钮,再把光标移动到要捕捉的对象的特征点附近,系统将显示相应的特征点的标记,此时单击鼠标左键即可完成对该点的捕捉。

2)自动捕捉

在绘图时,有时需要频繁地捕捉一些相同类型的特殊点,如果用临时捕捉方式会比较费时。为避免出现这类问题,AutoCAD 提供了自动捕捉功能。自动模式可设置多种特征点,启用该模式后系统会始终自动捕捉这些特征点,直至关闭该模式。

(1)自动捕捉模式的启用:

① 在状态栏上,单击"对象捕捉"按钮。

② 按功能键 F3。

(2)自动捕捉设置:自动捕捉设置通过"草图设置"对话框中的"对象捕捉"选项卡来完成,如图 3-52 所示。也可通过单击"对象捕捉"工具栏的"对象捕捉设置"按钮调出该选项卡。

在"对象捕捉"选项卡中列出 13 种特征点,其功能与临时捕捉模式中的特征点相同。可以从中选择一种或多种特征点形成一组固定模式,选择后单击"确定"按钮即完成设置。

图 3-52 "对象捕捉"选项卡

> 绘制平面图形时,常将"端点"、"交点"、"延长线"等设为自动捕捉的特征点,一般不超过 6 种。设置过多反而会影响点的捕捉效率。

5. 对象捕捉追踪

对象捕捉追踪功能是对象捕捉与对象追踪的综合。该功能可以使光标从对象上的特征点开始,沿事先设置好的追踪路径进行追踪,并找到需要的精确位置。追踪路径可通过图 3-49 "草图设置"对话框的"极轴追踪"选项卡右侧"对象捕捉追踪设置"区进行相关设置。

(1)对象捕捉追踪功能的启用:使用该功能时,对象捕捉和对象追踪功能应同时处于打开状态。

打开或关闭对象追踪功能的常见方式有：
① 在状态栏上，单击"对象追踪"按钮。
② 按功能键 F11。
（2）对象捕捉追踪的操作方法如下。
① 对象捕捉追踪功能启用后，打开一个要求输入点的绘图命令或编辑命令，如直线或圆命令等。
② 移动光标到某个对象捕捉特征点处，此时该特征点上将显示其标记和"+"号（注意不要按下鼠标左键），表示已获取该捕捉点。用同样方法可以同时获得其他需要的捕捉点。
③ 从获取的捕捉点处移动光标，将会出现基于获取点的追踪路径（虚线显示），然后沿显示的追踪路径继续移动光标，直至追踪到所希望的点。示例如图 3-53 所示。

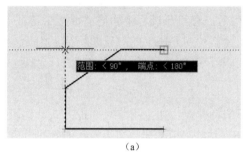
(a)

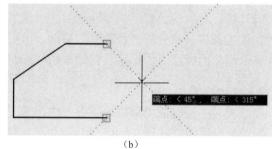
(b)

图 3-53　对象捕捉追踪示例

> 状态栏上的精确定位工具是 CAD 绘图必不可缺的助手，在绘图过程中要灵活使用"正交"、"极轴"、"对象捕捉"、"对象追踪"等辅助命令，养成精确绘制图形的好习惯，从而提高绘图效率。想一想，它们各自的快捷键是什么？分别适合于什么样的绘图场合？

综合实例 2　用 AutoCAD 绘制扳手零件平面图

下面采用 AutoCAD 软件绘制如图 3-54 所示扳手零件的平面图形。

1. 调用样板图并命名图形

（1）启动 AutoCAD 程序后，单击"标准"工具栏的"新建"按钮，在弹出的"选择样板"对话框中选择 3.2.2 节创建的名为"模板"的 A4 样板文件，建立一个以"模板"作为样板的图形文件。

（2）单击"标准"工具栏的"保存"按钮，在出现的"另存为"对话框中，将文件命名为"扳手平面图形"，单击"保存"按钮。

2. 绘制基准线

（1）将"点画线"层置为当前层，按下 F8 键，打开正交开关。

（2）单击"绘图"工具栏的"直线"按钮，在绘图区内任意一点处单击确定直线的起点，然后向右拖动鼠标，输入直线长度 200（200 左右均可），绘制一条如图 3-55（a）所示的水平直线 AB，用同样的方法再绘出一条长度为 100 左右的竖直直线 CD。

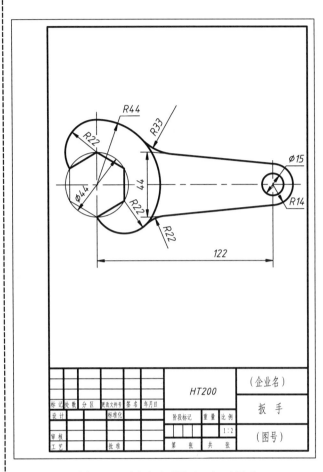

图 3-54 扳手平面图形（仅画图形）　　　　图 3-55 绘制基准线

（3）单击"修改"工具栏的"偏移"按钮，输入偏移距离 122，选择要偏移的对象 CD，并在 CD 直线右侧单击，生成偏移直线 EF，效果如图 3-55（b）所示。

3．绘制扳手的左部卡口部分

（1）将"细实线"层置为当前层，单击"绘图"工具栏的"圆"按钮，利用"对象捕捉"工具栏拾取直线 AB 和 CD 的交点作为圆心，输入半径 22 绘制一个圆，操作结果如图 3-56（a）所示。

（2）将"粗实线"层置为当前层，单击"绘图"工具栏的"正多边形"按钮，输入边的数目为 6，选择 O_1 点作为中心点，选用内接于圆方式，并输入圆的半径为 22，绘制出一正六边形，操作结果如图 3-56（a）所示。

（3）由于所画的正六边形不符合图示要求，故用旋转命令进行修改。单击"修改"工具栏的"旋转"按钮，选择正六边形作为旋转对象，选择 O_1 点作为基点，输入旋转角度 90，操作结果如图 3-56（b）所示。

（4）单击"修改"工具栏的"分解"按钮，把正六边形分解成单一的直线对象。

(5) 在不执行任何命令的情况下选中正六边形的正左侧、左下侧两条直线,然后在"图层"工具栏中单击"细实线"层,则这两条直线的图层属性由"粗实线"层变为"细实线"层,按 ESC 键退出选择状态。

(6) 利用"圆"命令继续绘制三个圆,半径分为 44、22 和 22,其圆心分为 O_1、O_2 和 O_3。操作结果如图 3-56(b)所示。

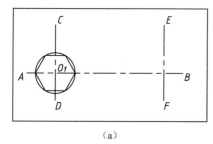
(a)

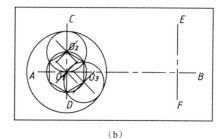
(b)

图 3-56 绘制扳手的左部卡口部分

(5) 单击"修改"工具栏的"修剪"按钮，直接按 Enter 键选中当前图形中的所有对象作为剪切边,用鼠标单击需要修剪掉的部分,结果如图 3-57(a)所示。

4. 绘制扳手的右部手柄部分

(1) 利用"圆"命令绘制两同心圆,圆心为直线 AB 和 EF 的交点,半径分别为 14 和 7.5,如图 3-57(b)所示。

(2) 选择"偏移"按钮，输入偏移距离 22,选择要偏移的对象 AB,在直线 AB 上方单击,生成一偏移直线;再次拾取要偏移的对象 AB 直线,在 AB 直线下方单击,生成另一偏移直线,效果如图 3-57(b)所示。

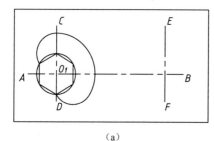
(a)

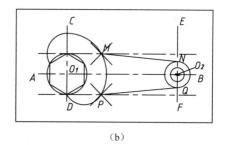
(b)

图 3-57 绘制扳手的右部手柄部分(1)

(3) 单击 按钮,选取 M 点作直线的第一点,再单击"对象捕捉"工具栏的图标按钮，移光标至 R14 圆的上方靠近实际切点处,按鼠标左键单击作为直线的下一点,绘制出了一条 MN 直线,该线与 R14 圆相切。用同样的方法绘制出 PQ 直线,该线也与 R14 圆相切。

(4) 单击"修改"工具栏的"删除"按钮，删除前面通过偏移操作生成的两条水平直线。

(5) 选择"绘图"→"圆"→"相切、相切、半径"菜单命令,按命令行提示进行操作,分别在 M 点上方 R44 的圆弧上和直线 MN 上单击,输入半径值 33,创建一圆与 R44 的圆弧和直线 MN 均相切。用同样的方法绘制出半径为 22 的圆,它与 R22 的圆弧和直线 PQ 均相切,结果如图 3-58(a)所示。

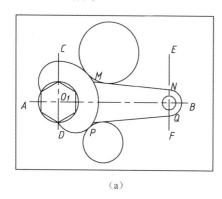 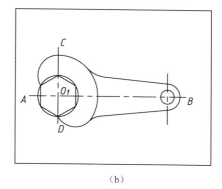

图 3-58　绘制扳手的右部手柄部分(2)

(6)单击按钮 ⊬,剪掉图形中多余的对象,操作结果如图 3-58(b)所示。

5．整理图形

(1)利用夹点编辑功能进行操作,调整点画线的长度。
(2)单击状态栏的"线宽"按钮,打开线宽开关,单击按钮 🖫 保存图形,其结果如图 3-59 所示。

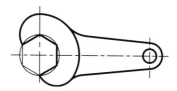

图 3-59　扳手零件的平面图形

> 按照上述操作,用 AutoCAD 软件也来画一下"扳手"的平面图形。通过具体操作,体会一下计算机绘图与手工仪器绘图的区别。

知识梳理与总结

本单元介绍了 AutoCAD 绘图软件的主要功能,重点学习了 AutoCAD 的绘图环境、图形文件的相关操作、常用绘图命令及修改命令的基本操作,以及精确绘图辅助工具的使用。通过扳手平面图形的绘制实例,使初学者了解 CAD 图形绘制的一般过程。

平面图形的绘制是绘制较复杂机械图样的基础,"多练习"+"灵活思考"+"多总结"是提高绘图水平的关键所在。希望初学者结合具体实例多多练习,合理运用精确定位工具,根据具体图形的特点灵活运用各类绘图及修改命令,逐步提高计算机绘图速度,绘制出符合工程规范的图形,为后续零件的三维造型打下坚实的 CAD 草图作图基础。

模块 2　机械零部件的识读与测绘

单元 4　轴套类零件

教学导航

学习目标	识读轴套类零件图并进行 CAD 三维造型；测绘轴套类零件，绘制零件图
学习重点	轴套类零件图的视图表达、尺寸标注，技术要求的标注与识读；零件测绘的方法与步骤；识读零件图的方法与步骤；轴套类零件的三维造型方法及常用命令
学习难点	轴套类零件的视图表达方案、尺寸标注，技术要求的规范标注，CAD 造型方法及技能
建议课时	12~16 课时

单元 4　轴套类零件

4.1　零件的分类与视图选择

零件是机器上的最小单元，一组有着互相联系并按照特定的设计关系装配而成的零件组装体叫部件。每一种部件都是为了实现特定功能而设计的，它可以是整机的一部分，也可以是独立使用的小型机器。例如，一台加工中心由床身、工作台、操作面板、主轴箱、数控装置、机械手、刀库等部件构成；而千斤顶是可独立使用的部件。如图 4-1 所示为滑动轴承部件图，图 4-2 为其轴测分解图。

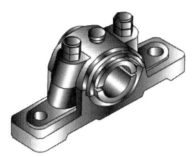
图 4-1　部件—滑动轴承

图 4-2　零件—滑动轴承轴测分解图

4.1.1　零件图的内容

表达零件结构、尺寸及技术要求等内容的图样称为零件工作图，简称为零件图。它是制造和检验零件的重要技术文件。

图 4-3 所示为轴承座的零件图，该零件是滑动轴承中的主体零件。从图可知，一张完整

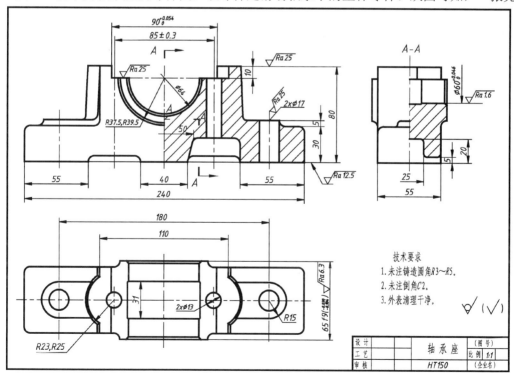
图 4-3　轴承座零件图

的零件图应包括以下基本内容。

1．一组图形

选用一组适当的图形（如视图、剖视图、断面图等），正确、完整、清晰地表达出零件的各部分形状和结构。

2．一组尺寸

正确、完整、清晰、合理地标注零件在制造和检验时所需要的全部尺寸。

3．技术要求

用符号或文字来说明零件在制造、检验等过程中应达到的一些技术要求，如表面粗糙度、尺寸公差、几何公差、热处理要求等。技术要求的文字一般注写在标题栏上方图纸空白处。

4．标题栏

标题栏位于图纸的右下角，应填写零件的名称、材料、数量、绘图比例、生产厂家、图号，以及设计、描图、审核人的签字、日期等各项内容。

> 零件图用于零件设计并指导零件的制造与检验。具体来说，工程师以零件图为载体表达自己的设计意图；企业供应科根据零件图购买原材料；计划科根据零件图安排生产；工艺师根据零件图编制工艺文件和设计工装设备；工人师傅根据零件图和工艺图加工零件；检验员根据零件图检验工件等等。因此，零件图是企业的重要技术文件。

4.1.2 常见零件的分类

零件的种类繁多，在机械工程行业一般常根据其几何特征及作用分成四类：轴套类零件、盘盖类零件、叉架类零件和箱体类零件（见图4-4）。由于同一类零件在其视图表达、尺寸注写、技术要求甚至是加工工艺流程的制定上有着许多的共性，因此对零件进行归类，一方面有利于设计工程师图示设计意图，另一方面又有利于工艺设计师制定工艺文件。

（a）轴套类零件　　　　　　　　　　（b）盘盖类零件

（c）叉架类零件　　　　　　　　　　（d）箱体类零件

图4-4　常见零件的分类

1. 轴套类零件

主体结构为回转体类，径向尺寸小，轴向尺寸大，如图 4-4（a）所示。其中，轴类零件是机器某一部分的回转核心零件，其主要功能是支承传动零件（齿轮、带轮、离合器等）和传递扭矩。套类零件是机械中常见的另一种零件，主要起支承和导向作用。

2. 盘盖类零件

主要形体一般为回转体，径向尺寸较大，轴向尺寸相对较小，呈扁平形状，如图 4-4（b）所示。齿轮、皮带轮、手轮等盘盖类零件用来传递运动和动力，端盖、法兰盘等盘盖类零件则对传动轴起支承和导向作用。

3. 叉架类零件

叉架类零件常是一些外形不很规则、结构相对较复杂的中小型零件，如图 4-4（c）所示，机床拨叉、托架以及各种杠杆、连杆、支架等属于此类零件。其中，叉是操纵件，操纵其他零件进行变位运动；架是支撑件，用以支承其他零件。

4. 箱体类零件

箱体类零件大多为铸件，其内外形状较为复杂，多为机器及其部件的基础件，如图 4-4（d）所示，常见的有阀体、泵体、阀座等，一般起支承、容纳、定位和密封等作用。

4.1.3 零件的视图选择

绘制零件图时，首先要根据零件的结构形状、加工方法和在机器中的位置，确定一个比较合理的表达方案，恰当地选择好零件的主视图和其他视图。

1. 视图方案中零件安放应遵循的原则

1）加工位置原则

加工位置是零件加工时在机床上的装夹位置。回转体类零件，如轴套类或盘盖类零件，不论其工作位置如何，一般都按其轴线水平放置，如图 4-5 所示。

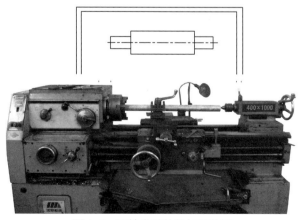

图 4-5　回转类零件的加工位置

2）工作位置原则

工作位置是零件在机器中安装和工作时的位置。主视图的位置和工作位置一致，便于想象零件的工作状况，有利于阅读图样，如图4-6所示。

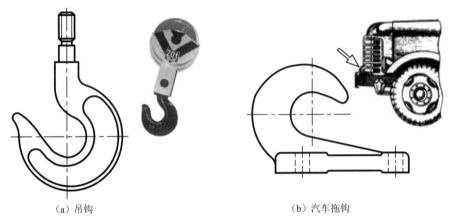

(a) 吊钩　　　　　　　　　　　　　(b) 汽车拖钩

图4-6　零件的工作位置

3）自然安放位置原则

对于箱体类、座体、支座等非回转类零件，应考虑取放置平稳的自然安放位置来作图。

4）重要几何要素水平、垂直安放原则

在机器中常有一些不规则零件，如叉架类零件等，其加工位置、工作位置会发生变化，有的无法自然安放，这时可将其重要的轴线、平面等几何要素水平或垂直放置。如单元1中图1-32所示的挂轮架零件，就采用了按手柄的轴线垂直放置。

2. 确定主视图的投影方向

主视图是零件图的核心，选择主视图时应先确定零件的安放位置，再确定投影方向。

选择投影方向时，应使主视图最能反映零件的形状特征，即在主视图上尽量多地反映出零件内外结构形状及它们之间的相对位置关系。

3. 其他视图的选择

其他视图是对零件主视图的补充。在绘制其他视图时，零件的主要结构和主要形状应优先基本视图或在基本视图上作剖视，而次要结构、细节、局部形状可用局部视图、局部放大图、断面图等表达，且尽可能按投影关系就近配置。每个视图都要有表达重点，做到各视图互相配合，互为补充且又不重复。在充分表达清楚零件结构形状的前提下，尽量减少其他视图的数量，力求制图简便。

> ❗ 零件的表达方案往往是若干种图形表示法的集合。表达一个零件的视图方案常常有多种，一般可准备几个备选方案，进行比较后确定出一个清晰、简洁的最佳方案，既便于看图，又作图相对简便。
>
> 由于表达方法选择的灵活性较大，初学者应首先致力于表达得正确、完整，并在看图、画图的不断实践中，逐步提高零件图的表达能力与技巧。

4.2 轴套类零件上常见的工艺结构

零件的结构形状主要是根据它在部件或机器中的作用、位置及与其他零件之间的关系确定的，同时还需要考虑零件的结构形状必须便于加工制造和装配。为满足加工制造、装配和测量等工艺需要而设计的结构，称为零件的工艺结构。为了正确绘制图样，必须对一些常见的结构有所了解，下面介绍一下轴套类零件上常见结构的基本知识和表示方法。

4.2.1 螺纹

1. 螺纹的形成

螺纹是指在圆柱或圆锥表面上，沿螺旋线所形成的具有相同断面的连续凸起和沟槽。在圆柱或圆锥外表面上形成的螺纹称为外螺纹；在内表面上形成的螺纹称为内螺纹。内外螺纹成对使用，可用于各种机械连接、传递运动和动力。

螺纹一般是在车床、钻床上加工，如图4-7（a）所示为车削外螺纹。内螺纹若加工直径较大时先镗内孔再用内螺纹车刀车制，如图4-7（b）所示；若直径较小时可先用钻头钻孔（钻头顶角实为118°，绘图时按120°简化画出），再用丝锥攻丝加工出内螺纹，如图4-9（c）所示。

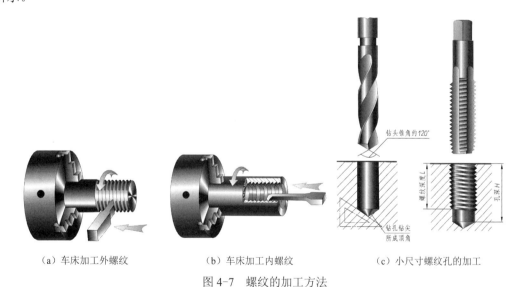

（a）车床加工外螺纹　　　　（b）车床加工内螺纹　　　　（c）小尺寸螺纹孔的加工

图4-7　螺纹的加工方法

2. 螺纹的要素

（1）牙型：通过螺纹轴线断面上的螺纹轮廓形状称为牙型。常见的有三角形、梯形、锯齿形和矩形，如图4-8所示。其中，矩形螺纹（也叫方牙螺纹）尚未标准化，其余牙型均为标准螺纹。

（2）直径：螺纹的直径有大径（d、D）、小径（d_1、D_1）、中径（d_2、D_2）。公称直径是代表螺纹尺寸的直径，一般是指螺纹大径的公称尺寸，如图4-9所示。

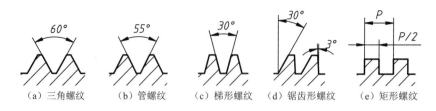

图 4-8 螺纹的牙型

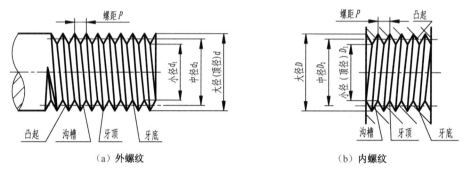

图 4-9 螺纹的牙型、直径

(3) 线数 n：螺纹有单线和多线之分。沿一条螺旋线形成的螺纹为单线螺纹；沿两条或两条以上的螺旋线形成的螺纹为双线或多线螺纹，如图 4-10 所示。

(4) 螺距 P 和导程 P_h：螺距 P 是螺纹上相邻两牙在中径线上对应两点间的轴向距离。导程 P_h 是螺旋线旋转一周时移动的轴向距离，如图 4-10 所示。对于单线螺纹，导程=螺距；对于多线螺纹，导程=n×螺距。

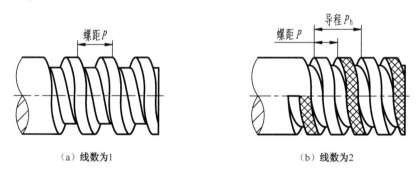

图 4-10 螺纹的线数

(5) 旋向：内、外螺纹旋合时的旋转方向称为旋向，有左旋、右旋之分。旋向的判别可用图 4-11 所示方法，工程上常用右旋螺纹。

3．螺纹的规定画法

由于螺纹是采用专用机床和刀具加工，且尺寸与结构已标准化，因此根据国家标准 GB/T 4459.1—1995《机械制图 螺纹及螺纹紧固件表示法》规定，绘图时不必画出螺纹的真实投影，可采用规定画法以简化作图过程。

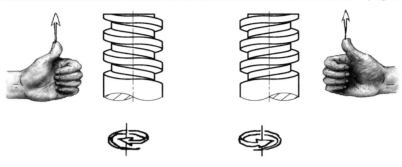

(a) 左旋：左边高　　　　　　　　(b) 右旋：右边高

图 4-11　螺纹的旋向

1）外螺纹的画法

如图 4-12（a）所示，外螺纹的大径用粗实线表示，小径用细实线表示，小径约为大径的 0.85 倍，即 $d_1 \approx 0.85d$。在平行于螺纹轴线的视图中，表示牙底的线应画入倒角或倒圆内，螺纹终止线用粗实线绘制；在垂直于螺纹轴线的视图中，细实线只画约 3/4 圈，螺纹的倒角按规定不画，如图 4-12（a）所示。在螺纹的剖视图（或断面图）中，剖面线应画到粗实线为止，如图 4-12（b）所示。

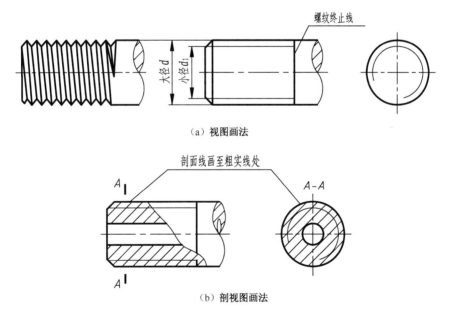

(a) 视图画法

(b) 剖视图画法

图 4-12　外螺纹的规定画法

2）内螺纹的画法

如图 4-13（a）所示，在视图中，内螺纹不可见，所有图线均用细虚线绘制；在剖视图中螺纹大径用细实线表示，小径用粗实线表示，螺纹终止线用粗实线，剖面线画到粗实线处。在投影为圆的视图中，细实线圆只画约 3/4 圈，倒角圆省略不画。当内螺纹为通孔时，画法如图 4-13（b）所示。根据国家标准规定，两螺孔相贯或螺孔与光孔相贯时，只画螺孔小径的相贯线，如图 4-13（c）所示。

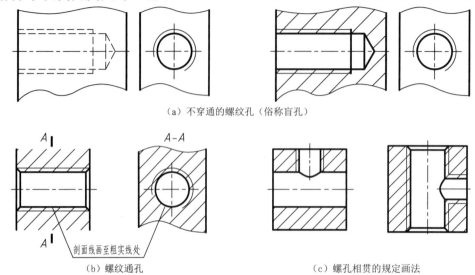

(a) 不穿通的螺纹孔（俗称盲孔）

(b) 螺纹通孔

剖面线画至粗实线处

(c) 螺孔相贯的规定画法

图 4-13 内螺纹的规定画法

3）内外螺纹连接的画法

画螺纹连接图时，常采用全剖视图画出，旋合部分按外螺纹绘制，其余部分仍按各自的规定画法绘制。图 4-14（a）为通孔零件连接，图 4-14（b）为不通孔零件的连接。

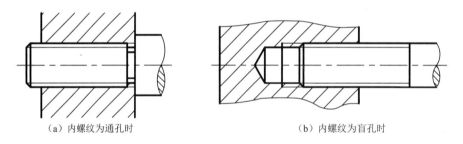

(a) 内螺纹为通孔时

(b) 内螺纹为盲孔时

图 4-14 螺纹连接的画法

> ❗ 螺纹一般要成对使用，内外螺纹连接时，下列要素必须相同：牙型、大径、线数、螺距和旋向。
>
> 在绘制内外螺纹连接图时，根据国家标准规定，当沿外螺纹的轴线剖开时，螺杆作为实心零件按不剖绘制，表示内、外螺纹大径、小径的粗实线和细实线应分别对齐；当垂直于螺纹的轴线剖开时，螺杆处应绘制剖面线；不通螺孔中的钻孔锥角应画成120°。

4）非标准螺纹的画法

绘制非标准牙型的螺纹时，应画出螺纹牙型，并标出所需的尺寸及有关要求，如图 4-15 所示。

4．螺纹的种类

螺纹按用途分为两大类，即连接螺纹和传动螺纹。

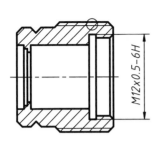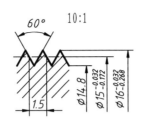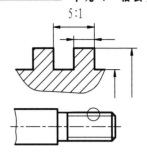

图 4-15 非标准螺纹的画法

1）连接螺纹

常用的连接螺纹有四种标准螺纹，即：粗牙普通螺纹、细牙普通螺纹、管螺纹、锥管螺纹。

上述四种螺纹牙型皆为三角形，其中普通螺纹的牙型为等边三角形（牙型角为 60°）。细牙和粗牙的区别是在大径相同的条件下，细牙螺纹比粗牙螺纹的螺距小，见附录表 A-1。管螺纹和锥螺纹的牙型为等腰三角形（牙型角为 55°）。管螺纹多用于管件和薄壁零件的连接，其螺距与牙型均较小，见附录表 A-2。

2）传动螺纹

传动螺纹是用做传递动力或运动的螺纹，常用的有梯形螺纹和锯齿形螺纹两种标准螺纹，其中后者是一种受单向力的传动螺纹。

以上是牙型、大径和螺距都符合国家标准的螺纹，称为标准螺纹。若螺纹仅牙型符合标准，大径或螺距不符合标准者，称为特殊螺纹。牙型不符合标准者，称为非标准螺纹（如方牙螺纹）。

5．螺纹的标注

由于螺纹的规定画法不能清楚表达螺纹的牙型、螺距、线数和旋向等结构要素，因此必须按规定的标注在图样中加以说明。螺纹代号一般标注在螺纹的大径上，各种螺纹的标记如表 4-1 所示。

表 4-1 常用螺纹的标注示例

螺纹种类		标注实例	代号的识别	标注要点说明
连接螺纹	普通螺纹（M）	M20-5g6g-s	普通粗牙螺纹，公称直径为 20，右旋，中径、顶径公差带分别为 5g、6g，短旋合长度	（1）粗牙螺纹不注螺距，细牙螺纹标注螺距； （2）右旋"RH"省略不注，左旋以"LH"表示； （3）中径、顶径公差带相同时，只注一个公差带代号； （4）螺纹旋合长度代号用字母 S、N、L 分别表示螺纹的短、中、长三种旋合长度。当旋合长度为中等时，可省略不注； （5）螺纹标记应直接注在大径的尺寸线或延长线上
		M16×1LH-6H	普通细牙螺纹，公称直径为 16，螺距 1，左旋，中径、小径公差带为 6H，中等旋合长度	

续表

螺纹种类			标注实例	代号的识别	标注要点说明
连接螺纹	管螺纹	非螺纹密封的管螺纹（G）	G1½A	非螺纹密封的管螺纹，尺寸代号为 $1\frac{1}{2}$，公差为 A 级，右旋	(1) 非螺纹密封的管螺纹，其内、外螺纹都是圆柱管螺纹； (2) 外螺纹的公差等级代号分为 A、B 两级，内螺纹不标记
			G½-LH	非螺纹密封的管螺纹，尺寸代号为 $\frac{1}{2}$，左旋	
		用螺纹密封的管螺纹（R）（Rc）（Rp）	R½-LH	圆锥外螺纹，尺寸代号为 $\frac{1}{2}$，左旋	(1) 螺纹密封的管螺纹，只标注螺纹特征代号、尺寸代号和旋向； (2) 管螺纹一律标注在引出线上，引出线应由大径处引出或由对称中心线处引出
			Rc 1½	圆锥内螺纹，尺寸代号为 $1\frac{1}{2}$，右旋	
			Rp ½	圆柱内螺纹，尺寸代号为 $\frac{1}{2}$，右旋	
传动螺纹		梯形螺纹（Tr）	Tr36×12(P6)-7H	梯形螺纹，公称直径为 36，双线，导程 12，螺距 6，右旋，中径公差带为 7H，中等旋合长度	(1) 两种螺纹只标注中径公差带代号； (2) 旋合长度只有中等旋合长度（N）、长旋合长度（L）两种； (3) 中等旋合长度规定不标注
		锯齿形螺纹（B）	B40×7LH-8c	锯齿形螺纹，公称直径为 40，单线，螺距 7，左旋，中径公差带为 8c，中等旋合长度	

单元 4 轴套类零件

> 螺纹分为公制、美制和英制螺纹。其中：
> （1）公制螺纹又称米制螺纹，与英制、美制螺纹最大的区别是螺距用毫米计量，主要有普通螺纹、梯形螺纹、锯齿形螺纹、方牙螺纹等，其公称尺寸是指螺纹的大径。
> （2）美制、英制螺纹用英制单位（如英寸），其公称直径是指所连接的管道直径，显然螺纹大径比公称直径大。行业内人通常用"分"来称呼螺纹尺寸，1 英寸等于 8 分，1/4 英寸就是 2 分，以此类推。

4.2.2 倒角、倒圆和中心孔

1. 倒角和倒圆

为便于零件在装配和制造过程中不划伤手，常对零件进行锐边倒角、锐边倒钝或锐边去毛刺处理。零件上加工出倒角后，会有明显的装入导向功能，常见的倒角为 45°，其尺寸标注可简化，如图 4-16（b）中的"C2"，"C"表示 45°，"2"表示轴向距离。倒角为 30°、60°时如图 4-16（c）和（d）所示。

另外，为避免因应力集中而产生裂纹，提高零件的抗疲劳强度，有轴肩处往往制成圆角过渡形式，称为倒圆。加工后的倒圆如图 4-16（a）所示。

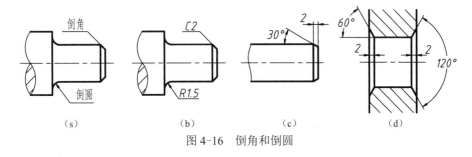

图 4-16 倒角和倒圆

2. 中心孔

中心孔在轴的两端中心处，是为轴类零件装夹、测量等需要而设计的，常见的有 A、B、C、R 四种类型，如图 4-17 所示。国家标准 GB/T 145—2001《中心孔》和 GB/T 4459.5—1999《机械制图 中心孔表示法》对中心孔的型式和尺寸等做出了规定。中心孔可在图中画出，也可用标准代号标注，如表 4-2 所示。

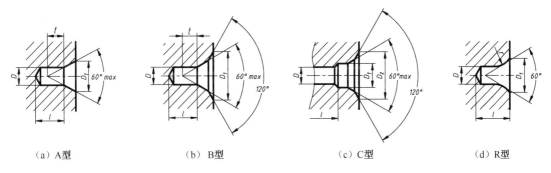

（a）A型　　　（b）B型　　　（c）C型　　　（d）R型

图 4-17 中心孔的类型

表 4-2 中心孔的简化画法及标注

要　求	符号及标注示例	解　释
在完工的零件上要求保留中心孔	GB4459.5-B3/7.5	采用 B 型中心孔 $D=3$　$D_1=7.5$ 在完工的零件上要求保留
在完工的零件上可以保留中心孔	GB4459.5-A4/10	采用 A 型中心孔 $D=4$　$D_1=10$ 在完工的零件上是否保留都可以
在完工的零件上不允许保留中心孔	GB4459.5-A1.5/4	采用 A 型中心孔 $D=1.5$　$D_1=4$ 在完工的零件上不允许保留

> 中心孔作为工艺基准，一般是用于工件的装夹、检验、装配的定位。选用中心孔的大小与轴端最小直径、工件最大重量及工艺要求等有关。其中：
> （1）A 型中心孔：精度要求一般。
> （2）B 型中心孔：适用于精度要求较高、工序多的工件。
> （3）C 型中心孔：需要把其他零件轴向固定在轴上的时候选用。
> （4）R 型中心孔：适用于轻型和高精度的轴。

4.2.3 退刀槽和砂轮越程槽、键槽

1. 退刀槽和砂轮越程槽

在车床加工中，如车削内孔、车削螺纹时，为便于退出刀具并将工序加工到毛坯底部，常在待加工面末端，预先制出退刀的空槽。一般用于车削加工中的（如车外圆、镗孔等）叫退刀槽，用于磨削加工的叫砂轮越程槽。两者都是在轴的根部和孔的底部做出的环形沟槽，其作用一是保证加工到位，二是保证装配时相邻零件的端面靠紧，如图 4-18 所示。

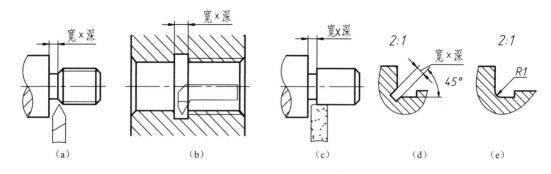

图 4-18 退刀槽和砂轮越程槽

2. 键槽

键槽的作用是连接轴类零件和孔类零件（如齿轮、带轮等），使两者之间能够传递扭矩，

如图 4-19 所示。在同一轴上的两个键槽应在同侧，以便于一次装夹。轴类零件上的键槽结构一般为标准结构，不要因加工键槽而使零件局部过于单薄，致使该零件的强度减弱，必要时可增加键槽处的壁厚。键槽的合理结构与示例画法如图 4-20 所示。

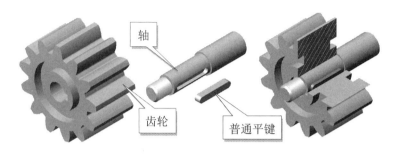

图 4-19　轴与齿轮的连接

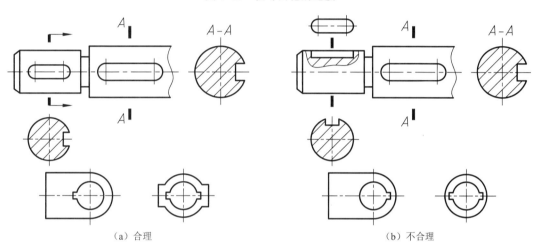

（a）合理　　　　　　　　　　　　　（b）不合理

图 4-20　键槽的表示法

4.2.4　钻孔结构

钻孔时，钻头的轴线应与被加工表面垂直，否则会使钻头弯曲，甚至折断。零件表面倾斜时，可设置凸台或凹坑；钻头钻透处的结构，也要考虑到不使钻头单边受力。钻孔时，应尽可能使钻头轴线与被钻孔表面垂直，以保证孔的精度和避免钻头的折断。钻孔画法如图 4-21 所示。

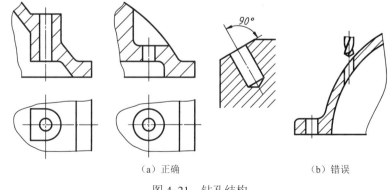

（a）正确　　　　　　（b）错误

图 4-21　钻孔结构

4.3 轴套类零件图的画法

4.3.1 轴套类零件的视图表达

轴套类零件的主体为回转类结构，且常常是由若干个同轴回转体组合而成，径向尺寸小，轴向尺寸大，即为细长类回转结构，且零件上常有倒角、倒圆、螺纹、螺纹退刀槽、砂轮越程槽、键槽、小孔等结构。轴套类零件可细分为轴类和套类，轴类零件一般为实心结构，如图 4-22 所示的铣刀头刀轴；套类零件则为空心结构，如图 4-23 所示的滚珠丝杠用螺母。

图 4-22　铣刀头刀轴造型

图 4-23　滚珠丝杠用螺母造型

轴套类零件一般在车床上加工，要按形状和加工位置确定主视图，轴线水平放置，大头在左、小头在右，键槽和孔结构可以朝前，这样便于操作者看图，少出或不出废品。轴套类零件一般只画一个主视图，对于零件上的键槽、孔等结构可作出局部剖视图、移出断面，而砂轮越程槽、退刀槽、中心孔等结构则一般用局部放大图表达。

图 4-24 所示为铣刀头刀轴的零件图，该零件是铣刀头上的一个主要零件。由图可知铣刀头刀轴的结构形状，整根轴由七个同轴的圆柱体组成，呈细长状，上面分别有销孔、键槽、倒角、中心孔、退刀槽等常见结构。视图表达采用加工位置原则，轴线水平，视图以主视图为主显示出七个台阶状的圆柱结构。由于该轴上的销孔与三处键槽的特征不在同一个方向，本着兼顾的原则，键槽朝上（或下）放置，主视图采用了三处局部剖视图表达了其位置、长度和深度。另外，由于该轴长度较长，受到图幅的限制，主视图中还采用了两处折断画法，分别压缩了最左端 $\phi28$ 圆柱和中间段 $\phi44$ 圆柱的部分尺寸。

除主视图外，该轴左端的键槽分别用简化的局部视图和移出断面图表示出了它的形状和宽度、深度，最右端的键槽则同样用移出断面图表示出了双键槽结构的宽度、深度，而左端的销孔和右边键槽处的退刀槽则用了两处局部放大图表示。

图 4-25 所示为滚珠丝杠用螺母的零件图，该零件属于套类零件。

> ❓ 分析一下，图 4-25 所示的滚珠丝杠用螺母零件图采用了第几角投影法？采用了哪些图样表达方案？各自的表达重点又是什么？看了该零件的表达方案，相信你会对套类零件有一定的认识。

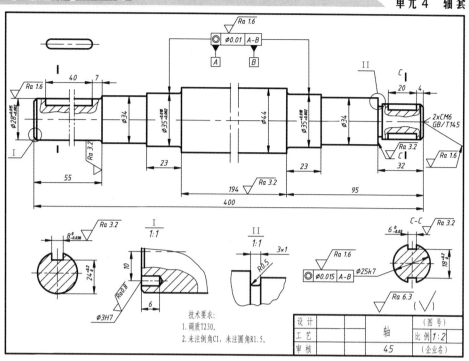

图 4-24 铣刀头刀轴零件图

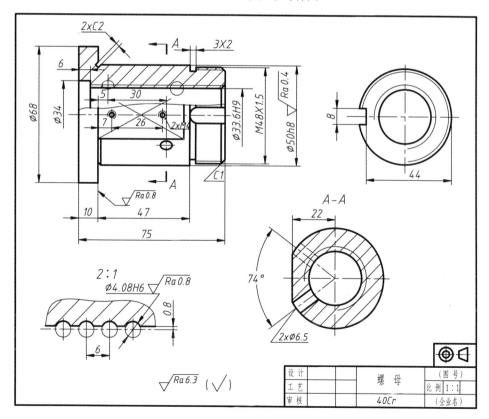

图 4-25 滚珠丝杠用螺母零件图

4.3.2 轴套类零件的尺寸标注

在前面的章节中，已介绍了尺寸标注的基本规定和尺寸标注的正确性、完整性和清晰性要求。下面着重讨论在零件图中应怎样标注尺寸才能切合生产实际要求，即合理性的问题。

所谓"合理"指所注尺寸既符合设计要求，又满足工艺要求。合理标注尺寸包括如何处理设计与工艺要求的关系，怎样选择尺寸基准，以及按照什么原则和方法标注主要尺寸和非主要尺寸等。

1. 合理选择尺寸基准

尺寸基准一般都选择零件上的一些重要面和线。进行尺寸标注时，面基准一般选择零件的主要加工面、两零件的结合面、零件的对称中心面、端面、轴肩等；线基准一般选择轴、孔的轴线，零件某一方向的对称中心线等。在确定基准时，要考虑设计要求和便于加工、测量，为此有设计基准和工艺基准之分。

1）设计基准

设计基准是根据零件在机器中的位置和作用所选定的基准。

设计基准通常是主要基准，如图4-26所示的座体在高度方向的主要基准即为底面。

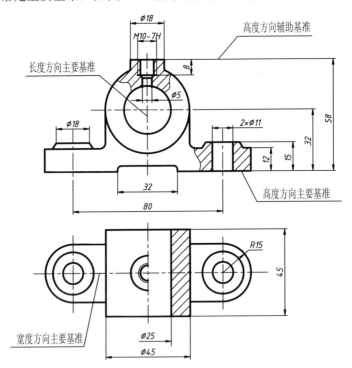

图4-26 座体的尺寸基准

2）工艺基准

为零件的加工和测量而选定的基准称为工艺基准。选择基准时，应尽可能使工艺基准和设计基准重合。当两者不重合时，所注尺寸应在保证设计要求的前提下满足工艺要求。

不同类型的零件,其尺寸基准的选择也不尽相同。如加工回转类零件(如轴、套等)的回转面时,其尺寸的测量一般是以车床主轴轴线为基准的,因此这类零件的尺寸基准一般考虑径向和轴向,径向尺寸基准选择以整体轴线为基准,而轴线尺寸基准则选择重要的加工端面作为基准。而非回转类零件,需要标注长、宽、高三个方向尺寸,因此常常选择这三个方向上的重要线、面作为主要基准。

2. 合理选择尺寸的一般原则

1)重要尺寸直接注出

重要尺寸指影响产品性能、工作精度和配合的尺寸。重要尺寸应直接注出,如图 4-27 所示。

2)避免注成封闭的尺寸链

在标注一个方向的尺寸时,注意不能形成封闭的尺寸链。应使要求高的段落尺寸得到保证,使这些尺寸的误差积累起来,最后都集中反映到某个不重要的段落上,即开环处,如图 4-28 所示。

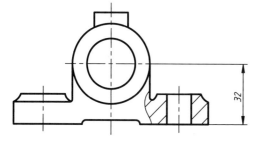

图 4-27 重要尺寸应从基准注出

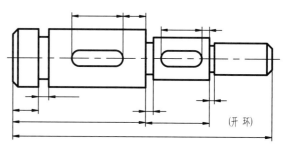

图 4-28 尺寸链不能封闭

3)按加工工艺标注尺寸

在工业生产中,为便于加工、测量零件,所注尺寸要便于使用普通量具测量,如图 4-29(a)和(b)所示。

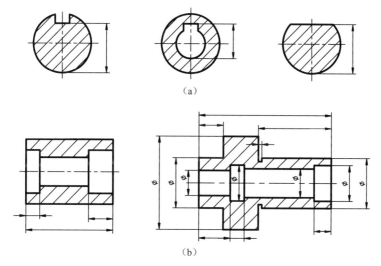

图 4-29 按测量方便标注尺寸

4）零件上常见孔的标注

零件上常见孔的标注如表 4-3 所示。

表 4-3 零件常见小孔标注示例

类型		旁注法		普通注法	说 明
光孔	一般孔	4×⌀5▽8	4×⌀5▽8	4×⌀5，深 8	"▽"为深度符号，该图表示 4 等分光孔，直径 5 mm，孔的深度 8 mm
	精加工孔	4×⌀5⁺⁰·⁰¹²₀▽6 孔▽8	4×⌀5⁺⁰·⁰¹²₀▽6 孔▽8	3×⌀5，深 6／8	钻孔深度为 8，精加工孔（铰孔）深度为 6 mm
	锥孔	锥销孔⌀4 配作	锥销孔⌀4 配作	该孔无普通注法。注意：⌀4 是指与其相配的圆锥销的公称直径（小端直径）	"配作"是指该孔与相邻零件的同位锥销孔一起加工
沉孔	锥形沉孔	3×⌀5 ⌵⌀11×90°	3×⌀5 ⌵⌀11×90°	⌀11，90°，3×⌀5	"⌵"为埋头孔符号，该孔为安装开槽沉头螺钉所用
	柱形沉孔	3×⌀5 ⌴⌀10▽3	3×⌀5 ⌴⌀10▽3	⌀10，3，3×⌀5	"⌴"表示柱形沉孔符号。图中所注表示 3 等分台阶孔，小孔直径⌀5 mm，沉孔直径⌀10 mm，深度 3 mm
	锪平沉孔	3×⌀5 ⌴⌀10	3×⌀5 ⌴⌀10	⌀10 锪平，3×⌀5	"⌴"也为锪平符号。锪孔通常只需锪到不出现毛面即可，一般不标注孔深。图中所注表示 3 等分台阶孔，小孔直径⌀5 mm，锪孔直径⌀10 mm
螺孔	通孔	2×M6-6H	2×M6-6H 通	2×M6-6H	通孔结构表达清楚时，可不必标注"通"；当视图中未表示清楚时可注"通"
	不通孔	2×M6-6H▽8 孔▽10	2×M6-6H▽8 孔▽10	2×M6-6H，8／10	螺孔深度可与螺孔直径连注，也可分开标注，一般需要分别注出螺纹深度及光孔深度

3. 轴套类零件图的尺寸标注方法

轴套类零件的尺寸主要是轴向和径向尺寸，径向尺寸的主要基准是轴线，轴向尺寸的主要基准是该方向上重要的端面。对于多段组合的轴，由于工艺需要一般需要若干个基准，其中有一个最重要的是设计基准。

如图 4-24 所示的零件图中，径向以整体轴线为基准，轴向以 ϕ 44 外圆的左端面为基准（该端面在装配体里起轴向定位作用），轴向的其他尺寸多按该零件的实际加工顺序注出。

> ❗ 轴套类零件上有一些结构，如键槽、退刀槽、倒圆、倒角等均为标准结构。在标注其尺寸时，应查相关附表后按该结构标准尺寸注出。

4.4 轴套类零件的技术要求

现代化的机械工业，要求机械零件具有互换性，这就必须合理地保证零件的表面粗糙度、尺寸精度以及形状位置精度。我国已经制定了相应的国家标准，在生产中必须严格执行和遵守。技术要求通常用符号、代号或标记标注在图形上，或者用简明的文字注写在标题栏附近。

4.4.1 零件的表面结构

1. 零件表面结构的概念

零件的表面结构是指零件表面的微观几何形貌，反映了零件的表面质量。表面结构是表面粗糙度、表面波纹度、表面缺陷和表面几何形状的总称。国家标准 GB/T 131—2006《产品几何技术规范（GPS）技术产品文件中表面结构的表示法》对表面结构的意义、图形符号等做出了规定。

如图 4-30 所示为零件表面结构的几何意义，其中波纹最小的是表面粗糙度轮廓（即 R 轮廓），包络 R 轮廓的峰形成的轮廓是波度轮廓（即 W 轮廓），通过短波滤波器 λ_s 后生成的总轮廓是形状轮廓（即 P 轮廓）。

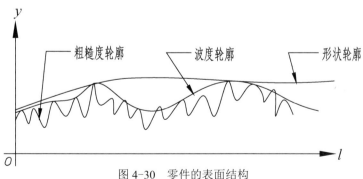

图 4-30 零件的表面结构

国家标准对表面结构的各项要求都给出了相应的指标评定标准，这些轮廓都能在特定的仪器中观察到。在零件的实际加工中，一般用对照块规来比照鉴定，控制加工精度。表面粗糙度参数的使用最为广泛，本单元重点介绍表面粗糙度表示法。

2. 表面粗糙度

1) 表面粗糙度的概念

零件表面上具有较小间距的峰谷所组成的微观几何形状特征称为表面粗糙度,如图 4-31(a) 所示。表面粗糙度参数的大小对于零件的耐磨性、抗腐蚀性以及密封性等都有显著影响,因此是评定零件表面质量的一项重要技术指标。

表面粗糙度与零件的加工方法、刀刃形状及走刀量等各种因素有关。零件在加工过程中,刀具从零件表面上分离材料时的塑性变形、机械振动及刀具与被加工表面的摩擦会产生零件表面微观几何不平整。其危害是降低了零件的耐磨性、抗腐蚀能力,以及零件间的配合质量。不平整程度越大,零件的表面性能越差,反之,则表面性能越高,但加工成本也必将随之增加。因此,在满足使用要求的前提下,应尽量选择较大的表面粗糙度参数值,以降低成本。

2) 表面粗糙度的评定参数

评定零件表面质量的表面结构 R 轮廓参数有两种:轮廓的算术平均偏差 Ra 和轮廓的最大高度 Rz。目前在生产中主要用到的是轮廓的算术平均偏差 Ra。它是在取样长度 l 内,按一定的滤波传输带获得的轮廓,计算轮廓偏距 y 绝对值的算术平均值,用 Ra 表示,如图 4-31(b) 所示。国家标准 GB/T 1031—2009《产品几何技术规范(GPS)表面结构 轮廓法 表面粗糙度参数及其数值》对表面粗糙度的数值及评定等做出了规定。

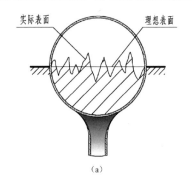
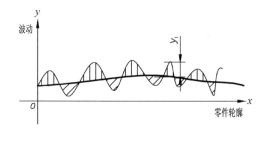

图 4-31 表面粗糙度

轮廓的算术平均偏差 Ra 用公式可表示为:

$$Ra = \frac{1}{l} \int_0^l |y(x)| dx \quad \text{或} \quad Ra \approx \frac{1}{n} \sum_{i=1}^n |y_i|$$

Ra 用电动轮廓仪测量,运算过程由仪器自动完成。Ra 的数值系列见表 4-4 所示,其中单位为 μm。

表 4-4 Ra 的数值

第一系列	0.012	0.025	0.050	0.100	0.20	0.40	0.80
	1.60	3.2	6.3	12.5	25.0	50.0	100
第二系列	0.008	0.010	0.016	0.020	0.032	0.040	0.063
	0.080	0.125	0.160	0.25	0.32	0.50	0.63
	1.00	1.25	2.00	2.50	4.00	5.00	8.00
	10.00	16.00	20.00	32.00	40.00	63.00	80.00

3．表面结构要求的标注符号与代号

对产品表面结构要求的几何量技术规范的符号、代号见表 4-5 所示。

表 4-5　表面结构符号及含义

符号与代号	含　义
 √	基本符号，未指定工艺方法的表面，当通过一个注释解释时可单独使用
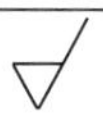 ∇	扩展图形符号，用去除材料的方法获得的表面；仅当其含义是"被加工表面"时可单独使用
 ∇	扩展图形符号，不去除材料的表面；也可用于表示保持上道工序形成的表面，不管这种状况是通过去除材料或不去除材料形成的
 √ ∇ ∇	完整图形符号，当要求标注表面结构特征的补充信息时，应在上述图形符号的长边上加一段横线
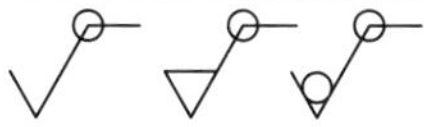 √ ∇ ∇	在上述三个符号上均加一个小圆，表示对投影视图上封闭的轮廓线所表示的各表面有相同的表面粗糙度要求

常见的粗糙度参数 Ra 值的标注方法及其含义，示例于表 4-6 所示。

表 4-6　表面粗糙度参数 Ra 值的标注及含义

代　号	含　义
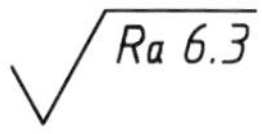 √$Ra\ 6.3$	表示任意加工方法，单向上限值，默认传输带，R 轮廓，算术平均偏差为 6.3 μm，评定长度为 5 个取样长度（默认），"16%规则"（默认）
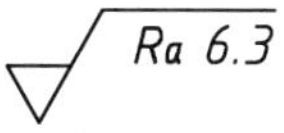 ∇$Ra\ 6.3$	表示去除材料，单向上限值，默认传输带，R 轮廓，算术平均偏差为 6.3 μm，评定长度为 5 个取样长度（默认），"16%规则"（默认）
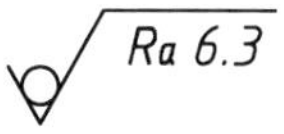 ∇$Ra\ 6.3$	表示不允许去除材料，单向上限值，默认传输带，R 轮廓，算术平均偏差为 6.3 μm，评定长度为 5 个取样长度（默认），"16%规则"（默认）
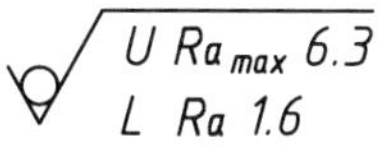 ∇ $U\ Ra_{max}\ 6.3$ $L\ Ra\ 1.6$	表示不允许去除材料，双向极限值，两个极限值使用默认传输带，R 轮廓，上限值：算术平均偏差为 6.3 μm，评定长度为 5 个取样长度（默认），"最大规则"，下限值：算术平均偏差为 1.6 μm，评定长度为 5 个取样长度（默认），"16%规则"（默认）

注：① 表中的传输带是指滤波方式参数。
　　② Ra 符号两字母底线对齐。

4．表面结构要求在零件图上的标注

（1）标注总则：表面结构要求对每一个表面一般只标注一次，并尽可能标注在相应的尺寸及其公差的同一视图上。除非另有说明，所标注的表面结构要求是对完工零件表面的要求。

（2）表面结构的注写和读取方向与尺寸的注写和读取方向一致，如图 4-32 所示。

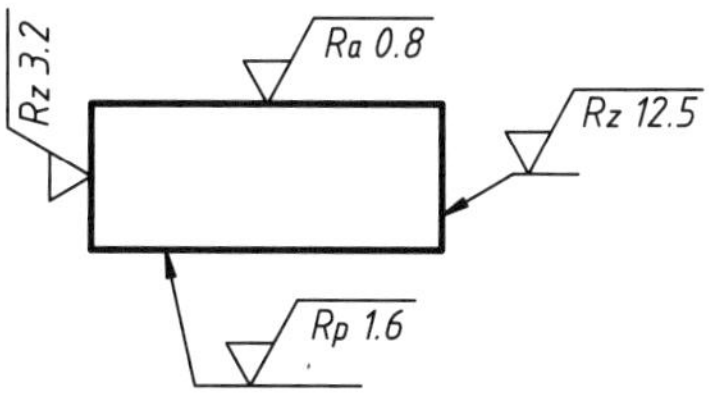

表面结构要求可标注在轮廓线上，其符号应从材料外指向并接触表面。必要时，表面结构符号也可用带箭头或

图 4-32　表面结构要求的注写方向

黑点的指引线引出标注，或直接标注在延长线上，如图 4-33、图 4-34 所示。

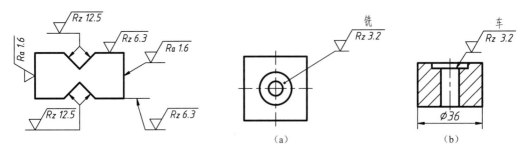

图 4-33　表面结构要求标注在轮廓线、延长线上　　图 4-34　用指引线引出标注表面结构要求

在不至于引起误解时，表面结构要求可以标注在指定的尺寸线上，如图 4-35 所示。

（3）表面结构要求可标注在几何公差框格的上方，如图 4-36 所示。

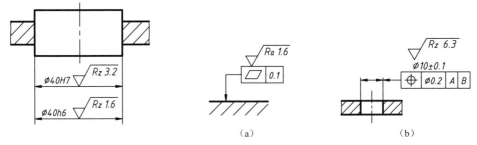

图 4-35　表面结构要求在尺寸线上的标注　　图 4-36　表面结构要求在几何公差框格上方的标注

（4）圆柱和棱柱表面的表面结构要求只标注一次。如每个棱柱表面有不同的表面结构要求，则应分别单独标注，如图 4-37 所示。

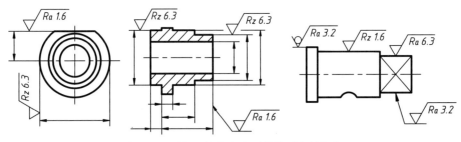

图 4-37　圆柱和棱柱上表面结构要求的标注

（5）简化标注法有以下两种方法。

① 如果工件的多数（包括全部）表面有相同的表面结构要求，则其表面结构要求可统一标注在图样的标题栏附近。表面结构要求的符号后面应该有两种情况，图 4-38 所示为一种简化标注法，但不包括全部表面有相同要求的情况。

② 当多个表面具有相同的表面结构要求或图纸空间有限时可采用简化标注法，如图 4-39 所示。对有相同表面结构要求的表面进行简化标注，可用带字母的完整符号指向零件表面，或表面结构符号指向零件表面，再以等式的形式在图形或标题栏附近对多个表面相同的表面结构要求进行标注。

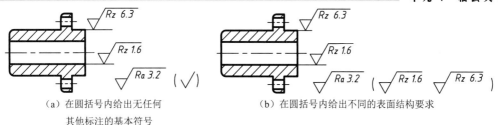

(a) 在圆括号内给出无任何　　　　　　　　　(b) 在圆括号内给出不同的表面结构要求
其他标注的基本符号

图 4-38　表面结构要求的简化注法

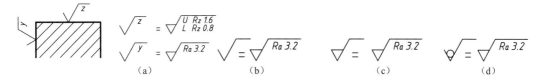

图 4-39　在图纸空间有限时的简化注法

（6）由几种不同的工艺方法获得的同一表面，当需要明确每种工艺方法的表面结构要求时，可按图 4-40 所示进行标注。

（7）常见的机械结构如圆角、倒角、螺纹、退刀槽、键槽的表面结构要求的标注，如图 4-41 所示。

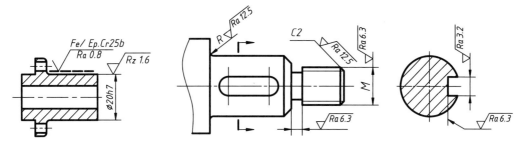

图 4-40　同时给出镀覆前后的　　　　图 4-41　常见的机械结构的表面结构要求的标注
　　　　表面结构要求的标注

5．表面粗糙度参数值的选择

零件表面粗糙度参数值的选用，应该既要满足零件表面的功用要求，又要考虑其经济合理性。选用时要注意以下问题：

（1）在满足零件功用的前提下，尽量选用较大的表面粗糙度数值，以降低生产成本。

（2）在一般情况下，零件的接触表面比非接触表面的粗糙度参数值要小。

（3）受循环载荷的表面及易引起应力集中的表面，表面粗糙度参数值要小。

（4）配合性质相同，零件尺寸小的比尺寸大的表面粗糙度参数值要小；同一公差等级，小尺寸比大尺寸、轴比孔的表面粗糙度参数值要小。

（5）运动速度高、单位压力大的摩擦表面，比运动速度低、单位压力小的摩擦表面的粗糙度参数值小。

（6）要求密封性、耐腐蚀的表面其粗糙度参数值要小。

国家标准 GB/T 6060.1—1997《表面粗糙度比较样块　铸造表面》和 GB/T 6060.2—2006

《表面粗糙度比较样块 磨、车、镗、铣、插及刨加工表面》等标准对表面粗糙度比较样块的定义、制造方法、参数评定等做出了规定，也可作为获得零件要求表面粗糙度时选用加工方法的参考依据。表 4-7 为表面粗糙度值的常用系列及对应的加工方式。

表 4-7　常用加工方式的表面粗糙度值

加 工 方 式	表面粗糙度 Ra 值（μm）
铸造加工	100、50、25、12.5、6.3
钻削加工	12.5、6.3
铣削加工	12.5、6.3、3.2、1.6
车削加工	12.5、6.3、3.2、1.6
磨削加工	3.2、1.6、0.8、0.4、0.2
超精磨削加工	0.1、0.05、0.025、0.012

4.4.2　极限与配合

在日常生活中，自行车或汽车的某个零件坏了，买个新的换上就能很好地满足使用要求，究其原因，是因为这些零件具有互换性。

1．互换性

在批量生产中，相同的一批零件在装配时，无须经过挑选和修配便可装到机器或部件上，并能满足其使用要求，零件的这种性质称为互换性。显然，零件具有互换性可提高机器制造时的装配速度，并便于使用后的维修保养。

为使零件具有互换性，必须保证零件的尺寸、表面粗糙度、几何形状及零件上有关要素的相互位置等技术要求的一致性。就尺寸而言，互换性要求尺寸的一致性，并不是要求零件都准确地制成一个指定的尺寸，而是限定其在一个合理的范围内变动。对于相互配合的零件，一是要求在使用和制造上合理、经济；二是要求保证相互配合的尺寸之间形成一定的配合关系，以满足不同的使用要求。前者要以"极限"的标准化来解决，后者要以"配合"的标准化来解决，由此产生了"极限与配合"制度。

2．尺寸的术语定义

（1）公称尺寸：设计给定的尺寸称为公称尺寸，如图 4-42 中的尺寸ϕ30。

（2）实际尺寸：通过测量所得的尺寸称为实际尺寸（由于存在测量误差，实际尺寸并非真值）。

（3）极限尺寸：允许零件尺寸变化的两个界限值称为极限尺寸。这是以公称尺寸为基数来确定的。两个界限值中较大的一个称为最大极限尺寸，较小的一个称为最小极限尺寸。由此可见，极限尺寸可以大于、小于或等于公称尺寸。

例如，在图 4-42 中，孔的最大极限尺寸为ϕ30.021，最小极限尺寸为ϕ30；轴的最大极限尺寸为ϕ29.993，最小极限尺寸为ϕ29.980。

国家标准 GB/T 1800.1～2—2009《产品几何技术规范（GPS）极限与配合》的两个部分和 GB/T 1801—2009《产品几何技术规范（GPS）极限与配合 公差带和配合的选择》对零件尺寸极限与配合的有关定义、数值等做出了规定。

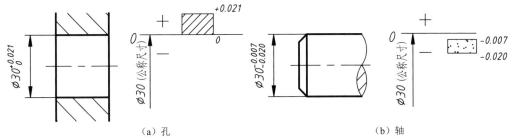

图 4-42 孔和轴的尺寸公差

3．极限偏差与尺寸公差的术语定义

（1）极限偏差：极限尺寸与其公称尺寸的代数差称为极限偏差。极限偏差包括上极限偏差与下极限偏差，其数值可以是正值、负值或零。

上极限偏差=最大极限尺寸-公称尺寸

下极限偏差=最小极限尺寸-公称尺寸

国家标准规定：孔的上极限偏差代号为 ES，孔的下极限偏差代号为 EI；轴的上极限偏差代号为 es，轴的下极限偏差代号为 ei。例如，在图 4-42 中，孔的上极限偏差为+0.021，轴的上极限偏差为-0.007；孔的下极限偏差为 0，轴的下极限偏差为-0.020。

（2）尺寸公差：尺寸的允许变动量称为尺寸公差，简称公差。

尺寸公差=最大极限尺寸-最小极限尺寸=上极限偏差-下极限偏差

尺寸公差一定为正值。例如，在图 4-42 中，孔的公差为 0.021，轴的公差为 0.013。

4．尺寸公差带和公差带图

尺寸公差带即尺寸的允许变动范围的图解形式。

在分析尺寸公差时，可以公称尺寸为基准（俗称为"零线"），用夸大了间距的两条直线表示上、下极限尺寸，这两条直线所限定的区域称为公差带。用这种方法画出的简图称为公差带图。作图方法如下：用零线表示公称尺寸，零线上方为正值，下方为负值，再画出放大后的轴、孔公差带，形成公差带图，如图 4-43 所示。

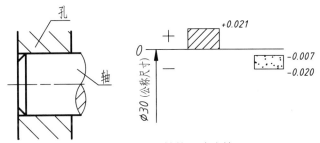

图 4-43 孔和轴的尺寸公差

5．标准公差与基本偏差

在公差带图中，公差带是由"公差带大小"和"公差带位置"两个要素组成的。"公差带大小"由"标准公差"来确定，"公差带位置"由"基本偏差"来确定。

1）标准公差

用以确定公差带大小的任一公差称为标准公差，它是公称尺寸的函数。对于一定的公称尺寸，公差等级愈高，标准公差值愈小，尺寸的精确程度愈高。公称尺寸和公差等级相同的孔与轴，它们的标准公差值相等。国家标准把≤500 mm 的公称尺寸范围分成 13 段，按不同的公差等级列出了各段公称尺寸的公差值，为标准公差，详见附录表 A-17。

国家标准规定标准公差以"IT"表示，公差等级用 01、0、1、2、3…18 表示。其中 01 等级最高，0、1、2…依次降低，标准公差数值则由小到大。

2）基本偏差

用以确定公差带相对于零线位置的上极限偏差或下极限偏差称为基本偏差，一般是指靠近零线的那个偏差。根据实际需要，国家标准分别对孔和轴各规定了 28 个不同的基本偏差，如图 4-44 所示。轴和孔的基本偏差数值见附录表 A-18 和表 A-19。

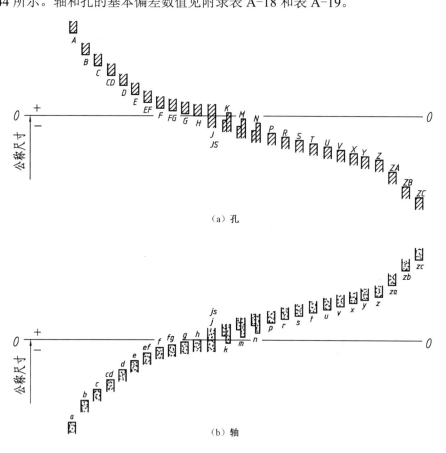

图 4-44 孔、轴的基本偏差系列图

从图 4-44 可知：

（1）基本偏差用英文字母表示，大写字母代表孔，小写字母代表轴。

（2）轴的基本偏差从 a～h 为上极限偏差，从 j～zc 为下极限偏差，js 的上、下极限偏差分别为 $+\dfrac{IT}{2}$ 和 $-\dfrac{IT}{2}$。

（3）孔的基本偏差从 A~H 为下极限偏差，从 J~ZC 为上极限偏差。JS 的上、下极限偏差分别为 $+\dfrac{IT}{2}$ 和 $-\dfrac{IT}{2}$。

（4）轴和孔的另一偏差可根据轴和孔的基本偏差和标准公差，按以下代数式计算。

　　　　轴的上极限偏差（或下极限偏差）：es=ei+IT　　或　ei=es-IT；

　　　　孔的上极限偏差（或下极限偏差）：ES=EI+IT　　或　EI=ES-IT。

3）公差带代号

孔、轴的公差带代号由基本偏差代号和公差等级两部分组成，如图 4-45 所示。

ϕ50H8 的含义是：公称尺寸为 ϕ50，公差等级为 8 级，基本偏差为 H 的孔的公差带。又 ϕ50f7 的含义是：公称尺寸为 ϕ50，公差等级为 7 级，基本偏差为 f 的轴的公差带。

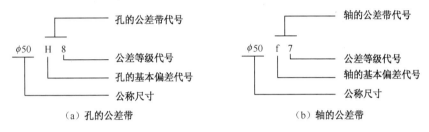

图 4-45　公差代号的含义

6. 配合

在机器装配中，将公称尺寸相同的、相互结合的孔和轴公差带之间的关系称为配合。根据机器的设计要求和生产实际的需要，国家标准将配合分为以下三类，如图 4-46。

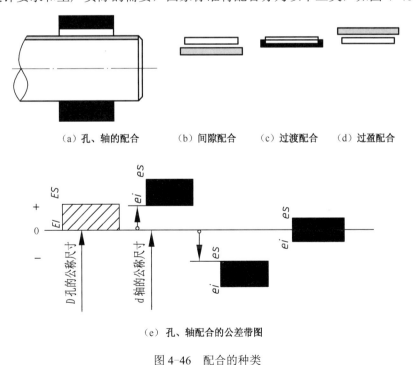

图 4-46　配合的种类

（1）间隙配合：具有间隙（包括最小间隙为零）的配合成为间隙配合。即孔大于轴，间隙配合时，孔的公差带在轴的公差带之上。

由于孔的实际尺寸总比轴的实际尺寸大，轴与孔之间存在间隙，因此轴在孔中能相对运动。

（2）过盈配合：具有过盈（包括最小过盈为零）的配合成为过盈配合。过盈配合时，孔的公差带在轴的公差带之下。

由于孔的实际尺寸总比轴的实际尺寸小，因此在装配时需要一定的外力或使带孔零件加热膨胀后，才能把轴压入孔中，此时轴与孔之间不能产生相对运动。

（3）过渡配合：可能具有间隙或过盈的配合称为过渡配合。过渡配合时的孔、轴公差带相互交叠。

这时轴的实际尺寸比孔的实际尺寸有时小，有时大。它们装在一起后，可能出现间隙，或出现过盈，但间隙或过盈都相对较小。

7．配合制

孔、轴公差带形成配合的一种制度，称为配合制。基准制是指以两个配合零件中的一个为基准件，并选定标准公差带，而改变另一个零件（非基准件）的公差带位置，从而形成各种配合的制度，国家标准中规定了两种配合制：基孔制和基轴制。

1）基孔制

基本偏差为一定的孔的公差带，与不同基本偏差的轴的公差带，构成各种配合的一种制度称为基孔制。这种制度在同一公称尺寸的配合中，是将孔的公差带位置固定，通过变动轴的公差带位置，得到各种不同的配合，如图 4-46 所示。

基孔制的孔称为基准孔。国家标准规定基准孔的下极限偏差为零，"H" 为基准孔的基本偏差代号。

2）基轴制

基本偏差为一定的轴的公差带，与不同基本偏差的孔的公差带，构成各种配合的一种制度称为基轴制。这种制度在同一公称尺寸的配合中，是将轴的公差带位置固定，通过变动孔的公差带位置，得到各种不同的配合，如图 4-46 所示。

基轴制的轴称为基准轴。国家标准规定基准轴的上极限偏差为零，"h" 为基准轴的基本偏差代号。

分析图 4-44 可知：基孔制（基轴制）中，a~h（A~H）用于间隙配合；j~zc（J~ZC）用于过渡配合和过盈配合。

3）优先常用配合

国家标准根据机械工业产品生产使用的需要，考虑到定值刀具、量具的统一，规定了一般用途孔公差带 105 种、轴公差带 119 种，以及优先选用的孔、轴公差带。国家标准还规定轴、孔公差带中组合成基孔制的常用配合 59 种、优先配合 13 种；组合成基轴制的常用配合 47 种、优先配合 13 种，如表 4-8 和表 4-9 所示。应尽量选用优先配合和常用配合。

单元 4 轴套类零件

表 4-8 基孔制常用配合和优先配合

基准孔	轴																				
	a	b	c	d	e	f	g	h	js	k	m	n	p	r	s	t	u	v	x	y	z
	间 隙 配 合								过渡配合				过 盈 配 合								
H6						H6/f5	H6/g5	H6/h5	H6/js5	H6/k5	H6/m5	H6/n5	H6/p5	H6/r5	H6/s5	H6/t5					
H7						H7/f6	H7/g6	H7/h6	H7/js6	H7/k6	H7/m6	H7/n6	H7/p6	H7/r6	H7/s6	H7/t6	H7/u6	H7/v6	H7/x6	H7/y6	H7/z6
H8					H8/e7	H8/f7	H8/g7	H8/h7	H8/js7	H8/k7	H8/m7	H8/n7	H8/p7	H8/r7	H8/s7	H8/t7	H8/u7				
				H8/d8	H8/e8	H8/f8		H8/h8													
H9			H9/c9	H9/d9	H9/e9	H9/f9		H9/h9													
H10			H10/c10	H10/d10		H10/f10															
H11	H11/a11	H11/b11	H11/c11	H11/d11		H11/f11															
H12		H12/b12				H12/f12															

注：① H6/n5、H7/p6 在公称尺寸小于或等于 3 mm 和 H8/r7 在小于或等于 100 mm 时，为过渡配合。

② 标注 ▼ 的配合为优先配合。

表 4-9 基轴制常用配合和优先配合

基准孔	轴																				
	A	B	C	D	E	F	G	H	JS	K	M	N	P	R	S	T	U	V	X	Y	Z
	间 隙 配 合								过渡配合				过 盈 配 合								
h5						F6/h5	G6/h5	H6/h5	JS6/h5	K6/h5	M6/h5	N6/h5	P6/h5	R6/h5	S6/h5	T6/h5					
h6						F7/h6	G7/h6	H7/h6	JS7/h6	K7/h6	M7/h6	N7/h6	P7/h6	R7/h6	S7/h6	T7/h6	U7/h6				
h7					E8/h7	F8/h7		H8/h7	JS8/h7	K8/h7	M8/h7	N8/h7									
h8				D8/h8	E8/h8	F8/h8		H8/h8													
h9				D9/h9	E9/h9	F9/h9		H9/h9													
h10				D10/h10				H10/h10													
h11	A11/h11	B11/h11	C11/h11	D11/h11				H11/h11													
h12		B12/h12						H12/h12													

注：标注 ▼ 的配合为优先配合。

> 一般情况下优先采用基孔制。因为在一般情况下孔的加工、测量难度都比轴来得大，这样可以限制定值刀具、量具的规格和数量。基轴制通常仅用于有明显经济效果和结构设计要求不适合采用基孔制的场合。例如，使用一根冷拔的圆钢作轴，轴与几个具有不同公差带的孔配合，此时轴就不另外进行机械加工。一些标准滚动轴承的外环与孔的配合，

181

也采用基轴制。

另外，在保证使用要求的前提下，为减少加工工作量，应当使选用的公差为最大值。加工孔较困难，一般在配合中选用孔比轴低一级的公差等级，如 H8/h7。

8．极限与配合的标注

1）在装配图中的标注方法

配合的代号由两个相互结合的孔和轴的公差带的代号组成，用分数形式表示，分子为孔的公差带代号，分母为轴的公差带代号，标注的通用形式如图 4-47（a）所示。

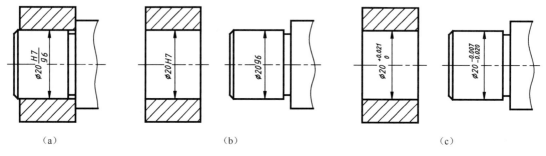

图 4-47　配合与极限的标注（1）

2）在零件图中的标注方法

（1）标注公差带的代号，如图 4-47（b）所示。这种注法可与采用专用量具检验零件统一起来，以适应大批量生产的要求。它不需要标注偏差数值。

（2）标注偏差数值，如图 4-47（c）所示。上（下）极限偏差注在公称尺寸的右上（下）方，偏差数字应比公称尺寸数字小一号。当上（下）极限偏差数值为零时，可简写为"0"，另一偏差仍标在原来的位置上，如图 4-47（c）所示。如果上、下极限偏差的数值相同，则在公称尺寸数字后标注"±"符号，再写上极限偏差数值。这时数值的字体与公称尺寸字体同高，如图 4-48（a）所示。这种注法主要用于小批量或单件生产，以便加工和检验时减少辅助时间。

（3）公差带代号和偏差数值一起标注，如图 4-48（c）所示。

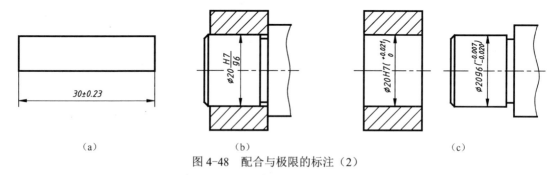

图 4-48　配合与极限的标注（2）

实例 15　识读图 4-49 所示图样上的公差，并查表获取公差值、基准制及属于何种配合类型。

配合尺寸 ϕ14H7/p6，指公称尺寸为 ϕ14 的孔与公称尺寸为 ϕ14 的轴的配合，查表 4-8 可知该配合为基孔制下的过盈配合；在夹具体零件图上应标注尺寸ϕ14H7，查附录表 A-19 得上极限偏差为+0.018，下极限偏差为 0，因为靠近 0 线的为基本偏差，所以这里下极限偏差是基本偏差，公差为 0.018；在定位支撑零件图上应标注ϕ14p6，查附录表 A-18 得上极限偏差为+0.029，下极限偏差为+0.018；同理，查表得下极限偏差为基本偏差，公差为 0.011。

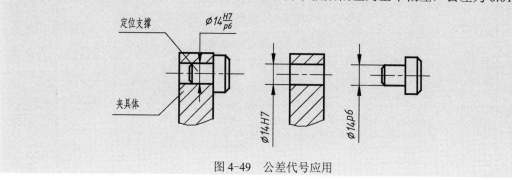

图 4-49　公差代号应用

4.4.3　几何公差

产品的质量不仅需要通过表面粗糙度、尺寸公差来保证，还需要用零件的几何形状和构成零件几何要素（点、线、面）的相对位置的准确度来保证。几何公差也是评定产品质量的一项重要技术指标，它由形状公差和位置公差两部分组成。为此，国家标准 GB/T 1182—2008《产品几何技术规范（GPS）几何公差　形状、方向、位置和跳动公差标注》对工件几何公差的标注要求和方法等做出了规定。在零件图上，对零件有几何公差要求的要素，均应按标准中规定的代号加以标注。

几何公差和表面结构、极限与配合共同成为评定产品质量的重要技术指标。

1．几何公差的基本概念

零件上的要素是指工件上的特定部位，如点、线或面。这些要素可以是组成要素（如圆柱体的外表面），也可以是导出要素（如中心线或中心面）。

（1）被测要素：给出了几何公差的要素。
（2）基准要素：用来确定被测要素的方向、位置或跳动的要素。
（3）单一要素：仅对本身给出形状公差的要素。
（4）关联要素：对其他要素有功能关系的要素。
零件的几何公差可具体分成以下四类：
（1）形状公差：指单一要素的形状所允许的变动全量。
（2）方向公差：关联实际要素对基准在方向上允许的变动全量。
（3）位置公差：关联实际要素对基准在位置上允许的变动全量。
（4）跳动公差：关联实际要素绕基准回转一周或连续回转时所允许的最大跳动量。

2．几何公差符号

几何公差的几何特征和符号如表 4-10 所示。

表 4-10 几何公差的符号

公差类型	几何特征	符号	基准	公差带
形状公差	直线度	—	无	两平行直线；两平行平面；圆柱面
	平面度	▱	无	两平行平面
	圆度	○	无	两同心圆
	圆柱度	⌭	无	两同轴圆柱面
	线轮廓度	⌒	无	两包络线（等距曲线）
	面轮廓度	⌓	无	两包络面（等距曲面）
方向公差	平行度	∥	有	两平行平面；圆柱面
	垂直度	⊥	有	两平行平面；圆柱面
	倾斜度	∠	有	两平行平面；圆柱面
	线轮廓度	⌒	有	两包络线（等距曲线）
	面轮廓度	⌓	有	两包络面（等距曲面）
位置公差	位置度	⌖	有或无	圆、球、两平行直线（平面）、圆柱面
	同心度（用于中心点）	◎	有	圆
	同轴度（用于轴线）	◎	有	圆柱面
	对称度	═	有	两平行平面
	线轮廓度	⌒	有	两包络线（等距曲线）
	面轮廓度	⌓	有	两包络面（等距曲面）
跳动公差	圆跳动	↗	有	两同心圆
	全跳动	↗↗	有	两同轴圆柱面；两平行平面

3．几何公差代号及其标注

1）几何公差代号

几何公差代号由框格和带指示箭头的指引线组成，如图 4-50（a）所示。

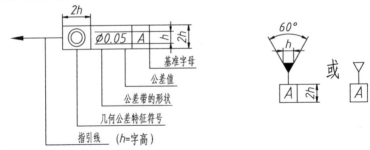

（a）几何公差代号　　　　　　　　　　（b）基准符号

图 4-50　几何公差代号及基准符号

2)基准符号

对有方向公差、位置公差及跳动公差要求的零件,应标注基准符号,如图 4-50(b)所示。表示基准的字母用大写英文字母表示,其中 E、F、I、J、M、O、P、L、R 不能采用。

3)几何公差在图样上的标注

在图样中,几何公差一般采用代号标注。当无法采用代号标注时,允许在技术要求中用文字说明。

(1)被测要素或基准要素为线或表面时的标注:当被测要素或基准要素为线或表面时,指引线箭头应指向该要素的轮廓线或其引出线上,并应明显地与尺寸线错开,如图 4-51 所示。

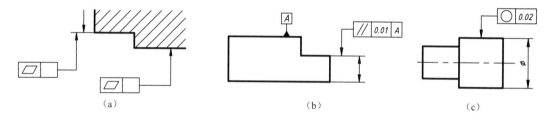

图 4-51 几何公差的标注(1)

(2)被测要素或基准要素指向实际表面时的标注:当被测要素或基准要素指向实际表面时,箭头或基准符号可置于带点的参考线上,该点定向在实际表面上,如图 4-52 所示。

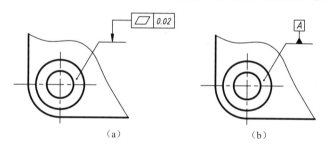

图 4-52 几何公差的标注(2)

(3)被测要素或基准要素为轴线、对称中心面或球心时的标注:当被测要素或基准要素为轴线、对称中心面或球心时,指引线箭头或基准代号上的连线与该要素的尺寸线对齐,如图 4-53 所示。

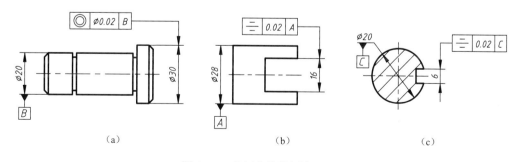

图 4-53 几何公差的标注(3)

（4）同一被测要素有多项几何公差要求标注：当同一被测要素有多项几何公差要求标注时，框格可绘制在一起，并共用一条指引线，如图 4-54（a）所示。

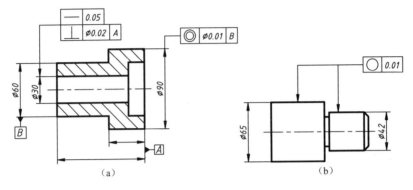

图 4-54　几何公差的标注（4）

（5）多个被测要素有同一几何公差要求标注：当多个被测要素有同一几何公差要求标注时，如果位置合适，可共用一个框格，并从指引线上引出多个箭头指向被测要素，如图 4-54（b）所示。

实例 16　对图 4-55 所示的柱塞套零件图上的几何公差进行标注。具体标注见图上。

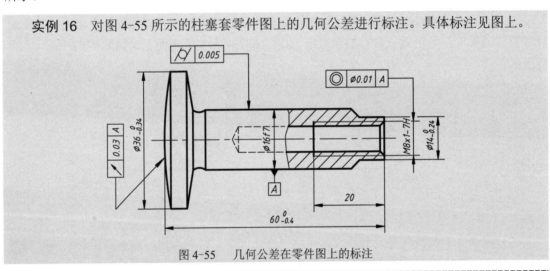

图 4-55　几何公差在零件图上的标注

> 作为评定一个产品质量的重要技术指标，除了表面结构、极限与配合及几何公差三项外，还常常包括对零件物理、化学性能方面的要求，如对材料热处理和表面处理等方面的要求。此类要求一般会写在文字性的技术要求中，通常靠近标题栏放置。比如：
> （1）热处理要求：淬火、调质、正火、回火等。
> （2）表面处理要求：发黑、发蓝；镀铬、镀镍；渗碳、渗氮等。

4.4.4　轴套类零件常见的技术要求

1. 轴类零件上的技术要求

轴通常是由支承轴颈支承在机器的机架或箱体上，实现运动传递和动力传递的功能。支

承轴颈表面的精度及其与轴上传动件配合表面的位置精度,对轴的工作状态有直接的影响。因此,轴类零件的技术要求通常包含以下几个方面。

(1) 表面粗糙度:这是根据轴运转速度和尺寸精度等级决定的。配合轴颈的表面粗糙度 Ra 值为 $3.2\sim0.8\ \mu m$,支承轴颈的表面粗糙度 Ra 值为 $0.8\sim0.2\ \mu m$。

推荐:回转配合面粗糙度要求较高,一般为 $Ra1.6$、$Ra0.8$ 等;端面次之,装配接触面常为 $Ra3.2$,其他要求较低;键槽的两侧面要求一般为 $Ra3.2$,底面为 $Ra6.3$;螺纹结构无特殊要求时默认值为 $Ra6.3$;其他无特殊要求时可在图纸右下角集中标注"$Ra12.5$"或"$Ra6.3$"。

(2) 尺寸公差:主要指直径和长度的尺寸精度。这主要由使用要求和配合性质确定:对主要支承轴颈,直径尺寸公差等级可为 IT6~IT9;对特别重要的轴颈,可为 IT5。长度尺寸要求一般不严格,常按未注公差尺寸加工,要求高时可允许偏差为 $50\sim200\ \mu m$。**注意**:零件的尺寸公差必须依据所在装配图的配合要求才能进行标注。

(3) 几何公差:该类零件的形状公差主要是指支承轴颈的圆度、圆柱度,一般应将其控制在尺寸公差范围内,对精度要求高的轴应在图样上标注其形状公差。位置公差主要指装配传动件的配合轴颈相对装配轴承的支承轴颈的同轴度、圆跳动及端面对轴心线的垂直度等。普通精度的轴,配合轴颈对支承轴颈的径向圆跳动一般为 $10\sim30\mu m$,高精度的为 $5\sim10\mu m$。

(4) 其他要求:为改善轴类零件的切削加工性能或提高综合力学性能及其使用寿命,必须根据轴的材料和使用要求,规定相应的热处理要求,如调质处理、淬火等。

> 想想看,什么叫做零件的"支承轴颈",什么叫"凸缘"?如果不明白的话,可以去装配车间看看,看看轴、套是怎么安装到一个具体的机器中去的。到时候,你就会明白它们的含义了。

2. 套类零件上的技术要求

套类零件的外圆表面多以过盈配合或过渡配合与机架或箱体孔配合起支承作用,内孔起导向作用或支承作用,有的套端面或凸缘端面起定位或承受载荷作用。其主要技术要求如下:

(1) 表面粗糙度:孔的表面粗糙度值为 $Ra1.6\sim0.16\ \mu m$,要求高的精密套筒可达 $Ra0.04\ \mu m$,外圆表面粗糙度值为 $Ra3.2\sim0.63\ \mu m$。

(2) 尺寸公差:孔是套筒类零件起支承或导向作用的最主要表面,通常与运动的轴、刀具或活塞相配合。孔的直径尺寸公差等级一般为 IT7,要求较高的轴套可取 IT6,要求较低的通常取 IT9。外圆是套类零件的支承面,常以过盈配合或过渡配合与箱体或机架上的孔相连接。外径尺寸公差等级通常取 IT6~IT7。

(3) 几何公差:对于较长的套筒,除了圆度要求以外,还应注意孔的圆柱度。当孔的最终加工是将套筒装入箱体或机架后进行时,套筒内外圆的同轴度要求较低;若最终加工是在装配前完成的,则同轴度要求较高,一般为 $\phi0.01\sim\phi0.05$ mm。套筒的端面(包括凸缘端面)若在工作中承受载荷,或在装配和加工时作为定位基准,则端面与孔轴线的垂直度要求较高,一般为 $0.01\sim0.05$ mm。

> 轴类零件常用的毛坯是圆棒料、锻件或铸件等。对于外圆直径相差不大的轴,一般以棒料为主;而对于外圆直径相差大的阶梯轴或重要轴,常选用锻件;对某些大型或结构复杂的轴(如曲轴)则采用铸件。

轴类零件在机械加工前、后和过程中，一般均需安排一定的热处理工序。在机械加工前对毛坯进行热处理的目的，主要是改善材料的切削加工性、消除毛坯制造过程中产生的内应力。在机械加工过程中的热处理，主要是为了在各个加工阶段完成后，消除内应力，以利于后续加工工序，保证加工精度。在终加工工序前的热处理，目的是为了达到要求的表面力学物理性能，同时也消除内应力。

轴类零件主要表面是外圆表面，其主要加工方法是车削和磨削，使用的刀具为车刀和砂轮。某些精度和表面质量要求很高的关键性零件，常常需要在精加工之后再进行精密加工。而套类零件一般用钢、铸铁、青铜或黄铜制成，其主要加工表面为内孔和外圆。外圆的加工基本和轴类零件的加工相类似，而内孔表面的加工方法较多，常用的有钻孔、扩孔、铰孔、镗孔、磨孔等。

4.5 轴套类零件的识读与造型

4.5.1 识读轴套类零件图

1．看零件图的要求

看零件图时，应达到如下要求：
（1）了解零件的名称、材料和用途；
（2）了解组成零件各部分结构形状的特点、功用，以及它们之间的相对位置；
（3）了解零件的制造方法和技术要求。

2．阅读轴套类零件图的步骤

下面以如图 4-56 所示的泵轴零件图为例，来介绍阅读零件图的方法和步骤。

综合实例 3　阅读泵轴零件图

1）看标题栏
从标题栏中了解零件的名称（泵轴）、材料（45 钢）、比例（1∶1）等。

2）表达方案分析
一般可按下列顺序进行分析：
（1）找出主视图；
（2）有多少其他视图和剖视、断面等，找出它们的名称、相互位置和投影关系；
（3）凡有剖视、断面处要找到剖切平面位置；
（4）有局部视图和斜视图处，必须找到表示投影部位的字母和表示投影方向的箭头；
（5）有无局部放大图及简化画法。
分析本图可知：该泵轴零件图由主视图、两个移出断面图、两个局部放大图组成。其中以主视图为主表达主体结构，并用一处局部剖视表示出一个 $\phi 5$ 孔为通孔结构；两个移出断面图分别表示了键槽的深度及另一处 $\phi 5$ 孔（通孔）；两个局部放大图则清楚地表示出两处越程槽的结构。

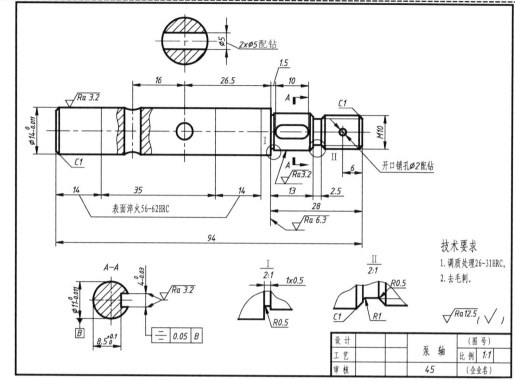

图 4-56 泵轴零件图

3）读出零件结构

细读各个视图，这时可利用形体分析或线面分析法识读具体零件上各部分的细节。

（1）先看大致轮廓，再分几个较大的独立部分进行形体分析，逐一看懂；

（2）对外部结构逐个分析；

（3）对内部结构逐个分析。

分析本图可知：该零件为一个很典型的轴类零件，视图表达采用加工位置原则。其主体结构由左往右依次是：$\phi14$ 圆柱（该段中有两个相互垂直的 $\phi5$ 通孔）、$\phi11$ 圆柱（该段中有一个键槽及台阶根部越程槽）、M10 粗牙螺纹（该段中有一个 $\phi2$ 的通孔及螺纹退刀槽），轴的两端面分别有 $1\times45°$ 倒角。

4）尺寸分析

结合尺寸可进一步了解零件上各结构的具体情况。

（1）形体分析和结构分析，了解定形尺寸和定位尺寸；

（2）据零件的结构特点，了解基准和尺寸标注形式；

（3）了解功能尺寸与非功能尺寸；

（4）了解零件总体尺寸。

分析本图可知：该零件的径向尺寸基准是整体轴线；轴向尺寸基准是 $\phi11$ 圆柱的左端面。轴向尺寸链分析如图 4-57 所示。从该图中可以看出，该零件的加工主要为车外圆及端面、钻孔及铣键槽，因此它的轴向尺寸是分上下两侧进行标注的，便于看图和测量。从 $\phi11$ 圆柱的左端面起第一链 94、28；第二链 28、13、2.5、6；第三链 14、35、14、16、26.5。

每个链中均有一个开环结构。其中第三链中结合文字说明可知，$\phi14$ 圆柱上两侧需进行特殊的热处理。装开口销 $\phi2$ 的孔是要等该轴装配好后才进行钻孔的。

在 $A-A$ 断面图中，$\phi14$ 圆柱上键槽的宽度为 4，深度为 $11-8.5=2.5$，键槽长 10 则从主视图中查得。另一处的断面图则说明 $\phi14$ 圆柱上 2 处 $\phi5$ 的通孔实际上是在装配好后才钻孔的。

另外，两处局部放大图很清楚地显示了键槽处的越程槽、开口销处的螺纹退刀槽的详细尺寸。注意，这两处结构均为标准结构。

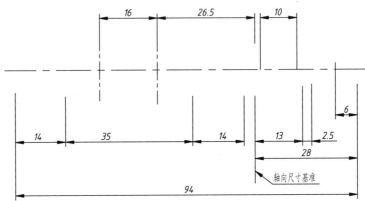

图 4-57　泵轴的轴向尺寸链分析

5）技术要求分析

（1）表面粗糙度：要求高的是 $\phi14$ 圆柱面、键槽两侧面及 $\phi11$ 圆柱面，均为 $Ra3.2$；$\phi14$ 圆柱右端台阶面为 $Ra6.3$，其余所有表面的表面粗糙度都为 $Ra12.5$。

（2）尺寸公差：$\phi14_{-0.011}^{0}$，查表可知其公差带代号为 h6。查键槽尺寸（见附录表 A-13）对比可知，该轴与键为较松键连接。

（3）几何公差：由 $A-A$ 断面图可知，键槽宽度 4 的对称平面相对于 $\phi11$ 圆柱轴线有一对称度要求，其公差值为 0.05。

（4）其他方面：该零件 $\phi14$ 圆柱段要求有局部的表面淬火处理，其他部分需进行调质处理。

6）综合归纳

图 4-58　泵轴的三维造型

把零件的结构形状、尺寸标注、工艺和技术要求等内容综合起来，就能了解零件的全貌，也就看懂了零件图。图 4-58 所示为泵轴的三维造型。

在零件图上标注尺寸时，除了选择合理的尺寸基准外，还要考虑尽量适合工艺流程的尺寸链方案，使所设计的零件既满足装配体运行需要又具有良好的工艺性能。一组互相联系且按一定顺序排列的封闭尺寸组合称为尺寸链，其中由加工过程中各有关工艺尺寸所组成的尺寸链称为工艺尺寸链，由零件装配过程中各有关装配尺寸所组成的尺寸链称为装配尺寸链。

在图 4-57 所示的泵轴的三个轴向尺寸链中，每个尺寸链中有一个开口环，标注时应取该尺寸链中最次要的尺寸作为开口环尺寸，且该尺寸不标注。

单元 4 轴套类零件

按照前面所讲的方法,来识读一下图 4-59 所示的支撑柱零件图吧!请具体分析一下该零件的类别、视图表达、尺寸及重要的技术要求。

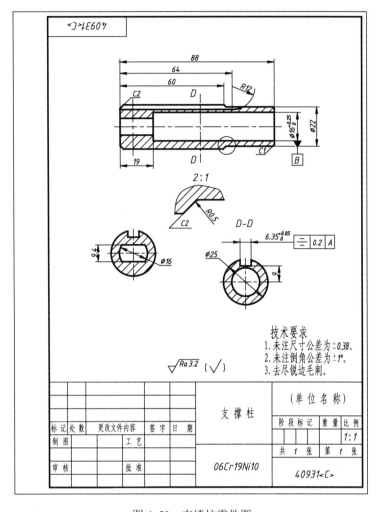

图 4-59 支撑柱零件图

4.5.2 轴套类零件的造型

1. 三维绘图工作界面与坐标系

较高版本的 AutoCAD 不仅具有强大的二维绘图功能,而且还具备很强的三维绘图功能。与二维图形相比,三维图形更能清楚地表达设计者的意图,它可以让观察者从不同角度来观察和操作对象,并可以通过赋予材质和渲染功能生成逼真的三维效果图,也可以直接从三维模型得到物体的多个二维投影图。

AutoCAD 支持三种类型的三维模型:线框模型、表面模型和实体模型。每种模型都有自己的创建方法和编辑技术。其中实体模型不仅具有线和面的特征,而且还具有体的特征,各实体对象间可以进行各种布尔运算操作,从而可创建复杂的三维实体模型。此外,由于消隐

和渲染技术的运用，可以使实体具有很好的可视性，因而实体模型广泛地应用于机械、广告设计和三维动画等领域。本书以三维实体建模为主进行零件造型。

1）三维建模工作界面

"AutoCAD 经典"工作界面是 AutoCAD 的传统界面，它既可用于二维绘图，也可用于三维建模和渲染，只要在二维界面的基础上增加一些常用的三维工具栏即可获得三维建模工作界面，这种三维建模工作界面非常实用。另外，用户也可直接使用 AutoCAD 本身自带的"三维建模"工作界面。

三维建模常用的工具栏有："建模"、"视图"、"视觉样式"、"动态观察"等，如图 4-60 所示。将它们调出后放在传统工作界面的适当位置，然后单击工作界面下方（状态栏）右侧的"切换工作空间"按钮，在弹出的对应菜单中，选择"将当前工作空间另存为"选项，在弹出的"保存工作空间"对话框中输入新建工作界面的名称，单击"保存"按钮。以后只需通过按钮调用该工作界面，无需另行设置。

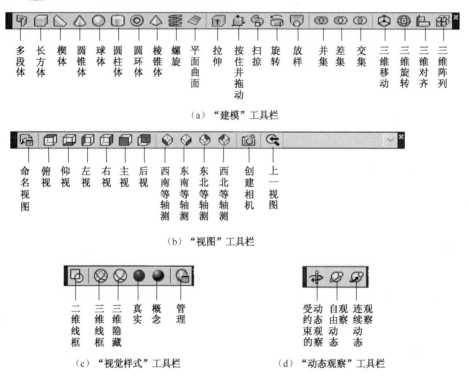

图 4-60　三维建模常用的工具栏

2）坐标系

在 AutoCAD 中，坐标系包括世界坐标系（WCS）和用户坐标系（UCS）两种类型。世界坐标系是系统默认的二维图形坐标系，其原点及坐标轴的方向固定不变，不能满足三维建模的需要。因为绝大多数三维图形的绘制常常需要绘制一些二维特征图形，而二维绘图命令只在 XY 或与 XY 平行的面内有效，因此在绘制三维图形时，经常要建立和改变用户坐标系来绘制不同面上的平面图形。

用户坐标系是通过变换坐标系原点及方向形成的，可根据需要随意更改坐标系原点及方向。要创建新的用户坐标系,可在命令行中输入"UCS"命令或单击"UCS"工具栏(见图 4-61)中的命令按钮,然后根据提示进行操作即可。

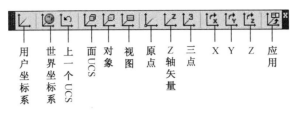

图 4-61　UCS 工具栏

命令: UCS↙
当前 UCS 名称: *世界*
指定 UCS 的原点或 [面(F)/命名(NA)/对象(OB)/上一个(P)/视图(V)/世界(W)/X/Y/Z/Z 轴(ZA)] <世界>:

2. 三维模型的观察方法

在三维建模环境中,为了创建和编辑三维图形各部分的结构特征,需要不断地调整显示方式和视图设置,以更好地观察三维模型。AutoCAD 提供了多种观察三维视图的方法,这里仅介绍常用的观察三维模型的方法。

1)通过视图方式查看三维图形

AutoCAD 提供了 10 种视图样式,可通过选择菜单"视图"→"三维视图"子菜单中的各个视图命令选项,或通过单击图 4-60(b)所示的"视图"工具栏的按钮来实现这些视图样式的切换。其中,俯视、仰视、主视、左视、右视、后视为 6 个方向的平面视图,西南等轴测、东南等轴测、东北等轴测、西北等轴测为 4 个方位的正等测轴测图(示例见图 4-62),其中"西南等轴测视图"相当于机械制图中正等测轴测图的效果。

(a)西南等轴测　　　(b)东南等轴测　　　(d)东北等轴测　　　(d)西北等轴测

图 4-62　"视图"工具栏中的四种等轴测视图效果

> 在 AutoCAD 三维绘图中往往需要首先绘制平面特征视图,再通过拉伸、旋转、扫掠等建模命令创建成三维实体。此时,特征视图必须在当前 UCS 的 XY 平面或与该 XY 平面平行的平面上进行绘制。如果当前 UCS 的 XY 平面与绘图平面不平行,则需要重新定义 UCS 坐标系,使新建 UCS 的 XY 平面与绘图平面平行。
>
> "视图"工具栏中的六个平面视图提供了常用的不同方向的 XY 平面,且用户坐标系中的 XY 平面与绘图屏幕平行,非常有利于特征视图的绘制。因此在三维绘图中经常通过切换平面视图来绘制不同的图形,并据此来创建三维实体。

2）用 View Cube 操控器查看三维图形

View Cube 操控器可以根据需要快速调整模型的视点，用户可以用它在模型的平面视图和多种轴测视图之间进行切换。该操控器有一个非常直观的 3D 导航立方体，如图 4-63 所示，单击该立方体的角点、边线和表面可以得到不同的观察效果。单击操控器上方的图标 ，可以将视图恢复到西南等轴测状态。

图 4-63　View Cube 操控器

3）用三维动态观察器查看三维图形

AutoCAD 提供了一个交互的三维动态观察器，该命令可以在当前视图窗口中创建一个三维视图，用户可以使用鼠标来实时地控制和改变这个视图以得到不同的观察效果。使用三维动态观察器，既可以看整个图形，也可以查看模型中任意的对象。三维动态观察器有以下三种观察类型。

（1）受约束的动态观察：可以对视图中的图形进行一定约束的动态观察，即水平、垂直或对角拖动对象进行动态观察；

（2）自由动态观察：可以对视图中的图形进行任意角度的动态观察，如图 4-64 所示；

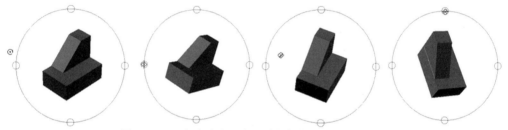

图 4-64　"自由动态观察"时鼠标位置与形状的关系

（3）连续动态观察：可以使观察对象绕旋转轴做连续旋转运动，从而对其进行连续动态的观察。

3. 视觉样式

在 AutoCAD 中，有时需要在线框模式下编辑实体对象，如绘制平面图形或捕捉实体的点、线等，特别是要创建更加逼真的模型图像。除此之外，有时还需要对三维实体对象进行着色处理，以增加色泽感。这些都是通过 AutoCAD 中的"视觉样式"工具来实现的，单击"视觉样式"工具栏中的按钮，或选择菜单"视图"→"视觉样式"下的子命令选项均可实现此功能。在 AutoCAD 中，有以下 5 种默认的视觉样式。

（1）二维线框视觉样式：显示用直线和曲线表示边界的对象。该样式没有透视投影视图，没有 View Cube 操控器，示例如图 4-65 所示。

（2）三维线框视觉样式：显示用直线和曲线表示边界的对象。该样式有透视投影视图，有 View Cube 操控器。

（3）三维隐藏视觉样式：显示用三维线框表示边界的对象，并隐藏不可见的轮廓线，示例如图 4-66 所示。

（4）真实视觉样式：着色多边形平面间的对象，并使对象的边平滑化，并显示已附着到对象的材质，示例如图 4-67 所示。

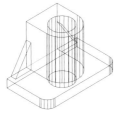  

图 4-65　二维线框视觉样式　　　图 4-66　三维隐藏视觉样式　　　图 4-67　真实视觉样式

（5）概念视觉样式：着色多边形平面间的对象，并使对象的边平滑化。着色使用古氏面样式，这是一种冷色和暖色之间的过渡，而不是从深色到浅色的过渡，其效果缺乏真实感，但可以更方便地查看模型的细节，示例如图 4-68 所示。

4．三维实体的创建方法

AutoCAD 提供了多种创建三维实体模型的方法，用户既可直接创建如多段体、长方体、球体、圆柱体等基本形状的三维实体，也可通过对二维对象的拉伸、旋转等操作来建模。

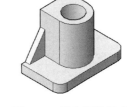

图 4-68　概念视觉样式

1）创建基本实体

在 AutoCAD 实体建模中涉及的基本实体包括：圆柱体、圆锥体、球体、长方体、棱锥体、楔体、圆环体和多段体等。选择菜单"绘图"→"建模"下的各命令选项或单击"建模"工具栏中的命令按钮，然后按命令行的提示进行操作可创建基本实体。

2）用拉伸方法创建实体

利用拉伸命令可将二维对象沿指定的高度或路径拉伸为三维实体。二维对象可以是多段线、多边形、矩形、园等，但必须是一个闭合的整体性对象。如果该二维对象是由多个线段构成的非整体性对象，则需要用编辑多段线命令"PEDIT"将其转换为封闭的多段线，或用面域命令"REGION"将它们变成一个面域，然后才能拉伸。

选择菜单"绘图"→"建模"→"拉伸"命令，或单击"建模"工具栏的"拉伸"按钮，或在命令行输入"EXTRUDE"命令，均可调用拉伸命令。拉伸命令启动后，命令行提示及操作如下：

命令： _extrude↙

当前线框密度： ISOLINES=3

选择要拉伸的对象： 选择要拉伸的对象，如图 4-69（a）所示，按 Enter 键结束对象选择。

指定拉伸的高度或 [方向（D）/路径（P）/倾斜角（T）] <30.0000>： 输入拉伸的高度值，结果如图 4-69（b）所示。如输入正值则沿对象所在坐标系的 Z 轴正向拉伸对象，如输入负值则沿 Z 轴负向拉伸对象。

（a）拉伸前　　　　　　　　　　　（b）拉伸后

图 4-69　拉伸示例

3）用旋转方法创建实体

利用旋转命令可将二维对象绕指定的旋转轴旋转为三维实体。该旋转对象的要求与拉伸对象的要求相同。另外，旋转对象必须位于旋转轴的同一侧。

选择菜单"绘图"→"建模"→"旋转"命令，或单击"建模"工具栏的"旋转"按钮，或在命令行输入"REVOLVE"命令，均可调用旋转命令。旋转命令启动后，命令行提示及操作如下：

命令： _revolve✓

当前线框密度： ISOLINES=3

选择要旋转的对象： 选择要旋转的对象，如图4-70（a）所示的闭合线框，按Enter键结束对象选择。

指定轴起点或根据以下选项之一定义轴 [对象（O）/X/Y/Z] <对象>： 指定旋转轴的起点，如图4-70（a）中的A点。

指定轴端点： 指定旋转轴的终点，如图4-70（a）中的B点。

指定旋转角度或 [起点角度（ST）] <360>： 输入旋转的角度（默认为360°），直接按Enter键，结果如图4-70（b）所示。

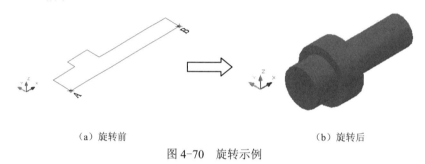

（a）旋转前　　　　　　　　　　　（b）旋转后

图4-70　旋转示例

> 除此之外，三维建模的方法还有扫掠、放样等。其中，通过绕轴扫掠二维对象来创建三维实体或曲面的方法称为扫掠；在若干横截面之间的空间中创建三维实体或曲面的方法称为放样。利用这两种建模命令可生成相对较复杂的三维实体。

5. 布尔运算

布尔运算可将多个形体组合为一个形体，从而实现一些特殊的造型，如孔、槽、凸台等特征都是执行布尔运算组合而成的新特征。该运算命令包括"并集"、"差集"、"交集"三种，利用它们可以创建一些复杂的三维实体。

1）并集

并集运算是将两个或两个以上的实体对象合并成为一个新的对象。执行并集操作后，原来各实体相互重合的部分变为一体，使其成为无重合的实体。

选择菜单"修改"→"实体编辑"→"并集"命令，或单击"建模"工具栏的"并集"按钮，或在命令行输入"UNION"命令，均可调用到并集命令。

执行该命令后，根据命令行提示，在绘图区中选取所有的要合并的对象，如图4-71（a）中的长方体及圆柱体，然后按Enter键或者单击鼠标右键，即可执行合并操作，结果如图4-71（b）所示。

2）差集

差集运算就是将一个对象减去另一个对象从而形成新的组合对象。与并集操作不同的是首先选取的对象为被减对象，之后选取的对象则为减去对象。

选择菜单"修改"→"实体编辑"→"差集"命令，或单击"建模"工具栏的"差集"按钮⊙，或在命令行输入行"SUBTRACT"命令，均可调用差集命令。

执行该命令后，在绘图区中先选取被减去的对象，如图4-71（a）中的长方体，按Enter键或者单击鼠标右键，然后选取要减去的对象，如图4-71（a）中的圆柱体，按Enter键或者单击鼠标右键即可执行差集操作，结果如图4-71（c）所示。

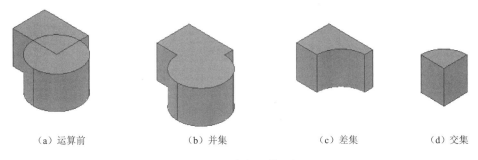

（a）运算前　　　　　　（b）并集　　　　　　（c）差集　　　　　　（d）交集

图4-71　布尔运算示例

3）交集

交集运算是获取两个或两个以上实体的公共部分作为新的实体，而运算前的每个实体的非共有部分在交集运算后将被删除。

选择菜单"修改"→"实体编辑"→"交集"命令，或单击"建模"工具栏的"交集"按钮⊙，或在命令行输入"INTERSECT"命令等，均可调用交集命令。

执行该命令后，在绘图区中先选取要交集的对象，如图4-71（a）中的长方体及圆柱体，按Enter键或者单击鼠标右键，即可执行交集操作，结果如图4-71（d）所示。

6．编辑三维实体

在编辑三维实体时，除了可应用二维编辑命令（如移动、复制等）外，AutoCAD还提供了专门的三维对象编辑工具，如三维移动、三维旋转、三维对齐、三维镜像和三维阵列等，从而为创建出更加复杂的实体模型提供了条件。限于篇幅，下面仅介绍常用的三维实体命令。

1）三维旋转

利用三维旋转工具可将选取的三维对象，沿指定旋转轴进行自由旋转。该旋转轴与用户坐标系中的X轴、Y轴或Z轴平行。

选择菜单"修改"→"三维操作"→"三维旋转"命令，或单击"建模"工具栏的"三维旋转"按钮⊙，或在命令行输入"3DROTATE"命令，均可调用该命令。执行该命令后，根据命令行提示及操作如下：

命令：_3drotate↙

UCS 当前的正角方向：ANGDIR=逆时针　ANGBASE=0

选择对象：选取需要旋转的对象，按Enter键结束对象选择。此时绘图区出现一个由3个彩色圆环组成的旋转图标，如图 4-72（b）所示。

指定基点： 指定一点为旋转基点。在图 4-72（c）中选取的基点为圆孔前部的圆心。

拾取旋转轴： 选取旋转图标中的某一圆环以确定旋转轴，此时选中的圆环变成黄色，并出现一条垂直于圆环的轴线。如图 4-72（d）选取的是绿色圆环，其旋转轴为通过基点且与用户坐标系中的 Z 轴平行的轴线。

指定角的起点或键入角度： 直接输入旋转的角度，或先在屏幕上的任意位置单击一点以确定旋转起始方向，然后再输入旋转的角度值，即可实现实体的三维旋转。图 4-72（e）所示为直接输入旋转角度 90°后的旋转效果。

（a）旋转前　　　（b）选择旋转对象　　　（c）选择基点　　　（d）拾取轴线　　　（e）旋转后

图 4-72　旋转操作示例

2）三维移动

使用三维移动工具能将指定模型沿 X、Y、Z 轴或其他任意方向，以及直线、面或任意两点间移动，从而获得模型在视图中的准确位置。编辑模型中子对象的位置使其沿坐标轴方向移动，使用三维移动命令非常方便而且直观性强。

选择菜单"修改"→"三维操作"→"三维移动"命令，或单击"建模"工具栏的"三维移动"按钮，或在命令行输入"3DMOVE"命令，均可调用三维移动命令。执行该命令后，根据命令行提示及操作如下：

命令：_3dmove↙

选择对象： 选取需要移动的对象，在如图 4-73（a）中含有弧形槽结构的子对象，按 Enter 键结束对象选择。此时选择的对象上出现一个彩色的坐标轴图标，如图 4-73（b）所示。

指定基点或 [位移（D）] <位移>： 单击选择坐标轴图标中的某一轴，如 Y 轴。

** 移动 **

指定移动点或 [基点（B）/复制（C）/放弃（U）/退出（X）]： 拖动鼠标，则所选定的实体对象将沿所约束的轴移动，在合适的位置单击或输入移动距离，即可实现对象的三维移动。操作结果如图 4-73（c）所示。

 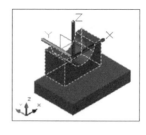 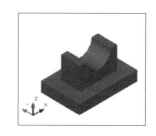

（a）移动前　　　　　　　（b）移动中　　　　　　　（c）移动后

图 4-73　移动操作示例

> 在命令行"指定基点或[位移（D）]<位移>"提示下，如果按提示操作，则需在屏幕上拾取两点以确定移动的距离和方向，这个类似于二维移动操作；若将光标停留在两轴之间时会出现一个黄色平面框，如果选择该平面框，则选择的对象将只能在该平面上移动。

3）三维阵列

使用三维阵列工具可在三维空间中按矩形阵列或环形阵列的方式，创建指定对象的多个副本。在三维阵列中环形阵列的创建较为常见。

选择菜单"修改"→"三维操作"→"三维阵列"命令，或单击"建模"工具栏的"三维阵列"按钮，或在命令行输入"3DARRAY"命令，均可调用三维阵列命令。执行该命令后，根据命令行提示及操作如下：

命令：_3darray↙

选择对象：选择要阵列的对象，如图 4-74（a）中的球体，按 Enter 键结束对象选择。

输入阵列类型 [矩形（R）/环形（P）] <矩形>：输入 P，表示创建环形阵列。

输入阵列中的项目数目：输入阵列数目，如输入 6。

指定要填充的角度（+=逆时针，-=顺时针）<360>：直接按 Enter 键表示默认 360°。

旋转阵列对象？[是（Y）/否（N）] <Y>：直接按 Enter 键表示默认旋转阵列对象。

指定阵列的中心点：指定阵列中心轴上的一点，如图 4-74（a）中的 A 点。

指定旋转轴上的第二点：指定阵列中心轴上的另一点，如图 4-74（a）中的 B 点，完成阵列操作，结果如图 4-74（b）所示。

> 如要创建三维矩形阵列时，需要指定行数、列数、层数、行间距和层间距。对于一个矩形阵列可设置多行、多列和多层。

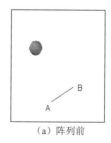
（a）阵列前

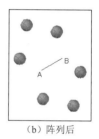
（b）阵列后

图 4-74　三维环形阵列操作示例

4）三维镜像

三维镜像工具用于创建与原三维对象关于某一镜像平面对称的新三维对象，其中镜像平面可以是与 UCS 坐标系平面平行的平面或通过三点确定的平面。

选择菜单"修改"→"三维操作"→"三维镜像"命令，或在命令行输入"MIRROR3D"命令，均可调用该命令。执行该命令，根据命令行提示及操作如下：

命令：_mirror3d↙

选择对象：选取要镜像的实体，如图 4-75（a）中的拱形体，按 Enter 键结束对象选择。

指定镜像平面（三点）的第一个点或[对象（O）/最近的（L）/Z 轴（Z）/视图（V）/XY 平面（XY）/YZ 平面（YZ）/ZX 平面（ZX）/三点（3）] <三点>：输入 XY。

指定 XY 平面上的点 <0,0,0>：在屏幕上拾取一点。如在图 4-75（a）中拾取长方体上表面左侧边线的中点，则镜像平面为通过该点并与 XY 坐标平面平行。

是否删除源对象？[是（Y）/否（N）] <否>：按 Enter 键，系统默认为不删除源对象，完成阵列操作，结果如图 4-75（b）所示。

5）三维对齐

在 AutoCAD 中，三维对齐操作是通过指定需要对齐对象上的 3 个点来定义源平面，然后指定固定对象上的 3 个点来定义目标平面，实现源平面与目标平面重合，从而获得准确的定位效果。

选择菜单"修改"→"三维操作"→"三维对齐"命令，或单击"建模"工具栏的"三维对齐"按钮，或在命令行输入"3DALIGN"命令，均可调用三维对齐命令。执行该命令，根据命令行提示及操作如下：

命令：_3dalign↙

选择对象：选取要对齐的实体，如图 4-76（a）中的三角块，按 Enter 键结束对象选择。

指定源平面和方向 ...

指定基点或 [复制（C）]：指定要对齐对象上的基点，如图 4-76（a）中的 1 点。

指定第二个点或 [继续（C）] <C>：指定要对齐对象上的第二个点，如图 4-76（a）中的 2 点。

指定第三个点或 [继续（C）] <C>：指定要对齐对象上的第三个点，如图 4-76（a）中的 3 点。

指定目标平面和方向 ...

指定第一个目标点：指定固定对象上的第一目标点，如图 4-76（a）中的 4 点。

指定第二个目标点或 [退出（X）]<X>：指定固定对象上的第二目标点，如图 4-76（a）中的 5 点。

指定第三个目标点或 [退出（X）]<X>：指定固定对象上的第三目标点，如图 4-76（a）中的 6 点。

完成三维对齐操作，结果如图 4-76（b）所示。

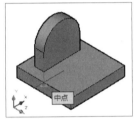
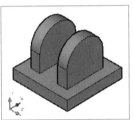
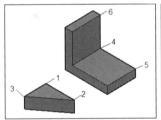
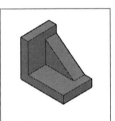

（a）镜像前　　　　　（b）镜像后　　　　　　　（a）对齐前　　　　　（b）对齐后

图 4-75　三维镜像操作示例　　　　　　　　　图 4-76　三维对齐操作示例

> 在三维对齐操作中，需要对齐对象上的三点与固定对象上的三点是一一对应的。其中，需要对齐对象的基点与固定对象上的第一目标点必须是对齐后的重合点，这是一个精确点；而需要对齐对象的第二个点、第三个点则只需是对齐后同一方向上的点即可。

6）三维倒角

倒角命令既可以编辑二维图形，也可以编辑三维实体。

选择菜单"修改"→"倒角"命令，或单击"修改"工具栏的"倒角"按钮，或在命令行输入"CHAMFER"命令，均可调用倒角命令。执行该命令，根据命令行提示及操作如下：

命令：_chamfer↙

（"修剪"模式）当前倒角距离 1 = 0.0000，距离 2 = 0.0000

选择第一条直线或 [放弃（U）/多段线（P）/距离（D）/角度（A）/修剪（T）/方式（E）/多个（M）]：选取需倒角的边线，如图 4-77（a）中的 AB 边，此时含 AB 边的两个面中的一个面将高亮显示。

基面选择…

输入曲面选择选项 [下一个（N）/当前（OK）] <当前（OK）>: 按 Enter 键则默认当前高亮显示的面为基面，如图 4-77（a）中的 *ABCD* 平面。

指定基面的倒角距离: 输入基面上的倒角距离，如输入 20。

指定其他曲面的倒角距离 <10.0000>: 输入另一侧面上的倒角距离，如输入 10。

选择边或 [环（L）]: 选择要倒角的边线，如图 4-77（a）中的 *AB* 边，完成倒角操作，结果如图 4-77（b）所示。

7）三维圆角

与倒角命令相同，圆角命令也既可以编辑二维图形，也可以编辑三维实体。

选择菜单"修改"→"圆角"命令，或单击"修改"工具栏的"圆角"按钮，或在命令行输入"FILLET"命令，均可调用圆角命令。执行该命令，根据命令行提示及操作如下：

命令: _fillet↙

当前设置: 模式 = 修剪，半径 = 0.0000

选择第一个对象或 [放弃（U）/多段线（P）/半径（R）/修剪（T）/多个（M）]: 选取一条需要圆角的边线，如图 4-78（a）中的 *AB* 边。

输入圆角半径: 输入圆角的半径值。

选择边或 [链（C）/半径（R）]: 如直接按 Enter 键则默认对 *AB* 边倒圆角，如选择其他边则可以对包含 *AB* 边的多条边同时进行倒圆角。如图 4-78（b）所示为选择 *CD* 边后对 *AB*、*CD* 两边同时倒圆角的结果。

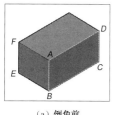
（a）倒角前

（b）倒角后

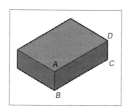
（a）圆角前

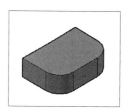
（b）圆角后

图 4-77 三维倒角操作示例　　　　　　　图 4-78 三维圆角操作示例

下面以图 4-56 所示的泵轴零件的三维造型为例，来说明轴套类零件的三维造型方法。

综合实例 4　泵轴零件的三维造型

（1）启动 AutoCAD 应用程序，在"AutoCAD 经典"工作界面中添加"建模"、"视图"、"视觉样式"、"动态观察"、"USC"等共五个三维常用建模工具栏，单击"切换工作空间"按钮，在弹出的菜单中选择"将当前工作空间另存为"选项，在弹出的"保存工作空间"对话框中输入新建工作界面名称为"用户三维建模工作界面"，单击"保存"按钮。

（2）单击"视图"工具栏的"主视"按钮，切换到主视图状态，并在"视图样式"中的二维线框模式下绘制如图 4-79 所示泵轴的半个轮廓的平面图（含圆角及倒角结构）。

图 4-79　泵轴的半轮廓平面图

（1）图中倒角除用直线命令在极轴追踪状态下进行绘制外，还可以通过单击"修改"工具栏的"倒角"按钮 来操作，启动该命令后，根据命令行提示，输入 D（备选项），再输入需要倒角的距离，最后选取要进行倒角的角两边即可。

（2）图中圆角除用绘圆命令中的"相切、相切、半径"选项进行绘制外，还可以通过单击"修改"工具栏的"圆角"按钮 来操作，启动该命令后，根据命令行提示，输入 R（备选项），再输入圆角半径，最后选取要进行圆角的角两边即可。

（3）按图 4-80 所示的尺寸在图中的位置绘制出螺纹牙形，修剪后完成图 4-81 所示的含螺纹结构的轮廓平面图。单击"绘图"工具栏的"面域"按钮 ，选中图 4-81 所示的所有轮廓线，按 Enter 键将该轮廓线创建成面域。

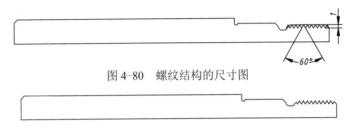

图 4-80 螺纹结构的尺寸图

图 4-81 含螺纹结构的轮廓平面图

（4）根据图 4-56 零件图所示尺寸及位置绘制出右侧两个表示圆孔的两个圆及键槽轮廓，如图 4-82 所示，并将键槽轮廓线创建为面域。

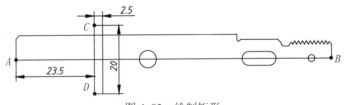

图 4-82 绘制圆及键槽轮廓

（5）绘制一个矩形，如图 4-83 所示，其中尺寸 23.5 是泵轴左侧孔轴线的位置尺寸，尺寸 2.5 是泵轴左侧孔的半径，矩形的另一尺寸只要大于或等于泵轴左侧孔的深度即可，这里设为 20。将绘制好的矩形线框创建为面域。

图 4-83 绘制矩形

（6）单击"建模"工具栏的"旋转"按钮 ，按命令行提示进行操作，选取第（3）步创建的轮廓线面域，并指定如图 4-83 所示的 A、B 两点为旋转轴的起点和终点，完成旋转操作，结果如图 4-84 所示。

（7）再次单击 按钮，按命令行提示进行操作，选取第（5）步创建的矩形面域，并指定如图 4-83 所示的 C、D 两点为旋转轴的起点和终点，完成旋转操作，生成圆柱实体，结果如图 4-85 所示。

图 4-84 旋转命令创建外形轮廓

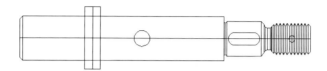

图 4-85 旋转命令创建圆柱实体

> 本例中的螺纹部分造型采用了比较简单的操作方法,即先用简化画法绘制了螺纹的截面图,再采用了旋转命令生成三维造型,与实际螺纹不完全相同。如要创建符合实际的螺纹,则要结合"建模"工具栏的"扫掠"命令 和"螺旋"命令 方能建成。有兴趣的同学不妨一试。

(8)单击"建模"工具栏的"拉伸"按钮 ,按命令行提示进行操作,选取第(4)步绘制的两圆及键槽轮廓线,输入拉伸的距离20,完成拉伸操作。单击"视图"工具栏的"西南等轴测"按钮 ,结果如图4-86所示。

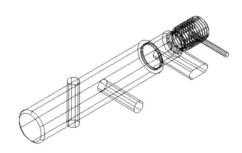

图 4-86 拉伸命令后的三维效果

(9)单击"建模"工具栏的"三维移动"按钮 ,选取由键槽轮廓构成的三维实体,使其向前移动3;再次单击按钮 ,选取两侧的两个圆柱实体,使其向后移动10,结果如图4-87所示。

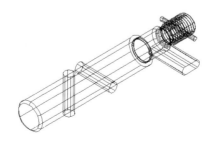

图 4-87 三维移动操作后的三维效果

（10）单击"建模"工具栏的"差集"按钮，选取外形轮廓实体作为被减实体，选取创建的其他实体作为减去实体，完成差集操作。单击"视觉样式"工具栏的"真实"按钮，结果如图 4-88 所示。

图 4-88　泵轴零件的三维模型

> 并集、差集运算是布尔运算中使用频率较高的两个子命令，特别是差集命令，最常见的是打孔、切槽。对待复杂零件的三维造型，要养成先做并集、后做差集的好习惯。

按照上述操作，用 AutoCAD 软件也来绘制一下泵轴的三维造型图。想一想，还有没有其他的更为快捷的造型方法？

4.6　轴套类零件的测绘

零件的测绘就是根据实际零件画出它的图形，测量出它的尺寸并制订出技术要求。测绘时，首先以徒手画出零件草图，然后根据该草图画出零件工作图。

4.6.1　徒手绘图的方法

徒手图也称草图，是在不借助绘图工具的情况下，通过目测形状及大小，徒手绘制的图样。在机器测绘、设计方案讨论、技术交流、现场参观时，受现场或时间限制，通常只能绘制草图。绘制草图是工程技术人员必须具备的一项技能。

画草图的要求是：（1）画线要稳，图线要清晰；（2）目测尺寸要尽量准确，各部分的比例匀称；（3）绘图速度要快；（4）标注尺寸无误，书写清楚。

画草图的铅笔比用仪器画图的铅笔软一号，削成圆锥形，画粗实线要秃些，画细实线要尖些。要画好草图，必须掌握徒手绘制各种线条的基本手法。注意，零件草图仍然是符合国家标准的图，尽管不用仪器绘制，但用手绘时图线、文字仍要工整、清楚。

1. 握笔方法

手握笔的位置要比用仪器绘图时高些，以利运笔和观察目标。笔杆与纸面呈 45°～60°角，执笔稳而有力。

2. 直线的画法

画直线时，手腕靠着纸面，沿着画线方向移动，保持图线稳直。一般标记好起始点和终止点，铅笔放在起始点，眼睛看着终止点，眼睛的余光看着铅笔，用较快的速度绘出直线，切不要一小段一小段地画。

画垂直线时自上而下运笔；画水平线时自左而右的画线方向最为顺手，这时图纸可放斜；斜线一般不太好画，故画图时可以转动图纸，使欲画的斜线正好处于顺手方向。画短线时常以手腕运笔，画长线时则通过手臂动作绘制。为了便于控制图的大小比例和各图形间的关系，可利用方格纸画草图。画直线的示例如图4-89（a）所示。

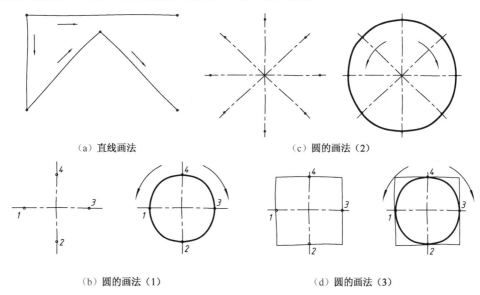

（a）直线画法　　　（c）圆的画法（2）

（b）圆的画法（1）　　　（d）圆的画法（3）

图4-89　徒手绘制直线和圆的方法

3．圆和曲线的画法

画圆时，应先定圆心位置，画好两条中心线，再在中心线上按半径标记好四个点，接着画左半圆（或右半或上半），再画右半圆（或左半或下半），如图4-89（b）所示。画大圆时，可在45°方向上加画两条中心线也做好标记，如图4-89（c）所示。画小圆时也可先过标记点画一个正方形，再顺势画圆，如图4-89（d）所示。注意，画图时不必死盯住所做的标记点，而应顺势而为。

对于圆角、椭圆及圆弧连接，也是尽量利用与正方形、长方形、菱形相切的特点画出，示例如图4-90所示。

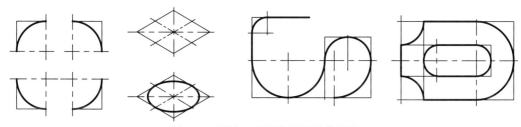

图4-90　圆角、椭圆和圆弧连接画法

4．常见角度30°、45°、60°的画法

角度的大小，可借助于直角三角形来近似得到，如图4-91（a）、（b）所示；或者借助于半圆来近似得到，如图4-91（c）所示。

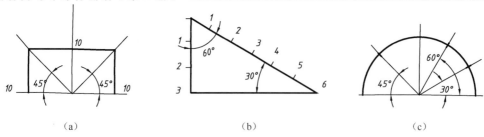

图 4-91 常见角度 30°、45°、60°的画法

4.6.2 常用的测量工具及零件尺寸的测量方法

1. 测量零件尺寸时常用的测量工具

图 4-92 所示为几种常用的测量工具，对于精度要求不高的尺寸一般用钢板尺、外卡钳和内卡钳测量。测量较精确的尺寸，则用游标卡尺、千分尺或其他精密量具。

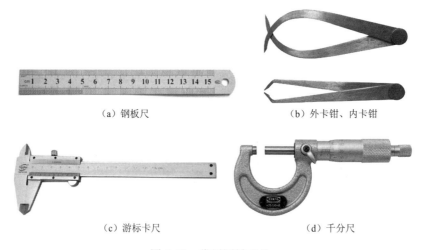

（a）钢板尺　　　　　　　　　（b）外卡钳、内卡钳

（c）游标卡尺　　　　　　　　（d）千分尺

图 4-92 常用测量工具

2. 常用的测量方法

1）测量长度尺寸的方法

一般可用钢板尺或游标卡尺直接测量，方法示例如图 4-93 所示。

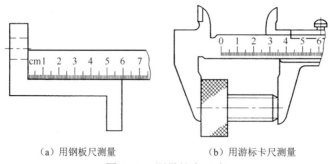

（a）用钢板尺测量　　　　　　（b）用游标卡尺测量

图 4-93 测量长度尺寸

2）测量回转面直径尺寸的方法

外圆面和内孔一般可用游标卡尺或千分尺直接测量；对于外小里大的阶梯孔回转面，则可用卡钳和钢板尺组合进行测量，测量值要在钢板尺上读出。方法示例如图 4-94 所示。

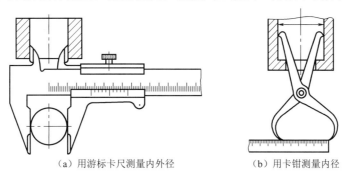

(a) 用游标卡尺测量内外径　　　(b) 用卡钳测量内径

图 4-94　测量直径尺寸

3）测量壁厚尺寸

一般可用钢板尺直接测量壁厚尺寸。若不能直接测出，可用外卡钳与钢板尺组合，可间接测出壁厚。方法示例如图 4-95 所示。

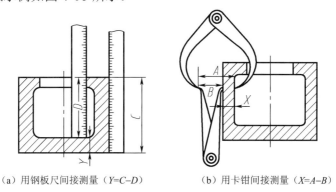

(a) 用钢板尺间接测量（$Y=C-D$）　　　(b) 用卡钳间接测量（$X=A-B$）

图 4-95　测量壁厚尺寸

4）测量中心高及孔的中心距

孔的中心距可用内外卡钳或游标卡尺测量，方法示例如图 4-96 所示。利用钢板尺和卡钳组合测出孔的中心高，方法示例如图 4-97 所示。

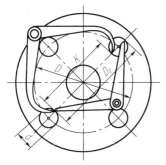　　　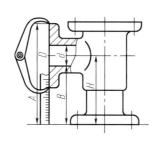

图 4-96　测量中心距（$D=D_0+K+P$）　　　图 4-97　测量中心高（$H=A-D/2=B+d/2$）

5）测量圆角

可用圆角规测量圆角。如图 4-98 是一组圆角规，每组圆角规有很多片，一半测量外圆角，一半侧量内圆角，每一片标着圆角半径的数值。测量时，只要在圆角规中找到与零件被测部分的形状完全吻合的一片，就可以从片上得知圆角半径的大小。

6）测量螺纹

测量螺纹需要测出螺纹的直径和螺距，螺纹的旋向和线数则通过直接观察得出。测螺距可用螺纹规测量，对外螺纹测量外径和螺距，对内螺纹则测量内径和螺距。螺纹规是由一组带牙的钢片组成，如图 4-99 所示，每片的螺距都标有数值，只要在螺纹规上找到一片与被测螺纹的牙型完全吻合，从该片上就得知被测螺纹的螺距大小。然后把测得的螺距和内、外径的数值与螺纹标准核对，选取与其相近的标准值。

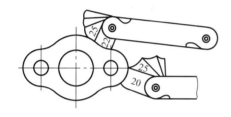

图 4-98 用圆角规测量圆角

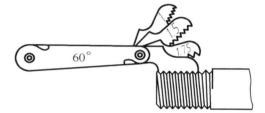

图 4-99 用螺纹规测量螺纹

7）曲线轮廓和曲面轮廓的确定

可用铅丝法、拓印法和坐标法进行曲线或曲面轮廓的确定，方法示例如图 4-100 所示。当要求比较准确时，就须用专用的测量仪进行测量，如三坐标测量仪等。

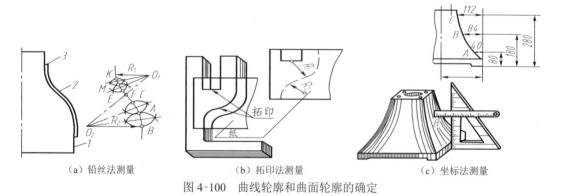

图 4-100 曲线轮廓和曲面轮廓的确定

4.6.3 测绘零件图的方法和步骤

1．了解和分析测绘对象

首先应了解零件的名称、用途、材料以及它在机器（或部件）中的位置和作用；然后对该零件进行结构分析和制造方法的大致分析。

2．确定视图表达方案

根据显示形状特征的原则，按零件的加工位置或工作位置确定主视图；再按零件的内外结构特点选用必要的其他视图、剖视、断面等表达方法。

3．绘制零件草图

（1）在图纸上定出各视图的位置，画出各视图的基准线、中心线。安排各视图的位置时，要考虑到各视图间应有标注尺寸的地方，右下角留有标题栏的位置。

（2）详细地画出零件外部和内部的结构形状。

（3）选择基准，画尺寸线、尺寸界线及箭头。

（4）测量尺寸，定出技术要求，并将尺寸数字、技术要求记入图中。

（5）经仔细校核后描深轮廓线，画好剖面线，填写标题栏。

4．绘制零件工作图

零件草图是现场测绘的，所考虑的问题不一定是最完善的。因此，在零件草图基础上画零件工作图时，需要对草图再进行审核。有时要重新设计、计算和选用，如表面粗糙度、尺寸公差、几何公差、材料及表面处理等；对有些问题也需要重新加以考虑，如表达方案的选择、尺寸的标注等，经过复查、补充、修改后，方可画零件工作图，具体步骤如下。

（1）选好比例：根据零件的复杂程度选择比例，尽量选用原值比例1∶1；

（2）选择幅面：根据表达方案、比例，选择标准图幅；

（3）绘制底图：先定出各视图的基准线，再画出图形，然后标出尺寸，最后注写技术要求，填写标题栏。

（4）校对整理，描深，审核。

4.6.4 零件测绘时的注意事项

（1）零件的制造缺陷，如砂眼、气孔、刀痕、磨损等，都不应画出。

（2）零件上因制造、装配需要而形成的工艺结构，如铸造圆角、倒角等必须画出。

（3）有配合关系的尺寸（如配合的孔与轴的直径），一般只需测出它的公称尺寸。其配合性质和相应的公差值，应在分析考虑后，再查阅有关手册确定。没有配合关系的尺寸或不重要的尺寸，允许将测量所得尺寸进行适当调整。

（4）对螺纹、键槽、轮齿等标准结构的尺寸，应把测量的结果与标准值对照，一般均采用标准的结构尺寸，以利于制造。

综合实例 5　绘制齿轮减器从动轴的零件草图和零件工作图

如图 4-101 所示的零件是一级圆柱齿轮减速器中的从动轴。通过测绘该轴可熟悉零件测绘的方法步骤，并对轴类零件的视图表达、尺寸标注、技术要求注写等做一次综合应用实践。

图 4-101　齿轮减速器从动轴造型图

想想看，从动轴上有哪些常见结构？这些细节应该如何表达？

1. 绘制零件草图

（1）分析结构确定表达方案。

该轴的主体结构为多段同轴圆柱，局部有两处键槽。零件的放置遵循加工位置原则，取轴线水平放置；投影方向选择使零件的键槽朝着正前方的方向；主视图表达主体结构及键槽的类型特征，画两个断面图表达两处键槽的截面结构。

（2）徒手绘制零件草图（一组视图），如图4-102所示。

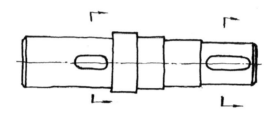

图4-102 从动轴的零件草图（一组图形）

（3）分析尺寸基准，选择径向以整体轴线为基准；轴向以最大一段圆柱靠键槽一侧的台阶面（端面）为设计基准。画好从动轴的尺寸线，如图4-103所示。

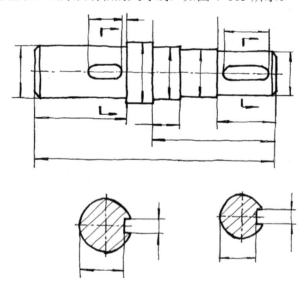

图4-103 从动轴的零件草图（标注尺寸线）

（4）测量标注尺寸，标准结构要查表。制定技术要求，填写标题栏，完成零件草图的绘制，如图4-104所示。

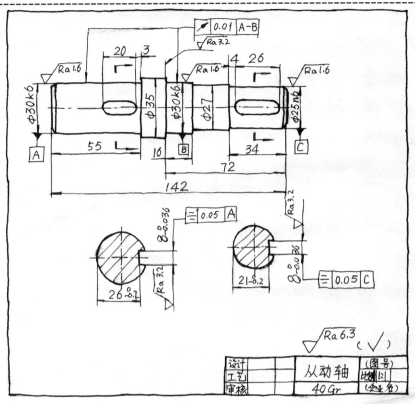

图 4-104 完整的从动轴零件草图

根据从动轴在整个装配体中的作用,从动轴的技术要求参考如下。

① 尺寸公差:在安装轴承段标注 k6,安装联轴器段标注 n6;键槽公差由查表确定(选用"一般键连接"规格);其余为自由公差,即默认值 h12,不需标注。

② 表面粗糙度:轴承段、联轴器段标注 Ra 值为 1.6,其台阶面标注 Ra 值为 3.2,键槽两侧面 Ra 值为 3.2,其余 Ra 值为 6.3。

③ 几何公差包括以下两方面:同轴度—基准要素为两轴承段圆柱的公共轴线,被测要素为两轴承段圆柱的轴线;

对称度—两键槽相同,基准要素为键槽所在圆柱的轴线,被测要素为键槽两侧面的对称中心面。

④ 文字标注的技术要求,配置在图样下方。

热处理—调质 220-250HBS。

倒角—未注倒角 $C1$。

另外,填写零件标题栏,零件名称:从动轴。材料:40Cr。比例为 1:1。

2. 绘制零件工作图

在图 4-104 所示零件草图基础上,按以下步骤绘制零件工作图,结果如图 4-105 所示。

(1)选择绘图比例、图幅。采用比例为 1:1,选用 A3 号图纸绘制。

(2)布图,绘制基准线,注意使主视图中的点画线位于图纸中间偏上的位置。

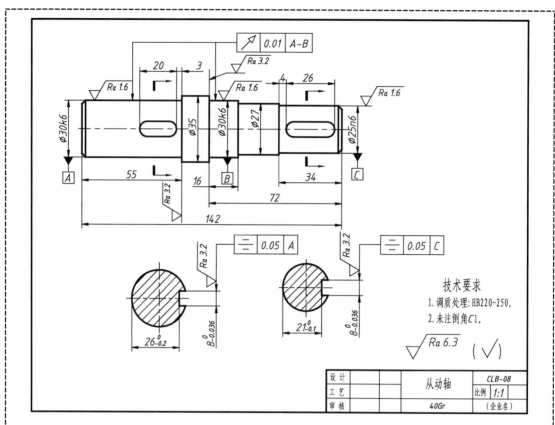

图 4-105　从动轴零件工作图

（3）用绘图工具绘制一组视图。
（4）标注尺寸及技术要求。
（5）注写标题栏。

知识梳理与总结

通过本单元的学习，我们了解了机械零部件及机械图样及典型零件的分类，学习了零件的尺寸基准选择，尺寸标注方法；零件图上粗糙度的标注与识读，尺寸公差、几何公差的标注与识读；测绘零件图的方法与步骤；阅读零件图的方法与步骤以及 CAD 三维造型等内容。本单元的重点是轴套类零件的视图表达、尺寸及技术要求的标注以及识读。学完本单元后，要求能测绘轴套类零件并绘制出完整的零件图，能识读轴套类零件图并进行三维造型。在作图及识图的过程中，注意轴套类零件的尺寸基准主要考虑径向和轴向，径向以整体轴线为主要基准，而轴向一般选择重要端面为主要基准。另外，轴套类零件上常有一些局部小结构，如中心孔、螺纹、键槽、螺纹退刀槽、砂轮越程槽、倒角、倒圆等结构，这些结构的尺寸有部分是标准化的，有部分为推荐数据，测绘时要学会查阅相关资料。

单元 5　盘盖类零件

教学导航

学习目标	识读盘盖类零件图,并利用 CAD 软件进行三维造型;测绘盘盖类零件,完成零件工作图的绘制
学习重点	盘盖类零件的视图表达、尺寸及技术要求的标注与识读;盘盖类零件的测绘方法,盘盖类零件图的识读方法;盘盖类零件三维造型的思路及常用命令
学习难点	盘盖类零件图的表达方案、尺寸标注及技术要求注写
建议课时	6～10 课时

5.1 盘盖类零件的视图表达

盘盖类零件也是机器上的常见零件，一般是回转体，其结构特点是径向尺寸较大，轴向尺寸相对较小，一般为扁平状结构。盘盖类零件还能细分成：盖（如轴承盖、端盖等）、盘（法兰盘、托盘等）、轮（齿轮、手轮、带轮等）等。

该类零件的主要几何构成表面有孔、外圆、端面和沟槽等；其中孔和一个端面常常是加工、检验和装配的基准。这类零件在机器中主要起传运、支承、轴向定位或密封等作用，材料多为铸件或锻件。

如图 5-1 所示为几种盘盖类零件的三维造型图。

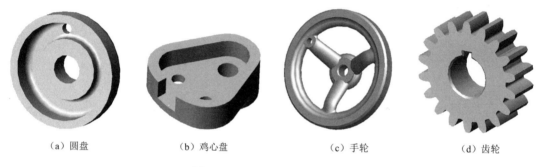

（a）圆盘　　　　　（b）鸡心盘　　　　　（c）手轮　　　　　（d）齿轮

图 5-1　几种常见的盘盖类零件

盘盖类零件的加工以车削为主，有的表面则需在磨床上加工，所以按其形体特征和加工位置原则选择主视图，轴线水平放置。但有些较复杂的盘盖，因加工工序较多，主视图也可按工作位置画出。盘盖类零件一般需要两个基本视图表达零件，反映出轴向内部结构与端面形状结构。根据结构特点，当主视图具有对称面时，可作半剖视；无对称面时可作全剖或局部剖视，这时可根据具体的情况选择不同类型的剖切面。而左视图或右视图则多用来表达外形和盘上的孔或槽的分布情况。轮辐、肋板等可用移出断面或重合断面表示，也可用简化画法，细小结构如小孔、油槽则采用局部放大图表示。

图 5-2 所示为手轮的零件图。

手轮是一种机器上常见的直接用手操作的零件，比如转动手轮可以操纵机床某一部件的运动，或者调节某一部件的位置等。手轮的结构有轮毂、轮辐、轮缘三部分构成。轮毂的内孔与轴配合，连接方式一般为键连接，也可用销连接。轮辐为等分放射状排列的杆件，截面常为椭圆形。轮缘为复杂截面绕轮轴旋转形成的环状结构。手轮为铸铁件，轮缘外侧要求很光滑，其表面粗糙度 Ra 值要求较高，也常见抛光和镀镍或镀铬处理。

由图 5-1（c）、图 5-2 可知手轮是一个很典型的盘盖类零件。该零件的视图表达采用加工位置原则，轴线水平，主视图采用局部剖视图，反映出手轮的内部结构，此时三根均布的轮辐采用简化画法，且按不剖处理。左视图则反映了该零件的外形，且对轮辐采用了重合断面，反映出该轮辐的横截面为椭圆结构。

单元 5 盘盖类零件

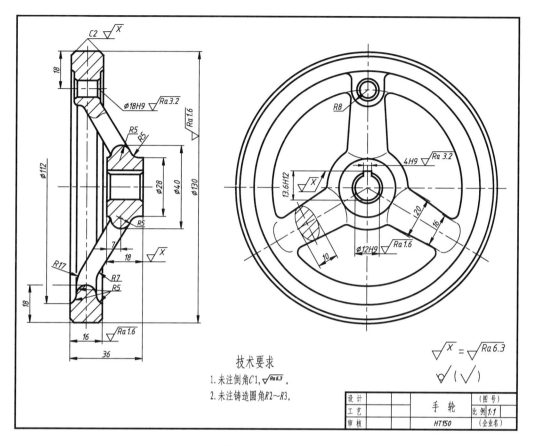

图 5-2 手轮零件图

5.2 盘盖类零件的尺寸及技术要求

5.2.1 盘盖类零件的尺寸注法

盘盖类零件主要有两个方向的尺寸，即径向尺寸和轴向尺寸。通常选用轴孔的轴线作为径向设计基准，而轴向一般以经过机械加工并与其他零件表面相接触的较大端面作为设计基准。分析图 5-2 所示手轮零件图可知，该零件的径向基准为键槽所在孔 $\phi 12H9$ 的轴线，轴向基准则为该孔的右端面，这是手轮安装在轴上的一个接触面。

由于盘盖类零件上常有一些孔类结构，因此定形和定位尺寸要明显标注。尤其是在圆周上分布的小孔的定位圆直径是这类零件的典型定位尺寸，多个小孔一般采用如 "3×ϕ5 EQS" 的形式标注，"EQS" 表示该结构为均布结构，按数量等分在圆周上，角度定位尺寸就不必标注了。本着尺寸标注的清晰性原则，盘盖类零件的内外结构形状尺寸应分开标注。

图 5-3 所示为旋塞盖的零件工作图。

试分析一下旋塞盖零件图（图 5-3）的结构和尺寸。

215

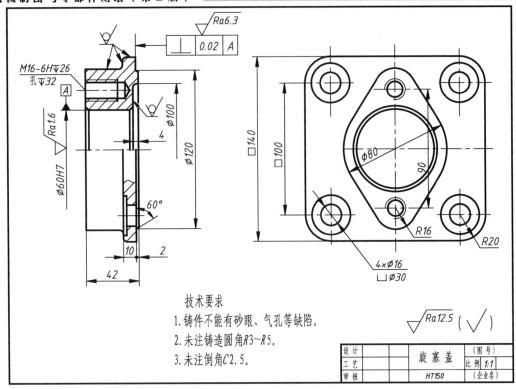

图 5-3 旋塞盖零件工作图

5.2.2 盘盖类零件的主要技术要求

1）表面粗糙度

盘盖类零件有配合关系的内外表面及起轴向定位作用的端面，其表面粗糙度数值要低一些。如有配合要求的孔，其表面粗糙度值一般为 $Ra3.2\sim0.8$ μm，要求高的精密齿轮内孔可达 $Ra0.4$ μm。端面作为零件的装配基准，其表面粗糙度值一般为 $Ra1.6\sim6.3$ μm。

2）尺寸公差

盘盖类零件的内孔和一个端面是该类零件安装于轴上的装配基准，设计时大多以内孔和端面为设计基准来标注尺寸和各项技术要求。孔的精度要求较高，其直径尺寸公差等级一般为 IT7；而其外圆精度要求相对要低一些。根据工作特点和作用条件，对用于传动的轮盘件还有一些专项要求。

3）几何公差

盘盖类零件往往对支承用端面有较高平面度及两端面平行度要求；对转接作用中的内孔等有与平面的垂直度要求；外圆、内孔间有同轴度的要求等。

盘盖类零件常采用的材料有钢、铸铁、青铜或黄铜。对于传递动力的盘盖类零件（如齿轮、凸轮等）常用 45 钢或 40Cr 合金钢等材料制造；对于重载、高速或精度要求较高的常用 20Cr、20CrMnTi 等低碳合金钢制造并经表面化处理；而带轮、轴承压盖等多用 HT150~HT300 等铸铁或 Q235 等普通碳素钢制造。

制作盘盖类零件的毛坯时,孔径小的盘一般选择热轧或冷拔棒料,根据不同材料,亦可选择实心铸件,孔径较大时,可作预孔。若生产批量较大,可选择冷挤压等先进的毛坯制造工艺,既提高生产率,又节约材料。

盘盖类零件由于其使用性能和场合,一般均要求进行热处理。锻件要求正火或调质,铸件要求退火。为了改善零件切削加工性能要求的热处理可放在粗、精加工之间,可使热处理变形在精加工得到纠正。而对于增强零件表面接触强度和耐磨性的淬火或渗碳淬火的热处理工序,则可放在精加工之前。

盘盖类零件主要表面的加工方法与套类零件类似,主要在车床、磨床等通用设备上进行一般加工。对于一些特殊形面(如齿轮的齿形面、V带轮的槽形面等),则要进行专门加工。加工时将这两个阶段分开进行,有利于生产的组织和管理。

5.3 盘盖类零件图的识读

1. 读图要求

识读盘盖类零件图的要求与轴套类零件相同,从一张零件图中需要了解零件的名称、设计者、审核者、制造厂家、零件所用的材料等。通过分析视图,想象零件各组成部分的结构形状和相对位置。通过分析图样中的尺寸和技术要求,了解零件的加工方法和精度等。

2. 读图步骤

图 5-4 所示为端盖零件图。下面结合端盖零件图介绍盘盖类零件图的识读方法和步骤。

综合实例 6　读端盖零件图

1)浏览全图,看标题栏

从图中可看出该零件属盘盖类零件中的盖类零件,零件的名称为端盖,材料是 HT150 灰口铸铁。阅读标题栏还能知道零件的设计者、审核者、制造厂家,以及零件图的比例等内容。

2)分析表达方案

该零件图采用两个视图来表达内外结构,主视图采用局部剖视图,反映出端盖的内部结构,而左视图则表达出其形状特征。两个视图结合起来分析可知,端盖的剖切线路较复杂,有平面、柱面和斜面,为复合剖切的主视图。

3)结构分析

看图时先看主体部分,后看细节。按表达方案找出投影对应关系再分析形体,并兼顾零件的尺寸与功用,以便帮助想象零件的形状。

从外形上看,主体结构从左往右可分成圆柱筒、方盘、圆柱筒三部分。其中左边圆柱筒的径向尺寸大、轴向小,根部有砂轮越程槽;而右边圆柱筒的径向尺寸较小、轴向长,根部带圆角;方盘四周有较大的圆角,上面有四个柱形沉孔,在 $\phi220$ 圆周上呈 45°方向均匀分布;方盘下方另有弧形缺口,定位清晰。

从内形上分析,端盖的内腔为圆柱筒状结构,内孔为 $\phi50$,中间溜虚直径为 $\phi60$ 并带圆角,其作用是减少装配接触面和减轻零件重量。两端孔口倒角,上方有一组台阶孔,用以安装油板。

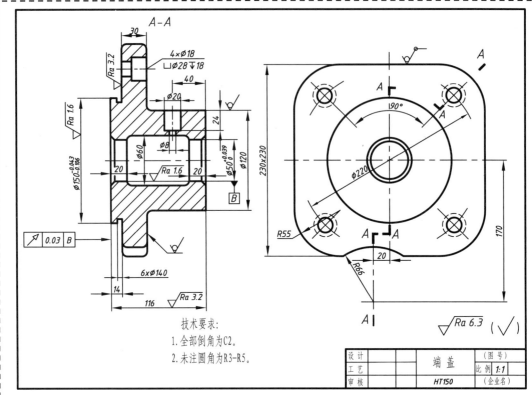

图 5-4 端盖零件图

图 5-5 所示为溜虚结构,这是企业中的一种俗称,其本质为一个未经加工的圆柱孔。溜虚结构可减少装配接触面,减小形状位置误差对装配精度的敏感度,且可减少加工面,缩短加工时间。常常在长度比较大的内孔上设计溜虚结构,比如铣刀头座体内孔、传动器的座体内孔等。

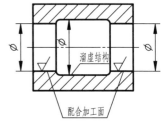

图 5-5 溜虚结构

4)分析尺寸

端盖零件图的尺寸可分别从径向和轴向去进行分析:以整体轴线作为径向尺寸的设计基准,方盘的高度、宽度方向,弧形缺口也以此轴线为基准;在轴向则以最左端面为基准,如图 5-6 所示。

轴向尺寸链分解:主体结构 116、14、30(开环);砂轮越程槽 14、6(开环);方盘上台阶孔 30、18(开环);内孔 116、20、20(开环);油板孔定位尺寸 40。

5)分析技术要求

(1)表面粗糙度:要求最高的是 ϕ150 外圆及内孔 ϕ50,Ra 值为 1.6;其次为方盘左端面、ϕ150 外圆端面及 ϕ120 外圆端面 Ra 值为 3.2;其余各加工表面 Ra 值都是 6.3;其余均为毛坯面,不需要加工。

(2)尺寸公差:内孔 ϕ50 上偏差为+0.039,下偏差为 0,查表得公差带代号为 H8,即 ϕ50H8。ϕ150 上偏差为-0.043,下偏差为-0.106,查表得公差带代号为 f8,即 ϕ150f8。

(3) 几何公差：位置公差项目——端面圆跳动，基准要素为ϕ50内孔的轴线，被测要素为零件左端面。

(4) 材质：无特殊要求。

(5) 其他：倒角、圆角要求。

6) 归纳总结

对上述内容进行归纳分析和总结，针对端盖零件图进行连贯论述。图5-7所示为端盖的三维造型。

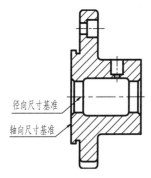

图5-6　端盖零件图的尺寸基准

图5-7　端盖的三维造型

5.4 盘盖类零件的三维造型

下面以图5-4所示端盖零件的三维造型为例，介绍盘盖类零件的三维造型方法与技巧，以便进一步熟练和掌握AutoCAD的三维造型功能与操作方法。

> 按照下面所述的操作步骤，也来创建一下端盖的三维建模吧！记得要学会分析，一个好的造型思路是至关重要的！

综合实例7　端盖零件的三维造型

（1）启动AutoCAD应用程序，单击绘图界面下方的"切换工作空间"按钮，在弹出的对应菜单中，选择前面已创建好的"用户三维建模工作界面"，则绘图空间将切换到"用户三维建模工作界面"。

（2）将当前视图切换到主视图状态，并在"二维线框"模式下绘制出主回转结构的旋转截面和轴线，如图5-8所示。其中直线AB为端盖方板部分的外侧被截后的边线，该边线的位置尺寸为78（该尺寸为近似值）。将绘制好的封闭线框部分创建为面域。

（3）绘制端盖右侧台阶孔的旋转截面，如图5-9所示，并将该截面轮廓线创建为面域。注意该截面轮廓线上、下的位置要超出在第（2）步中所绘制的轮廓线一定距离即可。

（4）单击"建模"工具栏的"旋转"按钮，选取第（2）步创建的旋转截面，并指定如图5-9所示的C、D两点为旋转轴的起点和终点，完成旋转操作，结果如图5-10所示。

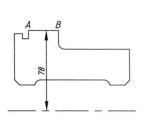 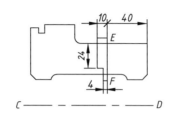 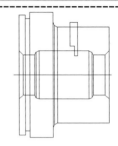

图 5-8　第（2）步操作　　　　图 5-9　第（3）步操作　　　　图 5-10　第（4）步操作

（5）单击"旋转"按钮，选取第（3）步创建的旋转截面，并指定如图 5-9 所示的 E、F 两点为旋转轴的起点和终点，完成旋转操作，结果如图 5-11 所示。

（6）单击"建模"工具栏的"差集"按钮，选取第一次旋转操作创建的实体作为被减实体，选取第二次旋转操作创建的实体作为减去实体，完成差集操作。单击"西南等轴测"按钮，然后单击"视觉样式"工具栏的"真实"按钮，结果如图 5-12 所示。

（7）将当前视图切换到左视图状态，并在"视图样式"中的"二维线框"模式下绘制如图 5-13 所示的端盖方板外部轮廓线，并将该轮廓线创建为面域。

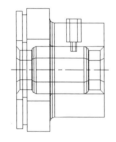  

图 5-11　第（5）步操作　　　　图 5-12　第（6）步操作　　　　图 5-13　第（7）步操作

（8）在图 5-13 所绘轮廓线的右上角绘制同心的两个圆，直径分别为 $\phi 18$ 和 $\phi 28$，该同心圆为方板边缘上沉孔的投影。另外再以方板上中心孔的圆心为圆心绘制一个圆，该圆的半径等于图 5-8 中直线 AB 的位置尺寸 78，绘制结果如图 5-14 所示。

（9）单击"旋转"按钮，然后单击"建模"工具栏的"拉伸"按钮，选取方板外部轮廓线及半径 78 的圆，输入拉伸的距离 30，完成拉伸操作。单击"差集"按钮，选取方板外形轮廓实体作为被减实体，选取创建的圆柱实体作为减去实体，完成差集操作，结果如图 5-15 所示。

（10）单击"拉伸"按钮，选取 $\phi 18$ 的圆，输入拉伸的距离 30，完成拉伸操作。再次单击，选取 $\phi 28$ 的圆，输入拉伸的距离 18，完成拉伸操作。利用并集命令将这两次拉伸的实体合并为一个实体，结果如图 5-16 所示。

（11）将当前视图切换到左视图状态，单击"修改"工具栏的"阵列"按钮，在弹出的阵列对话框中选择"环形阵列"，选取第（10）步操作中合并的实体作为阵列对象，并拾取中部圆心作为阵列的中心点，输入阵列数目 4，完成阵列操作。结果如图 5-17 所示。

（12）单击"差集"按钮，选取第 9 步创建的实体作为被减实体，选取第 11 步创建的阵列实体作为减去实体，完成差集操作。单击"视图"工具栏的"东南等轴测"按钮，并单击"视觉样式"工具栏的"概念"按钮,则创建好的所有实体如图5-18所示。

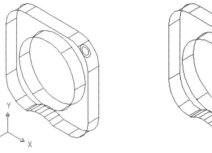

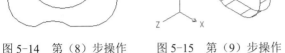

图5-14 第（8）步操作　　图5-15 第（9）步操作　　图5-16 第（10）步操作

（13）单击"建模"工具栏的"三维移动"按钮，选取图5-18右侧实体作为移动对象，拾取图中 M 处的象限点作为移动的基点，拾取 N 处的象限点作为移动的第二点，完成移动操作。利用并集命令 将所有实体合并。单击"修改"工具栏的"圆角"按钮，对方板的外缘进行倒圆角，圆角半径为5。单击"视觉样式"工具栏的"真实"按钮，完成端盖零件造型的所有操作，结果如图5-19所示。

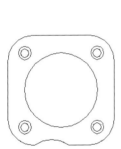

图5-17 第（11）步操作　　图5-18 第（12）步操作　　图5-19 端盖零件的三维造型

> 常见零件的建模思路如下：
> （1）用形体分析法将零件分块，拆分成长方体、柱体、回转体等基本立体。
> （2）利用"拉伸"、"旋转"、"扫掠"、"放样"等建模方式创建较复杂的立体。
> （3）结构拼装：用移动、复制或三维操作（如三维阵列、三维旋转）等命令创建或编辑简单立体，并"装配"到正确位置。注意在精确移动或复制对象时，注意基点与第二点的确定，一般捕捉特征点（中点、交点、圆心等）。要多从不同视图特别是主、俯、左三个视图中去观察各组成部分的空间位置，以确保它们准确地拼装。如果观察角度不好的时候，要从多个视点来观察各块的相对位置，否则很容易出现"装配"偏差。
> （4）利用布尔运算或实体编辑等命令最终完成零件的三维实体建模。

（14）观察端盖造型："视觉样式"实际上是对三维图形的一种简单颜色处理，通过阴影处理以此来产生与现实明暗效果相对应的图像效果。图5-20（a）～（e）为端盖在"视觉样式"工具栏中各选项命令下的效果显示。

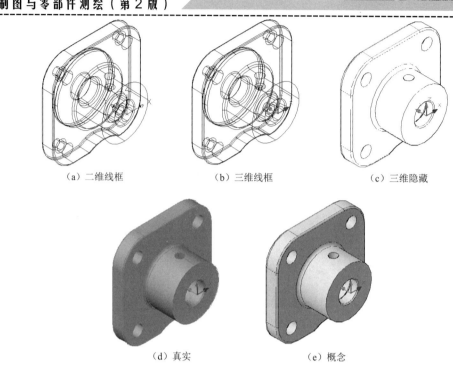

图 5-20 端盖的不同"视觉样式"

利用"视图"工具栏可从不同角度观察端盖的结构,如图 5-21 所示。

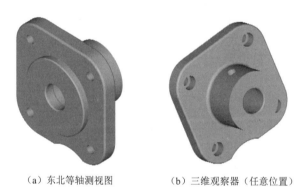

(a)东北等轴测视图　　(b)三维观察器(任意位置)

图 5-21 从不同视角观察端盖

CAD 三维造型中常用的几个系统变量具体如下。

(1) Isolines: 用来改变实体的表面轮廓线密度。该变量的默认值是 4,有效整数值为 0 到 2047,其值越大,网线越密。

(2) Dispsilh: 用来控制三维实体对象轮廓边在二维线框或三维线框视觉样式中的显示。0 为关,1 为开。

(3) Facetres: 用来调整着色对象和删除隐藏线的对象的平滑度,有效值为 0.01 到 10.0。

5.5 盘盖类零件的测绘

图 5-22 所示为齿轮油泵泵盖立体图，下面以泵盖为例来介绍盘盖类零件的测绘方法与技巧，要求综合运用前面所学的知识，绘制其零件工作图。

综合实例 8　泵盖的测绘

1. 测绘要求

（1）选用 A4 号纸，按比例 1:1 绘制，布图合理。
（2）零件表达方案合理，投影正确。
（3）尺寸、技术要求标注，标题栏注写，符合制图国家标准要求。

图 5-22　泵盖

2. 零件测绘的方法与步骤

1）认识测绘对象

通过实物观察，了解零件在机器或部件中的作用及装配关系，有利于零件工作图的绘制。本例中的泵盖是卧式齿轮油泵上的一个零件，起连接、密封的作用，如图 5-23 所示。

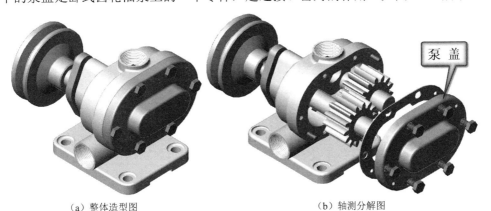

（a）整体造型图　　　　　　　　　　（b）轴测分解图

图 5-23　卧式齿轮油泵

> 齿轮泵是机器润滑、供油（或其他液体）系统中的一个部件。工作时要求传动平稳，保证供油，密封可靠。其工作原理是通过装在泵体内的一对啮合齿轮的高速转动，在背向啮合点的一端产生负压为吸油口，在向着啮合点的一端产生正压为出油口，以此实现供油功能。

2）分析零件的类别、结构，确定表达方案

3）绘制零件草图

按以下步骤绘制零件草图如图 5-24 所示。

（1）徒手目测比例，勾勒图形。先绘制两内孔轴的回转轴线（主、左视图）、各孔分布的定位线（即点画线），然后绘制主体结构；绘制内孔、均布孔、销孔等。

（2）测量记录尺寸。先绘制尺寸线和尺寸界线，然后测量、注写数值。注写尺寸前应分析泵盖各结构的作用，选择合适的几何要素作为尺寸基准。该泵盖的长度方向以机加工面即右端面为基准，径向以上或下的内孔轴线为基准。

应注意尺寸的圆整，如测得39.6圆整成40，尺寸的确定可查《机械设计手册》等资料，尽量采用优先系列。对于键槽、螺纹、销孔等标准结构应查表按标准数据注出；倒角、退刀槽等结构可查资料确定。

（3）注写技术要求：零件上的尺寸公差、表面粗糙度、形位公差、材质要求通常用类比法定出。

尺寸公差：建议上、下内孔公差H7，两孔中心距公差Js9，销孔公差H7。

表面粗糙度：建议上、下内孔粗糙度$Ra1.6$，销孔"配作"$Ra0.8$，右端面选用$Ra3.2$，其余不加工。

几何公差：建议上、下内孔的轴线有平行度要求。

材料：灰口铸铁HT200。

（4）注写标题栏：按各栏目要求填写相应内容。

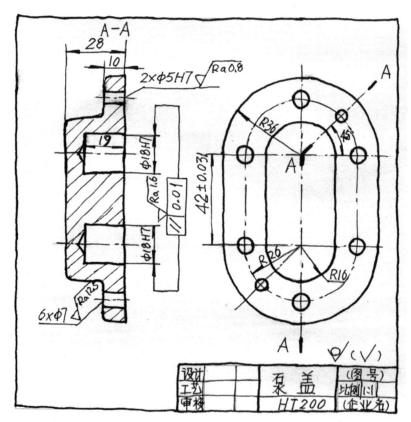

图5-24 泵盖零件草图

4）绘制零件工作图

在草图的基础上绘制零件工作图即零件图，如图5-25所示。这时可重新审视绘制草图时确定的各项内容，如选用比例、表达方案、尺寸基准等。

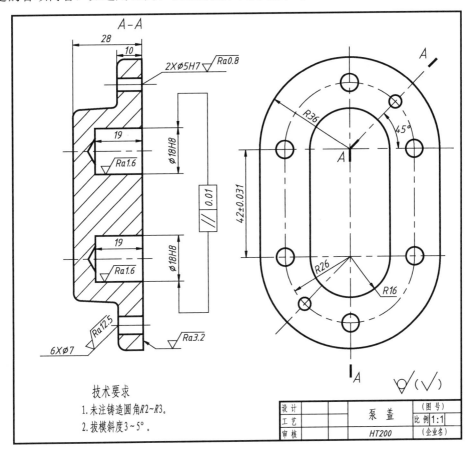

图 5-25 泵盖零件图

5）按零件测绘工作要求做好结束工作

把绘制好的图纸放入资料袋，使用后的工具、量具要擦拭好放入盒内，工具书放回资料架，绘图仪器擦拭干净后放入盒中，并做好工作场地的清洁工作。

按照上述方法，测绘盘盖类零件。注意零件草图上一定要先拉好尺寸线，然后再集中测量尺寸。

知识梳理与总结

本单元阅读了手轮、旋塞盖、端盖等零件图，利用 AutoCAD 软件进行了端盖的三维造型，并且测绘了泵盖，绘制出了零件工作图。本单元的重点是要掌握盘盖类零件的视图表达、尺寸及技术要求的标注方法，并在此基础上学会常见盘盖的 CAD 造型方法及相关命令，进一步锻炼三维造型的操作技能。通过本单元的学习，能综合运用各类图样画法进行盘盖类零件的方案表达，进一步学习典型零件尺寸基准的选择及尺寸标注方法，尝试应用类比法选用技术要求。

单元6 箱体类零件

教学导航

学习目标	识读箱体类零件图并进行 CAD 三维造型;测绘箱体类零件,绘制零件图
学习重点	箱体类零件的视图表达、尺寸及技术要求的标注;常见的铸造工艺结构;识读箱体类零件图,并作三维造型;测绘箱体类零件
学习难点	箱体类零件的形体分析、视图表达、图样识读、造型技能
建议课时	6~10课时

单元 6　箱体类零件

箱体类零件是机器及其部件的基础件，用以支承、容纳和安装机器或部件中的其他零件，如轴、轴承和齿轮等。该类零件的内外结构比较复杂，内腔尤其复杂，表面过渡线较多。箱体类零件示例如图 6-1 所示，箱体类零件常用薄壁围成不同的空腔，箱体上还有安装底板、支承孔、凸台、放油孔、肋板、销孔及螺纹孔等结构。

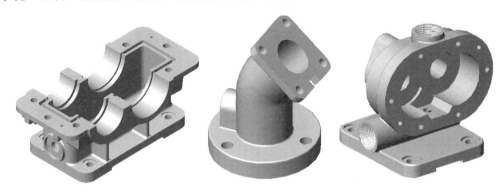

图 6-1　箱体类零件示例

6.1　箱体类零件的视图表达

箱体类零件的外形、内腔结构都比较复杂，一般需要几个基本视图来表达整体结构；常用局部视图、斜视图、局部放大图以及简化画法等各种方法表达局部结构，并在视图上选择合适的剖切，组成整套表达方案。绘制零件图时首先要考虑看图方便，因此在完整、清晰地表达出零件的内、外结构形状的前提下，力求绘图简便。要达到这个目的，一般可考虑几个方案，经比较后选择一个表达清晰、便于看图、绘图又相对简单的方案。

1. 主视图的选择

箱体类零件的毛坯多为铸件，因为箱体类零件的加工工序较多，所以一般不考虑加工位置安放，而采用自然位置安放或工作位置安放，选择最能反映其各组成部分形状特征及相对位置的方向作为主视图的投影方向。例如图 6-2 所示箱体的主视图投影方向的选择。注意在选择主视图的剖切线路和剖视的种类（全剖、半剖、局部剖）时要内外兼顾，尽可能多地反映零件的各个具体结构。

2. 其他视图选择

主视图尚未表达清楚的结构，可通过若干其他视图表达完整。其他视图可以是基本视图，也可以是表达局部结构的任何方法，只要国家标准中允许的方法都可以使用。在完整、清晰地表达零件的内、外结构形状的前提下，应尽量减少视图数量。

下面结合图 6-2 所示长方形箱体进行实例分析，图 6-3 是其箱体类零件图。

1）形体分析

该箱体的总体结构为长方块，主体结构由四方形箱壁和底板组成。箱壁上箱孔结构左右前后不对称；底板结构左右前后对称。

图 6-2　箱体三维图

小结构：箱壁——上方有四个螺纹孔，前后箱壁有箱孔及凸台；底板——四角有安装孔，底部开通槽，底板内腔上有凸台和通孔。

2）主视图的选择

为了反映箱体的主要特征，按照零件主视图的选择原则，按照图 6-2 所示位置，即自然安放位置，将底板放平，投影方向沿 Y 轴负方向，能较理想地表达该零件的整体形象。

在主视图的剖切方案上，选择局部剖视图，既清晰表达箱体的内腔结构，又表达了箱壁左边凸台的外形特点。考虑到底板上四个安装孔的内部结构还没有表达，因此又在主视图中灵活地采用了"剖中剖"的画法。

3）其他视图

除主视图外，箱体还采用了两个基本视图，其中俯视图采用基本视图，只画可见结构，进一步表达箱体轮廓结构，重点在底板的形状特征、箱壁上方的四个螺纹孔以及四周的壁厚；而左视图采用 A-A 阶梯全剖视，重点表达箱壁、箱孔及凸台等结构。

综合归纳，该箱体的表达方案如图 6-3 所示。

> 因箱体类零件的几何结构通常较为复杂，所以在确定其表达方案时，可同时提出几个方案，经比较、综合后确定出一个相对明晰、简洁的方案。注意在确定剖切线路时，不要把零件弄得"支离破碎"，要注意整体构造与局部结构的协调，便于读者看出结构的几何属性，以及结构之间的相对位置关系。

6.2　常见铸造工艺结构

箱体类零件通常为铸造件，为了避免浇注不足、缩孔、裂缝等缺陷，以及箱体的加工工艺性，会在设计其几何结构时考虑这些因素，使铸件满足使用要求。

6.2.1　铸造圆角

铸（或锻）件的工艺要求转角处有圆角光滑过渡，这样既便于起模，又能避免铸件在冷却时转角处应力集中而产生裂纹或缩孔，同时可以提高零件的疲劳强度，如图 6-4 所示。

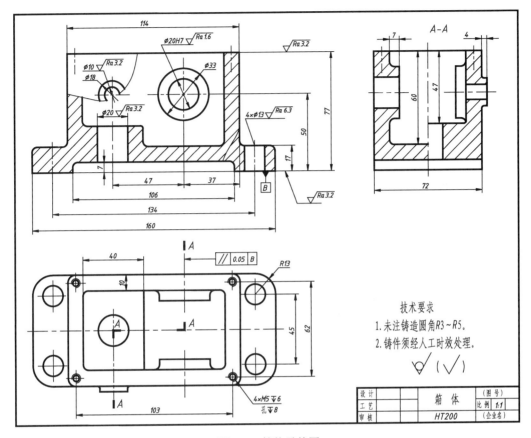

图 6-3 箱体零件图

在铸件毛坯各表面的相交处,都有铸造圆角。铸造圆角半径在零件图上一般不注出,而写在技术要求中。

铸件表面由于圆角的存在,使表面的交线变得不是很明显,这种不明显的交线称为过渡线。过渡线的画法与交线画法基本相同,只是过渡线的两端与圆角轮廓线之间应留有空隙。根据国家标准规定,过渡线采用细实线绘制。图6-5~图6-7是常见的几种过渡线的示例画法。

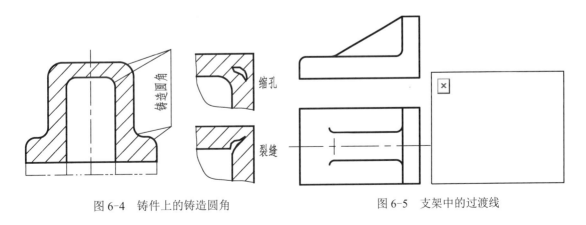

图 6-4 铸件上的铸造圆角　　　　图 6-5 支架中的过渡线

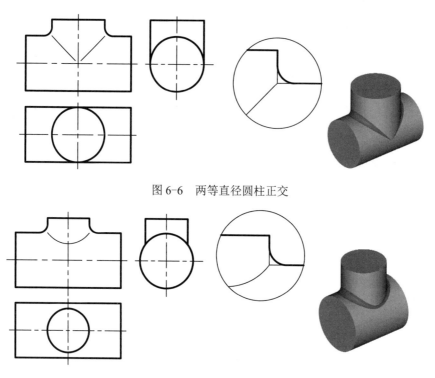

图 6-6 两等直径圆柱正交

图 6-7 两不等直径圆柱正交

6.2.2 铸件壁厚

为避免铁水浇注后在冷却收缩时产生壁厚的明显差异，在材料内部形成缩孔，在结构转折处产生裂缝等缺陷，铸件的壁厚应保持大致均匀，或采用渐变的方法，并尽量保持壁厚均匀，如图 6-8 所示。

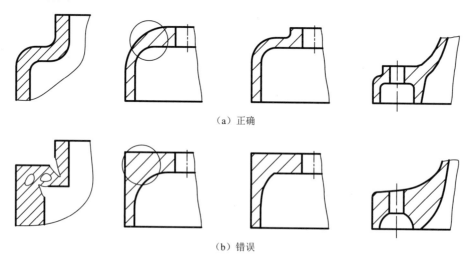

（a）正确

（b）错误

图 6-8 铸件壁厚的变化

6.2.3 拔模斜度

用铸造方法制造零件的毛坯时,为了便于将木模从砂型中取出,一般沿木模拔模的方向做成约 1:20 的斜度,约为 3°～6°,叫做拔模斜度,因而铸件上也有相应的斜度,如图 6-9(a)所示。这种斜度在图上可以标注,也可不画出,如图 6-9(b)、(c)所示。必要时,也可在技术要求中注明。

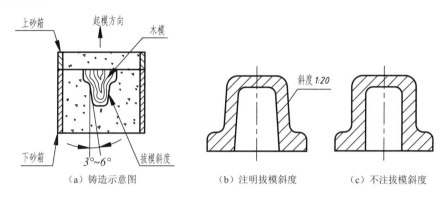

(a)铸造示意图　　　　(b)注明拔模斜度　　　　(c)不注拔模斜度

图 6-9　铸件的拔模斜度

6.2.4 凸台和凹坑

两零件的接触面一般都要进行加工,为了减少加工面积,并保证两零件的表面接触良好,通常将两零件的接触面做成凸台或凹坑、凹槽等结构,如图 6-10 所示。

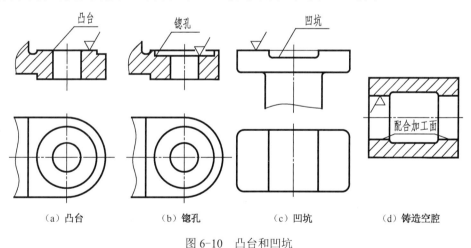

(a)凸台　　　　(b)锪孔　　　　(c)凹坑　　　　(d)铸造空腔

图 6-10　凸台和凹坑

箱体材料一般选用 HT200～400 的各种牌号的灰口铸铁,它不仅成本低,而且具有较好的耐磨性、可铸性、可切削性和阻尼特性。在实际生产中最常用的为 HT200,其抗拉强度为 200 MN/m,适合用来制作机座、床身、汽缸体、汽缸、飞轮、齿轮箱、油缸、轴承座等重要零件。箱体的材料除铸铁外,也有铸钢、铸铝、铸铜件等。

6.3 箱体类零件的尺寸标注

箱体类零件的形状比较复杂，尺寸也比较多，标注尺寸前先进行形体分析，再按一定的方法和步骤进行标注。箱体类零件尺寸标注的要求是正确、齐全、清晰、合理。

1. 尺寸基准

箱体类零件需标注长、宽、高三个方向的尺寸。在长、宽方向选择零件在装配体中的定位面、线，以及主要的对称面、线等重要几何要素为尺寸基准。在高度方向选择零件的安装支撑面、定位轴线等为尺寸基准。

2. 尺寸标注方法

根据已确定好的尺寸基准，按照形体分析法逐块标注定形、定位尺寸及总体尺寸。

（1）定位尺寸：在形体分析的基础上确定结构之间的定位尺寸。但要注意在标注定位尺寸时应联系零件在装配时的状态，比如安装孔的中心距、箱体孔的中心高、箱体孔的中心距、尺寸基准要素与其他结构的位置确定等，都要直接注出，以保证加工、装配精度。

（2）定形尺寸：确定结构大小。这类尺寸占多数，注意要标注齐全，不要遗漏。

下面以长方形箱体为例，说明箱体类零件尺寸的标注方法与步骤。

实例 17 如图 6-11 所示，该箱体的长度方向尺寸基准为过 ϕ20H7 孔轴线的铅垂面，宽度方向的尺寸基准为箱体宽度方向对称中心面，高度方向的尺寸基准为底面。

对该箱的尺寸标注如图 6-3 所示，箱体的定位尺寸：长度方向 47、37、103、134；宽度方向 45、62；高度方向 50。其他为定形尺寸，仍用形体分析法分解标注。

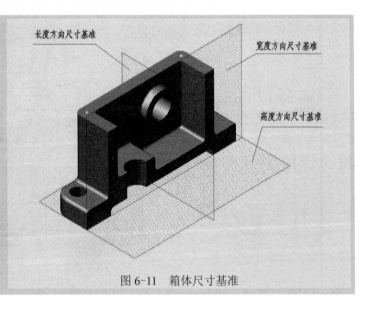

图 6-11 箱体尺寸基准

> 如图 6-12（a）中，左边 ϕ10、ϕ18、ϕ20 孔与右边 ϕ20、ϕ33 孔的中心距 47 应直接注出，以保证装配精度，而图（b）为错误注法，其中心距 47 难以保证。中心高 50 应以底面为基准，图（a）标注正确，图（b）错误。此类问题同学们在以后的专业课程学习中会逐步加深理解。

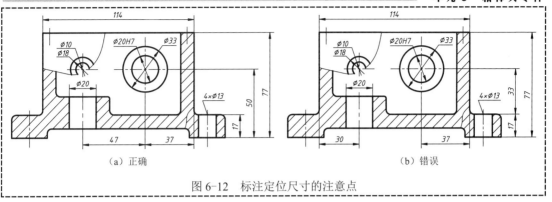

图 6-12 标注定位尺寸的注意点

6.4 箱体类零件的技术要求

一般情况下箱体类零件的结构较为复杂，通常是对旋转件进行支承，其支承孔本身的尺寸精度、相互间位置精度及支承孔与其端面的位置精度对零件的使用性能有很大的影响，因此，箱体类零件的技术要求通常包含：孔径精度、孔与孔的位置精度、孔与平面的位置精度、主要平面的精度及表面粗糙度等。

（1）尺寸公差：箱壳上有配合的孔都有尺寸公差，最常见的就是与滚动轴承或滑动轴承的配合。还有与其他零件的配合。

（2）表面粗糙度：箱体类零件大多为铸造件，加工面应标注 Ra 等评定值的具体数值，不加工面标注不加工符号"√"。

（3）几何公差：箱体类零件常有平面度（支撑面）、同轴度（支撑某一轴的两端箱孔轴线）、垂直度（两组箱孔轴线之间）、平行度（箱孔轴线对底面，或箱孔轴线之间）、位置度（安装孔之间）等要求。

（4）材质要求：箱体类零件的热处理一般有退火、表面淬火等要求。

通过阅读图 6-3 所示的箱体零件图，可知其技术要求如下。

（1）尺寸公差：箱体孔公差ϕ20H7，其余都为自由公差，即加工面默认 H12（h12）。

（2）表面粗糙度：箱孔ϕ20H7 表面为 Ra1.6；其他两个箱孔、底面内孔、顶面、底面为 Ra 3.2，顶面上螺纹孔默认为 Ra 3.2；安装孔为 Ra 6.3；毛坯面不加工，注明"√(√)"。

（3）几何公差：公差项目为平行度，基准要素为箱体的底面，被测要素为ϕ20H7 箱孔轴线。

（4）材质要求：铸件须经人工时效处理。

（5）其他方面：铸造圆角 R3～R5。

> 铸铁件零件图上常可看到"铸件须经人工时效处理"字样。时效处理是指为了释放铸件因浇铸时冷却收缩产生的内应力而把铸件在常态下安放一段时间的处理方法，但是时间往往很长，大型铸件一般要一年多。人工时效处理可大大缩短这一时间。方法是：在铸铁开箱之后立即转入 100～200℃的炉中，随炉缓慢升温至 500～600℃，保温 4～8 小时，再在炉中缓慢冷却，这一处理过程可消除 90%以上的内应力。时效处理是退火方法的一种。

6.5 箱体类零件图的识读

读箱体类零件图的要求、步骤与读其他零件图相同。下面以读固定钳身零件图（见图 6-13）为例，来进一步熟悉箱体类零件图的识读方法和步骤。

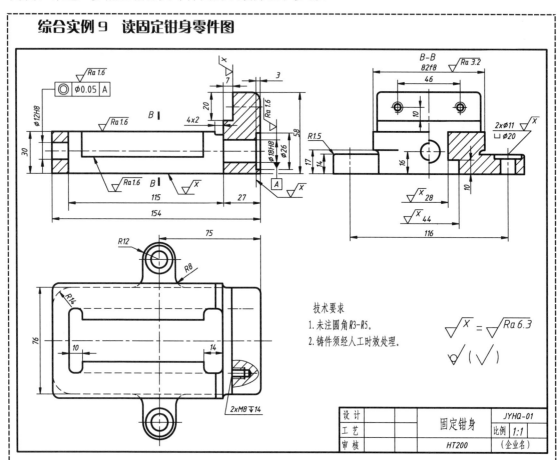

图 6-13　固定钳身零件工作图

1. 初读，知其概貌

先看标题栏，可知零件名称为固定钳身，材料为 HT200，绘图比例为 1:1 等。再浏览一下全图，可知零件的大致结构为长方块。

2. 细读，分析视图表达方案，详解各部分结构

1）分析表达方案

主视图为全剖视图，反映零件内腔的具体结构；俯视图采用局部剖视，表达主体结构的形状特征、拱形块的形状特征；对右边叠加块作局部剖表达螺纹孔的详细结构；左视图采用半剖视图，表达右边叠加块的形状特征、拱形块的厚度，以及进一步表达整体结构和局部小结构。该零件的各视图表达方案如图 6-14 所示。

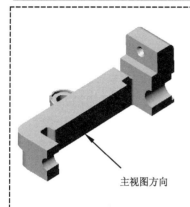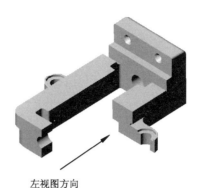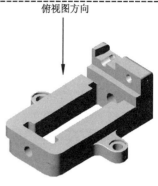

（a）主视图方案　　　　　　（b）左视图方案　　　　　　（c）俯视图方案

图 6-14　固定钳身各视图的表达方案

2）读出各部分结构

主体是带"工"形孔的长方块，上方大下方小；中部下方前后对称叠加拱形块，拱形块上有安装孔；右上方叠加块，有台阶、螺纹孔、圆角等结构，整个零件前后对称。综合归纳，固定钳身的结构如图 6-15（a）所示，它是图 6-15（b）所示机用虎钳的支撑基础件。

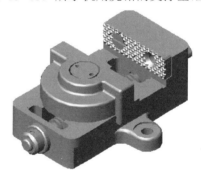

（a）固定钳身造型　　　　　　　　　（b）机用虎钳造型

图 6-15　零件与部件的三维造型

3．分析尺寸及技术要求

（1）尺寸基准：该零件在长度方向选择右端面作为尺寸基准，在宽度方向选择前后对称面作为尺寸基准，在高度方向选择底面作为尺寸基准。

（2）尺寸分析：采用形体分析法标注尺寸，定位尺寸——长度方向 75、宽度方向 46、116，高度方向 16、10；其余尺寸都是定形尺寸。

（3）尺寸公差：ϕ12H8、ϕ18H8、82f8。

（4）表面粗糙度：有 Ra 1.6、Ra 3.2、Ra 6.3、"不加工"几个精度，其中表面粗糙度要求最高的是ϕ12 及ϕ18 两处孔的内表面。

（5）几何公差：同轴度公差，基准要素为右边ϕ18H8 孔的轴线，被测要素为左边ϕ12H8 孔的轴线，即ϕ12H8 孔的轴线相对于ϕ18H8 孔的轴线的同轴度公差值为ϕ0.05。

（6）其他：人工时效处理、未注铸造圆角 $R3\sim R5$。

4. 综合归纳，整体想象

把零件的结构形状、尺寸标注、工艺和技术要求等内容综合起来，就能了解零件的全貌，也就看懂了固定钳身零件工作图。

> 在读图过程中为什么要从视图表达方案入手？且要几个视图联系起来分析？

6.6 箱体类零件的三维造型

下面以图 6-13 所示固定钳身零件工作图为例，介绍箱体类零件三维造型的方法与步骤。

综合实例 10　固定钳身零件的三维造型

（1）启动 AutoCAD 应用程序，将绘图空间切换到前面单元已创建好的"用户三维建模工作界面"。

（2）将当前视图切换到俯视图状态，在"视图样式"的"二维线框"模式下绘制如图 6-16（a）所示的图形，该图形为固定钳身零件底部右侧部分去除圆角后的轮廓线。图形的其他尺寸参看图 6-13。

将绘制好的封闭线框部分创建为面域，单击"建模"工具栏的"拉伸"按钮，选择该面域作为拉伸对象，输入拉伸高度为 17，完成拉伸操作后的三维效果如图 6-16（b）所示。

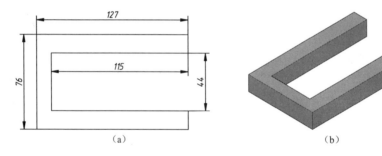

图 6-16　第（2）步操作

（3）利用拉伸、三维移动、三维镜像及并集命令，创建固定钳身前后两侧的耳板，结果如图 6-17 所示。

（4）利用旋转、三维移动、差集等命令，创建耳板上的沉孔结构，结果如图 6-18 所示。

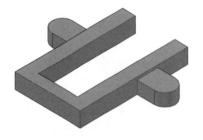

图 6-17　第（3）步操作

图 6-18　第（4）步操作

(5)将当前视图切换到俯视图状态,在"二维线框"模式下绘制如图 6-19(a)所示的图形。将绘制好的封闭线框部分创建为面域,单击"拉伸"按钮,选择该面域作为拉伸对象,输入拉伸高度 13,完成拉伸操作后的三维效果如图 6-19(b)所示。

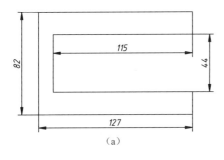
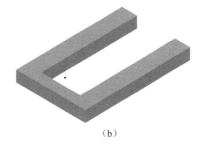

图 6-19 第(5)步操作

(6)创建一个长为 4、宽为 82、高为 2 的长方体,然后通过三维移动、差集命令在第 5 步所创建的实体上表面右侧减去刚创建的长方体,结果如图 6-20 所示。

(7)利用三维移动、并集命令,把创建的实体组合成一体,结果如图 6-21 所示。

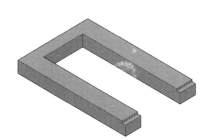
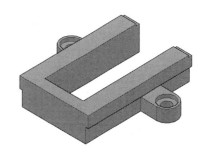

图 6-20 第(6)步操作   图 6-21 第(7)步操作

(8)创建一个长为 91、宽为 8、高为 20 的长方体,然后通过三维移动、镜像、并集命令,在第(7)步创建的实体内侧的前后表面各添加一个刚创建的长方体,结果如图 6-22 所示。

(9)利用拉伸、三维移动、差集等命令,创建固定钳身左侧的直径为 $\phi 12$ 的孔,结果如图 6-23 所示。

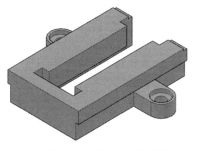
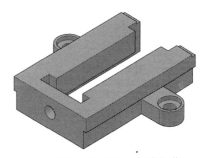

图 6-22 第(8)步操作   图 6-23 第(9)步操作

(10)将当前视图切换到主视图状态,在"二维线框"模式下绘制零件主视图的右侧部分,结果如图 6-24(a)所示。将绘制好的封闭线框部分创建为面域,单击"拉伸"按钮,选取该面域作为拉伸对象，输入拉伸高度76，完成拉伸操作后的三维效果如图6-24（b）所示。

（11）利用三维移动、并集命令，把前面创建的所有实体组合成一体，结果如图6-25所示。

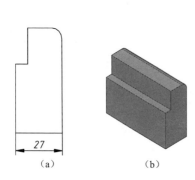
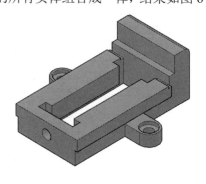

图 6-24　第（10）步操作　　　　　　图 6-25　第（11）步操作

（12）利用旋转、三维移动、差集等命令，在固定钳身右侧生成一个台阶孔和两个螺纹孔，结果如图6-26所示。

（13）单击"修改"工具栏的"圆角"按钮，对该零件中的某些结构进行倒圆角。单击"视觉样式"工具栏的"真实"按钮，完成固定钳身的三维建模，造型结果如图6-27所示。

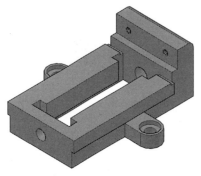

图 6-26　第（12）步操作　　　　　　图 6-27　固定钳身的三维造型

> AutoCAD中对三维实体倒圆角时要注意操作顺序，尽量使用"链"操作，否则极易出现操作失败。此时命令行显示："检测到的情况太复杂，无法封口。未能进行光顺。圆角失败。"

除前面所述之外，常用的三维造型命令和相关设置还有：

1. 剖切（Slice）与分割（Section）

剖切命令通过剖切或分割现有对象，创建新的三维实体和曲面，可利用该命令运用于观察复杂零件的内部结构；而切割命令则使用平面和实体、曲面或网格的交集创建面域，原三维实体不受影响，可用于观察零件的断面形状。

2. 编辑三维实体对象（Solidedit）

可使用"实体编辑"工具栏中的各个子命令，对实体面进行拉伸、移动、偏移、旋转、倾斜、抽壳、着色和复制等操作，如图6-28所示。

单元 6 箱体类零件

图 6-28 "实体编辑"工具栏

3. 渲染处理（Render）

渲染是对三维图形对象加上颜色、材质、灯光、背景、场景等因素，更真实地表达图形的外观和纹理。渲染是输出图形前的关键步骤，尤其在效果图的设计中，渲染可以表达设计的真实效果。"渲染"工具栏如图 6-29 所示。

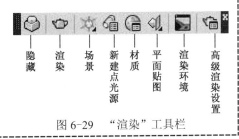

图 6-29 "渲染"工具栏

6.7 箱体类零件的测绘

图 6-30 为卧式齿轮油泵泵体的三维造型图，其测绘的方法步骤与前两个单元的零件相似，但该零件的结构比较复杂。通过本次测绘，相信对知识的应用技能会有明显的提高。

下面以图 6-30 所示齿轮油泵泵体为例，介绍箱体类零件的测绘方法与步骤，要求综合运用前面所学知识，绘制其零件工作图。与单元 5 中泵盖的测绘一样，该零件也来自于卧式齿轮油泵，具体可参考单元 5 中的图 5-23。

综合实例 11　测绘齿轮油泵泵体

泵体的测绘方法及作图步骤与轴套类零件、盘盖类零件相同，这里不再赘述。下面主要从一张完整的零件图需要包含的四个方面来进行阐述。

1. 泵体的视图表达

1）泵体的形体分析

通过形体分析法，可把泵体分解为底板、腰形箱、下管、上管、后凸台五部分结构。底板上有安装孔、底部槽；腰形箱上有法兰边、销孔、螺纹孔、轴孔等结构；下管内有管螺纹孔、等直径相贯孔结构；上管内有管螺纹孔；后凸台由圆柱、圆角菱形组成，圆柱和菱形间由肋板连接，圆柱凸台内有轴孔，菱形凸台内有轴孔，上下有螺纹孔，如图 6-30 所示。

图 6-30 齿轮油泵泵体造型图

2）视图方案

（1）主视图：选择泵体零件的工作位置，同时也是自然安放位置，主视图的投影方向为腰形箱特征面平行于正立投影面，朝向向前，如图 6-31（a）所示。主视图以视图为主，为表示上、下管孔的内部结构，采用局部剖视图。

（2）其他视图：俯视图采用相交面剖切的全剖视图，剖切面分别经过腰形箱高度方向的对称面以及销孔轴线，如图 6-31（b）所示。

左视图以反映外形为主，重点突出泵体的位置特征；另外还采用局部剖视图表达菱形凸台上螺纹孔的内部结构。

除三个基本视图以外，另采用从后往前投影的局部视图，表达后凸台上圆柱、圆角菱形及肋板等结构特征。

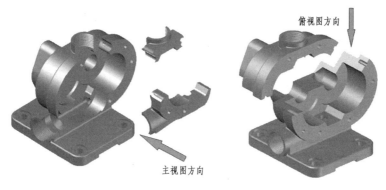

（a）主视图剖切方案　　　　（b）俯视图剖切方案

图 6-31　泵体的剖切方案

3）绘制视图草图

在测绘零件时先绘制视图草图，标注好尺寸线，然后测量标注数值，这是对被测零件的信息记录。在绘制零件工作图（正图）时可对原结构进一步优化设计，结构和尺寸会有局部更改。

2．泵体尺寸及技术要求

1）主要尺寸基准的选择

分析泵体在整个装配体中的作用，在长度方向选择左轴孔的铅垂面为尺寸基准；宽度方向选择腰形箱的前端面为尺寸基准（这是泵体和泵盖的接触面）；高度方向以底面为尺寸基准，如图 6-32 所示。

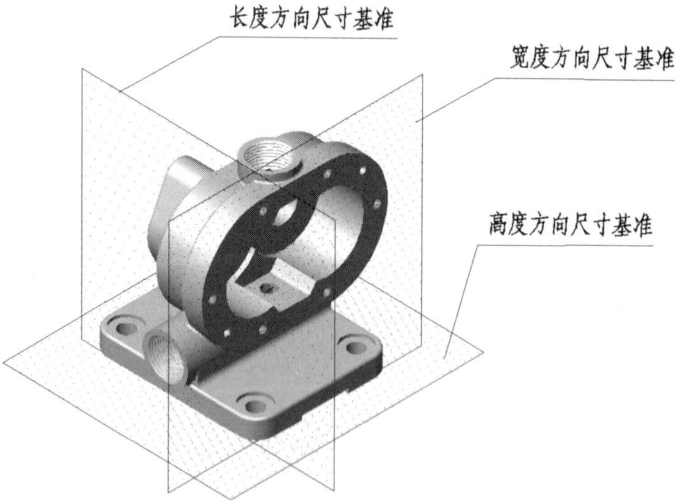

2）尺寸公差

建议：左、右轴孔尺寸公差带为 H8；齿轮腔孔尺寸公差带为 H8；销孔尺寸公差带为 H7 "配作"，左右轴孔中心距±0.031，中心高±0.06。

图 6-32　泵体的尺寸基准

3）表面粗糙度

建议：左、右轴孔表面为Ra1.6；齿轮腔孔表面为Ra1.6；销孔表面为Ra0.8；底面为Ra6.3；腰形箱前端面为Ra6.3；安装孔、其他加工面为Ra12.5；其余毛坯面"不加工"。

4）几何公差

建议：平行度要求，基准要素为左轴孔及左齿轮腔整体轴线，被测要素为右轴孔及右齿轮腔整体轴线，公差值为$\phi 0.015$。

5）其他技术要求

（1）未注铸造圆角$R3\sim R5$；

（2）铸件不得有气孔、夹砂、裂纹等缺陷；

（3）铸件须经人工时效处理。

在零件的测绘过程中需要注意以下事项：

（1）螺纹、销孔等标准结构在测量后应查表最终确定尺寸。

（2）泵体结构比较复杂，相应的尺寸也多，在标注尺寸时要合理布局，与同一结构相关的尺寸最好就近标注。

（3）在绘制零件正图时可对原结构进一步优化设计，结构和尺寸会有局部更改。

知识梳理与总结

本单元阅读了箱体、固定钳身等箱体类零件图；对固定钳身进行了三维建模，并测绘了齿轮油泵泵体。通过这些案例的学习，熟悉了箱体类零件的结构特点、视图表达、尺寸基准的确定、尺寸标注与识读，技术要求的标注与识读等内容，并且掌握了箱体类零件的基本造型方法。

箱体类零件在一般情况下都比较复杂，且不同种类的箱体结构差异很大，绘制图样时为方便他人读图及绘图方便，要选择一个合理的表达方案。可运用形体分析法，先明确主体结构，然后分析局部结构，注意考రేర方案全局的整体性、关联性，每一个视图都有表达重点，主视图是表达方案的核心，选择能反映整体形象的位置安放，并作合适的剖视，其他视图是对主视图的补充。箱体类零件的尺寸基准应从长、宽、高三个方向去考虑，选择在其方向上的主要几何要素为基准。同种类箱体有类似的技术要求。

单元 7　叉架类零件

教学导航

学习目标	识读叉架体类零件图，利用 AutoCAD 软件绘制叉架类零件图
学习重点	掌握叉架类零件的视图表达、尺寸及技术要求的标注与识读；学会识读叉架类零件图，并能利用 AutoCAD 软件绘制完整的叉架类零件图
学习难点	叉架类零件的形体分析、CAD 尺寸标注及图块制作技能
建议课时	6～10 课时

单元 7　叉架类零件

叉架类零件常常是一些外形不是很规则的中小型零件，在各类机器中多是传力构件的组成部分，如机床拨叉、发动机边杆、铰链杠杆等。叉架类零件可细分为支架、叉两类，如图 7-1（a）、（b）所示均为支架，结构特征是由三（四）部分组成，即工作部分（图中的上端大圆柱筒）、支承或安装部分（图中的下端底板），及连接部分（中间部分的两块板）组成，其上常有光孔、螺纹孔、肋板、槽等结构，连接部分的断面形状通常为"+"、"丅"、"凵"、"—"、"冂"、"工"形等；而图 7-1（c）、（d）所示为叉，结构特征也由三（或四）部分组成，工作部分为叉口，另一端的大圆柱筒与操纵轴配合，拨动叉口的运动，连接部分与支架类似。

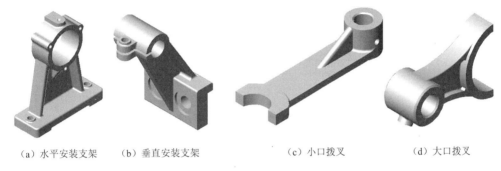

（a）水平安装支架　　（b）垂直安装支架　　（c）小口拨叉　　（d）大口拨叉

图 7-1　叉架类零件

7.1 叉架类零件的视图表达

7.1.1 支架类零件的视图表达

1. 支架的放置

支架类零件的形体复杂，且多为不规则形状，有时无法自然安放，可考虑把零件上的主要几何要素水平或垂直放置。如图 7-1 中，（a）支架可自然安放，（b）支架就不能自然安放，这时可考虑把其安装结构按工作位置垂直安放。

2. 主视图

支架的主视图应选择尽可能多地反映整体形象的投影方向，图 7-1 中两个支架的主视图投影方向可选择如图 7-2 所示方向。

3. 其他视图

其他视图的考虑与箱体类零件相同，即主视图尚未表达清楚的结构，通过若干其他视图表达完整。

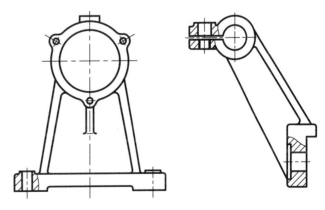

图 7-2　两个支架的主视图

图 7-3 为水平安装支架的视图方案，俯视图采用了全剖视，表达底板结构、连接板截面结构；左视图采用全剖视图，表达上方圆柱筒相贯结构、顶部凸台内部结构、三等分均布孔

结构、前方肋板形状特征以及形体间的位置关系；B 向局部视图表达了顶部凸台的形状特征。

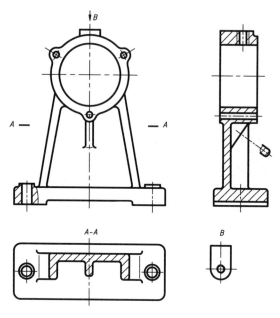

图 7-3 水平安装支架的视图方案

图 7-4 为垂直安装支架的视图方案，左视图配合主视图表达整体结构，并且清晰表达了下方安装结构的形状特征。移出断面图表达了连接板的截面结构特征，A 向局部视图补充表达了支架左上方的凸台结构。

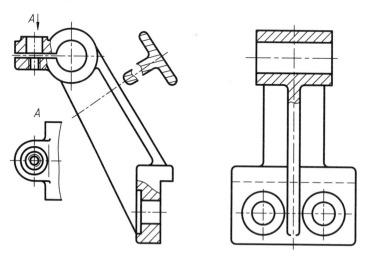

图 7-4 垂直安装支架的视图方案

> 在考虑表达方案时，要注意处理好整体与局部的关系，既要体现零件的整体结构，又要清晰表达出各个局部结构，且不使图样变得"支离破碎"。图 7-4 就处理得很好，三处局部剖都不影响对整体结构的理解，A 向局部视图、连接板的移出断面图的配置位置都按就近布置，与整体联系紧密，使局部与整体关联性好，便于读图。

7.1.2 叉类零件的视图表达

1. 叉的放置

叉类零件的形体复杂且形状不规则，一般无法自然安放，常考虑把零件上的主要几何要素水平或垂直放置。如图 7-1 中，图（c）小口拨叉能自然安放，图（d）大口拨叉无法自然安放，这时可考虑按拨叉的对称中心面水平安放。

2. 主视图

叉类零件的主视图应选择尽可能多地反映叉类零件整体形象的投影方向，如图 7-5 所示大口拨叉的主视图很好地反映了该零件三部分的形状特征及位置特征。

3. 其他视图

叉类零件选择其他视图的方法与支架零件相同，即主视图尚未表达清楚的结构，通过若干其他视图表达完整。如图 7-5 中，除主视图外，俯视图补充表达整体结构，移出断面图表达连接板的截面结构。

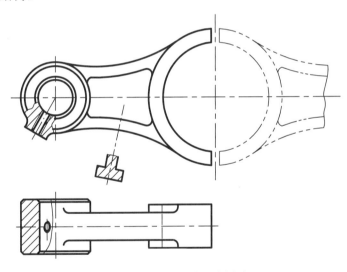

图 7-5　大口拨叉的视图方案

> 图 7-5 零件的主视图中出现的双点画线部分，表示该拨叉在制造时是两个一起制作的，即同时铸造、同时机加工，最后再将其分割开，这是制作工艺上的需要。这种画法称为假想画法，同学们将在后续装配图中继续看到此类表达方法。

7.2 叉架类零件的尺寸标注

叉架类零件的尺寸标注要求仍然是"正确、齐全、清晰、合理"。

1. 尺寸基准

叉架类零件上一般加工的表面并不是很多，但由于其结构形状比较复杂，各表面间有一定的位置精度要求，因此较多地选择要加工的孔及其端面作为尺寸标注的基准。叉架类零件在长、宽、高三个方向上的尺寸基准一般按如下原则进行选择。

（1）**支架**：在长、宽方向选择零件在装配体中的定位面、线，以及主要的对称面、线等重要几何要素作为尺寸基准。在高度方向选择零件的安装支撑面、定位轴线等为尺寸基准。

（2）**叉**：一般选择长、宽、高各方向上的重要几何要素作为尺寸基准。

2. 尺寸标注

叉架类零件的外形一般不是很规则，应通过形体分析，根据已定好的尺寸基准，分部分标注定形尺寸和定位尺寸。

（1）**定位尺寸**：在形体分析的基础上确定结构之间的定位尺寸。但要注意标注定位尺寸时应联系零件在装配时的状态，如支架安装孔的中心距、支架的中心高等要直接注出。叉类零件的叉口轴线与另一端圆柱筒轴线之间的中心距等也要直接注出，如图 7-7 中安装孔的中心距 120。

（2）**定形尺寸**：这是确定零件结构大小的尺寸，注意要标注齐全，不要遗漏，无特殊需要也不重复。

7.3 叉架类零件的技术要求

叉架类零件上的技术要求，按具体零件的功用和结构的不同而有较大的差异。一般情况下，叉架类零件的主要孔的加工精度要求都较高，孔与孔、孔与其他表面之间的相互位置精度也有较高的要求，工作面的表面粗糙度精度要求较高。总的来说，叉架类零件技术内容的项目、要求与箱体类零件有类似之处。

1. 表面粗糙度

重要的孔、平面，其表面粗糙度要求为 Ra 1.6、Ra 3.2；一般要求为 Ra 6.3；精度要求不高的孔、平面，则为 Ra 12.5 等。

2. 尺寸公差

重要的孔，尺寸公差为 H7、H8 等；重要的中心距有 Js8、Js9 等公差，其余均为自由公差。

3. 几何公差

（1）**形状公差**：叉架类零件图上常有平面度、直线度等要求。

（2）**位置公差**：叉架类零件图上常有垂直度、平行度、位置度等要求。

4. 其他要求

除以上几何类技术要求外，叉架类零件图上还有一些材质方面的要求，如热处理、表面处理等，应避免的铸造缺陷、铸造圆角等，具体包括：

（1）热处理要求如淬火、调质、正火、回火等。

（2）表面处理的具体项目有发黑、发蓝、镀铬、镀镍、渗碳、渗氮等。

（3）未注倒角、圆角等要求。

（4）不加工表面涂漆等。

下面通过阅读图 7-6 所示的支架零件图，来具体分析和掌握叉架类零件的尺寸和技术要求。

综合实例12 读支架零件图

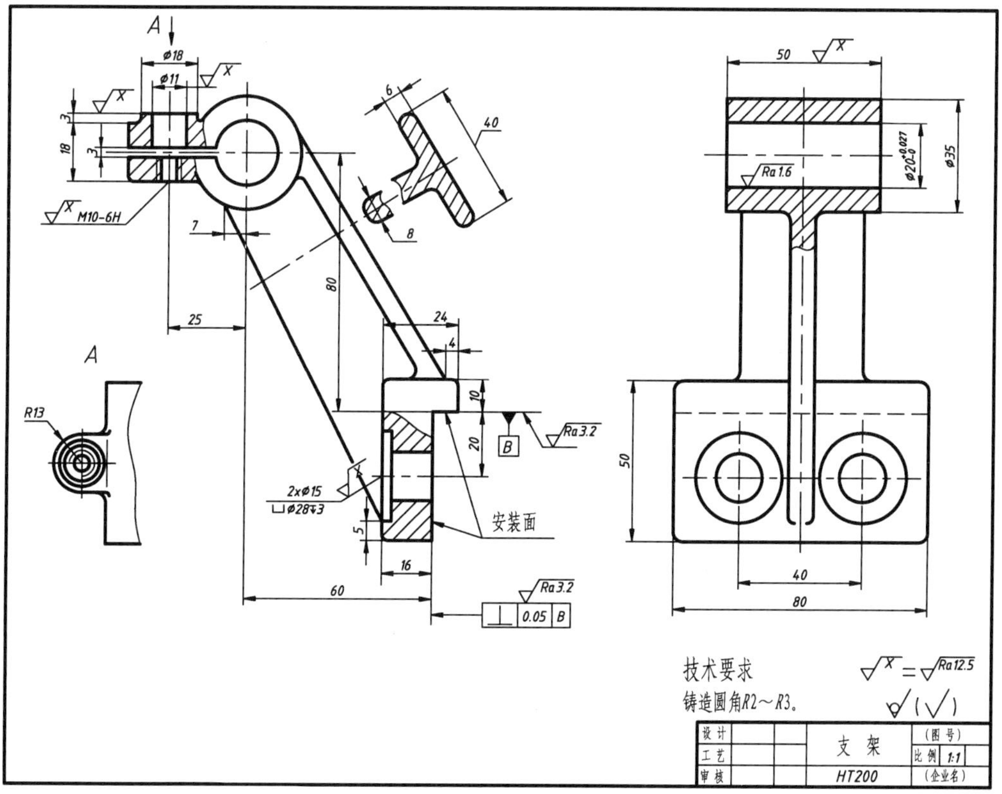

图 7-6 支架零件图

1）分析尺寸基准

通过看图分析可知，该支架的长度方向以图 7-6 中箭头所指右下方的长度方向安装面为基准，这也是垂直度公差的被测要素面；宽度方向以该方向上的对称中心面为基准；高度方向以图 7-6 中箭头所指右下方的高度方向安装面为基准。

2）分析尺寸

（1）定位尺寸：该支架在长度方向的定位尺寸有左上方拱形凸台轴线的定位尺寸 25、上方圆柱筒的定位尺寸 80、连接板的定位尺寸 7 等；宽度方向有安装孔中心距 40；高度方向有安装孔的定位尺寸 20、圆柱筒在高度方向的定位尺寸 80、肋板在高度方向的定位尺寸 5 等。

（2）定形尺寸：除了定位尺寸外都是定形尺寸，但有些尺寸既定形又定位，如尺寸 10。

3）分析技术要求

（1）表面粗糙度要求：表面精度要求最高的面为上方ϕ20内孔面为 Ra 1.6，其次为长度方向和高度方向的安装面为 Ra 3.2，其他加工面要求较低为 Ra 12.5；其余为毛坯面，不需再加工。

（2）尺寸公差：上方内孔ϕ20，上偏差+0.027，下偏差 0。

（3）几何公差：垂直度，基准要素为高度方向安装面，被测要素为长度方向安装面。

（4）其他要求：铸造圆角 $R2\sim R3$。

综合分析支架的尺寸、技术要求可知，该零件上工作部分的孔ϕ20及安装部分应是该零件加工的重点所在。

7.4 识读叉架类零件图

识读叉架类零件图的要求、方法、步骤与箱体类零件相同。下面通过两个具体实例来进一步知晓、理解叉架类零件的构造、视图方案、尺寸及技术要求。

综合实例 13　阅读拨叉零件图

图 7-7 所示为拨叉零件图，这是一个很典型的叉类零件。

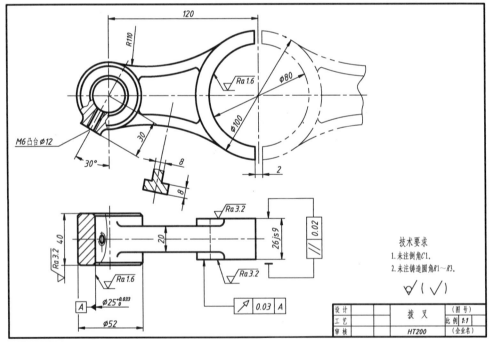

图 7-7　拨叉零件图

1. 了解零件图

浏览全图，看标题栏，可以看出该零件属于叉架类零件中的叉类零件，零件的名称为拨叉、材料是 HT200 灰口铸铁。阅读标题栏还能知道零件的设计者、审核者、制造厂家，以及

零件图的比例等内容。

2．分析视图表达方案

1）零件放置

分析图 7-7 所示拨叉的视图表达方案，由于拨叉无法自然安放，因此采用了主要对称面平行于投影面的放置方法，即高度方向的对称面平行于水平投影面，宽度方向的对称面平行于正立投影面。

2）视图方案

该零件共用了三个视图来表达零件的内外结构，其中主视图为局部剖视图，表达了零件整体特征；俯视图为局部剖视图，表达了各形体宽度方向的特征；而移出断面图则表示了连接板的结构。

3．细读各部分结构

先看主体部分，后看细节。按表达方案找出投影的对应关系，分析形体，并兼顾零件的尺寸与功用，以便帮助想象零件的形状。

根据叉架类零件的特点，主体结构可分成三部分，工作部分——叉口即右端部分，由近半个圆柱筒构成；支承（或安装）部分是该图的左端部分，为圆柱筒结构；连接及加强部分为该图中间的连接板，由移出断面图可看出为"工"字形结构。

另外，从主、俯视图中的局部剖视图可看出，在左端圆柱筒上叠加了圆柱筒凸台的小结构：内孔为 M6 螺纹通孔，外圆 $\phi 12$，台面距大圆柱筒轴线 30。

由以上分析可想象出拨叉的形体构成，如图 7-1（d）所示。

4．尺寸分析

该零件在长度方向的主要尺寸基准为左端圆柱轴线，因为左边圆柱筒与轴装配而使拨叉在部件中定位，常以此轴线作为基准；宽度方向以零件的前后对称面作为尺寸基准；高度方向则以零件的高度方向对称中心面作为尺寸基准。图中其他定位尺寸有 120、30、30°。

5．技术要求分析

（1）表面粗糙度：表面粗糙度要求最高的是左端圆柱筒内孔表面、右端叉口内孔为 Ra 1.6；其次为圆柱筒两侧面、叉口两侧面为 Ra 3.2；以及其他加工面为 Ra 12.5；其他为毛坯面。

（2）尺寸公差：$\phi 25$ 孔的上偏差为 +0.033，下偏差为 0，查附表 A-19 得公差带代号为 H8。

（3）几何公差：叉口两侧面有平行度要求，基准要素为叉口前端面，被测要素为叉口后端面，平行度公差值为 0.02。

（4）材质：无特殊要求。

（5）其他：倒角、圆角要求。

6．归纳总结

对上述内容进行综合、连贯论述，就能全面地了解拨叉零件的全貌。

图 7-7 所示的拨叉位于 CA6140 车床的变速机构中，主要起换挡作用，使主轴回转运动按照操作者的要求工作，获得所需的速度和扭矩。零件左边的 ⌀25 孔与操纵机构相连，右边的 ⌀80 半孔则是用于与所控制齿轮所在的轴接触，通过左方的力拨动右方的齿轮变速。一般将两件拨叉零件铸为一体，加工后分开。

叉架类零件平面的加工方法有刨、铣、拉、磨等，刨削和铣削常用做平面的粗加工和半精加工，而磨削则用做平面的精加工。此外，还有刮研、研磨、超精加工、抛光等光整加工方法。

综合实例 14 阅读支架零件图

图 7-8 为斜底支架零件图，下面按阅读拨叉零件图的方法来识读此零件。

1. 了解零件图

浏览图 7-8 全图，可看出该零件名称为支架，材料为 HT150 灰口铸铁及零件图的比例等信息。阅读标题栏，还能知道零件的设计者、审核者、制造厂家等内容。从标题栏左边的图符可知，该零件图采用了第三分角投影的画法。

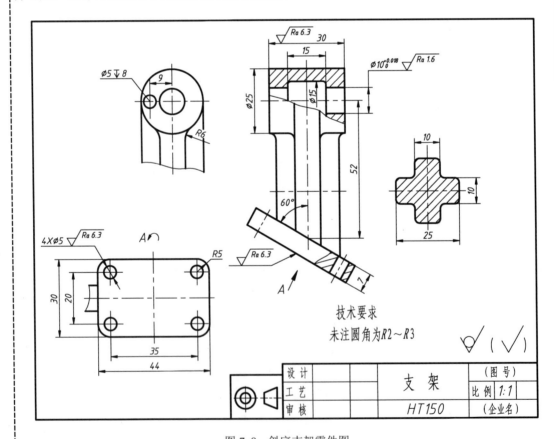

图 7-8 斜底支架零件图

2. 分析表达方案

（1）支架的放置：该零件的形体不规则，无法自然安放，考虑把上方圆柱筒的轴线水平放置，并且使宽度方向的对称面平行于正立投影面。

（2）视图方案：主视图采用局部剖视图，用以表达主体结构；局部左视图表达圆柱筒的结构特征以及十字连接板与圆柱筒的连接关系；A 向斜视图表达底板的形状特征；移出断面图表达连接部分的截面结构。

3. 细读各部分结构

主体结构可分成三部分：支撑部分——上方圆柱筒（支撑轴）；连接及加强部分——十字柱结构；安装底板。十字柱的一块板平行于侧立投影面，相切于圆柱，另一块板平行于正立投影面，比圆柱筒短；底板与十字柱呈 60°夹角，四个角上有安装孔。分析后得出该支架的构造形态，如图 7-9 所示。

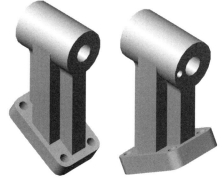

图 7-9 所示的支架，想一想，有没有其他更好的表达方法？用草图勾勒一下你的方案。

4. 尺寸分析

该支架的长度方向以主对称面作为主要尺寸基准；宽度方向以零件的宽度方向对称面作为尺寸基准；高度方向以圆柱筒的轴线作为尺寸基准。长度方向上的定位尺寸有底板上安装孔中心距 35；宽度方向上的定位尺寸有底板上安装孔中心距 20、上方圆柱筒上 $\phi5$ 小孔定位尺寸 9；高度方向上的定位尺寸有圆柱筒中心高 52。

图 7-9 斜底支架造型图

5. 技术要求分析

（1）表面粗糙度：要求最高的是圆柱筒内孔表面为 Ra 1.6；其次圆柱筒两侧面、底面为 Ra 3.2；安装孔为 Ra 6.3；其他为毛坯面。

（2）尺寸公差：$\phi10$ 的上偏差为＋0.018，下偏差为 0，查附表 A-19 得公差带代号为 H7。

（3）几何公差：无特殊要求。

（4）材质：无特殊要求。

（5）其他：圆角要求。

6. 归纳总结

对以上内容进行归纳总结，针对支架零件图的表达进行连贯论述，就可了解零件全貌。

7.5 利用 AutoCAD 软件绘制叉架类零件图

利用 AutoCAD 软件绘制零件图，除了绘制一组视图以外，还需要对零件进行尺寸和技术要求的标注。下面以绘制一张完整的拨叉零件图（见图 7-7）为例来，来说明用 AutoCAD

机械制图与零部件测绘（第 2 版）

软件绘制叉架类零件图的方法和步骤。

综合实例 15　绘制拨叉零件图

1. 绘制零件图的图框和标题栏

（1）启动 AutoCAD 应用程序后，以前面章节创建的"模板"文件作为样板图，新建文件"拨叉零件图"。

（2）利用平面图形中的绘图及修改命令，并根据制图标准规定，绘制出如图 7-10 所示的 A3 图框及标题栏。

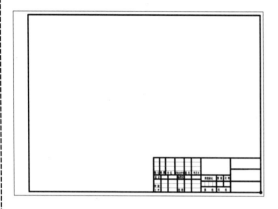

图 7-10　A3 图纸样式　　　　　图 7-11　"文字样式"对话框

（3）创建标题栏中的文字。标题栏中文字的创建需要分两步进行。

① 创建文字样式：选择菜单"格式"→"文字样式"命令，弹出如图 7-11 所示的"文字样式"对话框，单击该对话框右侧"新建"按钮，将弹出"新建文字样式"对话框，输入样式名"工程汉字"，如图 7-12 所示，单击"确定"按钮后返回"文字样式"对话框，在"字体名"下拉列表框中选择"宋体"字体，并在"宽度因子"文本框中输入"0.7"，如图 7-13 所示，单击"应用"按钮后再单击"关闭"按钮，完成文字样式的创建。

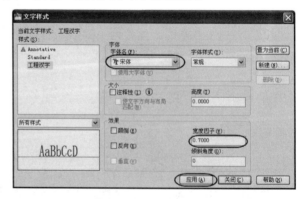

图 7-12　"新建文字样式"对话框　　　　图 7-13　"工程汉字"设置效果

② 文字写入：选择菜单"绘图"→"文字"→"多行文字"命令，或单击"绘图"工具栏的"多行文字"按钮 **A**，或在命令行输入"MTEXT"命令，根据命令行提示，在绘图区

拾取两点确定书写的区域，并弹出如图 7-14 所示的对话框中，在对话框中选择之前已设置好的"工程汉字"文字样式，并设置好字体高度，然后在书写区域输入文字。

图 7-14　"文字格式"对话框　　　　　　　　　图 7-15　布图

❗ 多行文字（MTEXT）命令对于格式的设置比较方便，可以进行字符和文本的导入，一般用于大段文本的输入和特殊字符的输入。除此之外，AutoCAD 还可用单行文本（DTEXT）命令进行文字的输入，该命令的操作十分方便，可在屏幕的任意位置进行输入，一般用于简短文本的输入。

2．绘制零件图中的图形部分

1）布图

利用直线（line）、偏移（offset）命令绘制基准线、定位线，如图 7-15 所示。注意在绘制时要采用"对象捕捉追踪"模式来实现在主、俯视图之间的"长对正"关系。

2）绘制左侧圆筒部分

利用直线（line）、偏移（offset）、倒角（chamfer）、镜像（mirror）等命令，绘制俯视图部分，在"对象捕捉追踪"模式下利用圆（circle）命令绘制主视图部分，如图 7-16 所示。

3）绘制左侧凸台部分

打开"草图设置"对话框的"极轴追踪"选项卡，在"角增量"下拉列表框中选择"30°"，然后在"极轴追踪"模式下绘制凸台孔主视图的轴线。再利用偏移（offset）、椭圆（ellipse）、倒圆角（fillet）、样条曲线（spline）、修剪（trim）等命令，完成凸台视图部分的绘制，如图 7-17 所示。

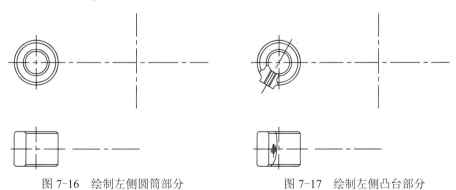

图 7-16　绘制左侧圆筒部分　　　　　　　　　图 7-17　绘制左侧凸台部分

4)绘制右侧叉头部分

可利用圆(circle)、偏移(offset)、直线(line)、修剪(trim)等命令,来绘制右侧叉头部分(不含双点画线部分),如图7-18所示。

5)绘制中部连接部分

可利用圆(circle)命令中的"相切、相切、半径(T)"选项及偏移(offset)、倒圆角(fillet)、镜像(mirror)和修剪(trim)等命令,来绘制中部连接部分,如图7-19所示。

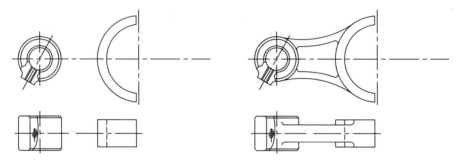

图7-18 绘制右侧叉头部分　　　　　图7-19 绘制中部连接部分

6)绘制断面图部分

可利用直线(line)、偏移(offset)、修剪(trim)、样条曲线(spline)等命令,绘制断面图部分,如图7-20所示。

7)绘制右侧的双点画线部分

可利用镜像(mirror)、样条曲线(spline)、修剪(trim)等命令,绘制右侧的双点画线部分,如图7-21所示。

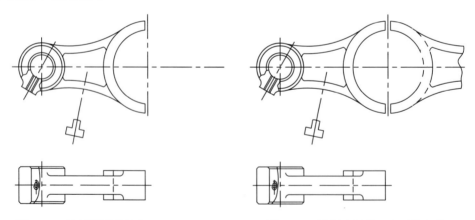

图7-20 绘制断面图部分　　　　　图7-21 绘制右侧的双点画线部分

8)绘制剖面符号

单击"绘图"工具栏的"图案填充"按钮,出现如图7-22所示的"图案填充和渐变色"对话框。

单元 7 叉架类零件

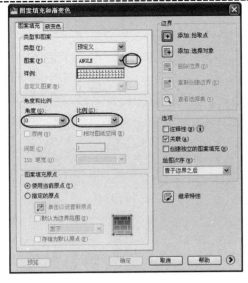

图 7-22 "图案填充和渐变色"对话框　　图 7-23 "填充图案选项板"对话框

（1）选择填充图案的类型：单击对话框中"图案"下拉列表框右边的按钮，出现图 7-23 所示的"填充图案选项板"对话框。该选项板中显示 AutoCAD 默认的所有填充图案，本图中采用金属的剖面符号：即 ANSI 选项卡中的 ANSI31 类型。

（2）输入填充图案的角度和比例：在 AutoCAD 中，每种填充图案在定义时旋转角为零，初始比例为 1，绘图时可以根据所绘制图形的比例和要求，在"图案填充和渐变色"对话框中适当地更改填充图案的角度和比例。如在"角度"文本框中输入角度值改变其方向；在"比例"文本框中输入比例值，比例值不同填充图案的间隔也不同。

（3）确定填充区域：单击"图案填充和渐变色"对话框上的"添加：拾取点"按钮，将切换到绘图窗口，在需要绘制剖面符号的各封闭线框内部任意拾取一点，系统以虚线形式显示能绘制剖面符号的区域。如果所选区域不能形成一个封闭的填充边界，这时 AutoCAD 会提示错误信息。

（4）执行填充图案：当填充区域选择完成后，单击鼠标右键或按 Enter 键，返回到图 7-22 所示"图案填充和渐变色"对话框，单击该对话框的"确定"按钮，结束填充图案命令，完成对拨叉零件图中剖面符号的绘制。

3．零件图中的尺寸标注

1）AutoCAD 标注环境设置

AutoCAD 标注环境的设置是尺寸标注的基础，对尺寸的标注有着非常重要的作用。AutoCAD 默认的标注环境并不能完全满足我国工程图标注的需要，特别是具体零件产品的个性化标注，因此有必要在标注零件图前对标注环境进行设置，标注环境的设置包括数字样式设置和标注样式设置。

（1）数字样式设置

同"工程汉字"创建方法类似，创建样式名为"工程数字"的文字样式，字体名为"gbeitc"，文字的"宽度因子"为 1。

> 制图标准中对尺寸数字的书写有一定的要求。AutoCAD 中 gbenor.shx（直体）、gbeitc.shx（斜体）这两种字体不仅符合制图标准，而且还支持写入汉字，故通常选用这两种字体作为标注字体。

（2）尺寸标注样式的设置

选择菜单"格式"→"标注样式"命令，弹出如图 7-24 所示的"标注样式管理器"对话框。单击"新建"按钮，弹出"创建新标注样式"对话框（见图 7-25），在"新样式名"文本框输入"机械标注"，在"基础样式"下拉列表框中选择"ISO-25"选项，在"用于"下拉列表框中选择"所有标注"，单击"继续"按钮，系统弹出"新建标注样式：机械标注"对话框，如图 7-26 所示。

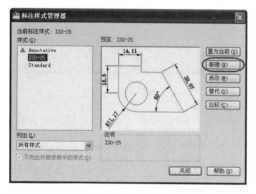

图 7-24 "标注样式管理器"对话框

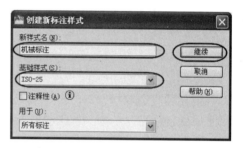

图 7-25 "创建新标注样式"对话框

在"新建标注样式：机械标注"对话框中共有 7 张选项卡，每张选项卡中都有许多有关标注样式的参数值。由于"机械标注"是由"ISO-25"作为基础样式来创建的，而我国国家标准与 ISO 标准接近，因此只需修改部分选项卡的个别参数即可。

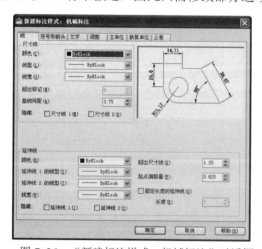

图 7-26 "新建标注样式：机械标注"对话框

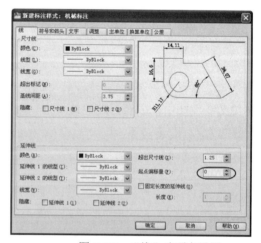

图 7-27 "线"选项卡设置

① "线"选项卡设置：把"延伸线"区的"起点偏移量"设为 0，如图 7-27 所示。

② "文字"选项卡设置：在"文字外观"区的"文字样式"下拉列表框中选择前面创建的"工程数字"样式，如图 7-28 所示。

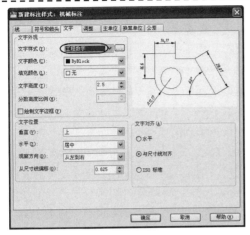

图 7-28 "文字"选项卡设置

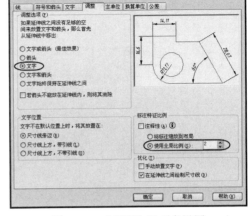

图 7-29 "调整"选项卡设置

③ "调整"选项卡设置：在"标注特征比例"区的"使用全局比例"增减框中选择比例值为 2，结果如图 7-29 所示。

> （1）该选项卡中的"调整选项"一般采用默认选项，但要标注圆的直径时需选中"文字"选项（见图 7-29），否则会出现标注效果不符合机械制图要求的现象。
> （2）该选项卡中"使用全局比例"项中的比例值设置不会改变所标注的尺寸值，但会改变尺寸数字高度、箭头大小等参数。在进行尺寸标注时若发现整个尺寸标注外观不合理时，应充分利用"使用全局比例"增减框进行设置，以便统一缩放各种尺寸元素。尽可能不要逐一调整文字、箭头和各种间隙的尺寸，这样容易导致混乱。

④ "主单位"选项卡设置：在"线性标注"区的"小数分隔符"下拉列表框中选择"."（句点）选项，如图 7-30 所示。在"测量单位比例"区的"比例因子"值应等于图形所绘制比例的倒数，一般情况绘图选用比例 1:1，比例因子的值也相应为"1"。

最后单击"确定"按钮，完成标注参数的设置，系统返回到"标注样式管理器"对话框，如图 7-31 所示，此时在"样式"列表框中新增"机械标注"样式，标注预览也同步发生变化。单击"关闭"按钮完成标注样式的创建。

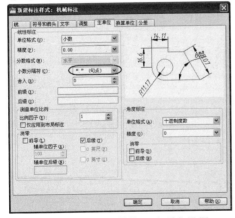

图 7-30 "主单位"选项卡设置

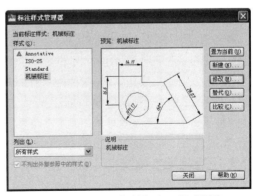

图 7-31 "机械标注"样式预览

"标注样式管理器"对话框中其他按钮的作用:

(1)"置为当前"按钮:用于把需要标注的某样式设为当前样式。

(2)"修改"按钮:用于修改已有的标注样式。但修改后所有按该标注样式标注的尺寸,包括已经标注和将要标注的尺寸,均自动按修改后的标注样式进行更新。

(3)"替代"按钮:用于设置当前样式的临时替代样式。它与"修改"按钮的不同之处在于它仅对将要标注的尺寸有效。要想结束替代功能,可将另一标注样式置为当前样式,或选中该样式用右键在弹出的快捷菜单中选择"删除"命令项即可。

(4)"比较"按钮:用于比较标注样式的不同之处,列出参数不同时的对照表。

尺寸标注一般根据所标注的内容进行,但有时一种标注样式往往不能满足标注的需要。因此,掌握"尺寸样式"设置中的"替代"设置,合理使用替代尺寸标注样式也是非常重要的。

2) 标注命令的启用

可选择"标注"菜单下的各标注命令项,或在命令行输入标注选项命令等启用标注命令。但最便捷的方法是利用"标注"工具栏(见图 7-32)中的命令按钮来调用。

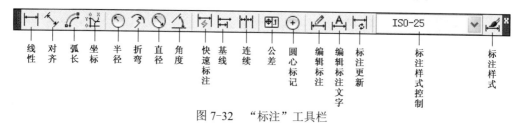

图 7-32 "标注"工具栏

3) 尺寸标注

(1) 标注零件图中的"120"、"2"、"40"和"20"尺寸:首先对 120 的尺寸进行标注。单击"标注"工具栏的"线性"命令按钮,根据命令行的提示,分别拾取第一、第二两条尺寸界线的起点,即主视图中两条竖直点画线的上端点,然后拖动鼠标确定尺寸线的位置,待位置合适时单击鼠标左键完成该尺寸的创建。用同样的方法完成零件图中 2、40、20 尺寸的标注。

(2) 标注零件图中的"φ52"和"26js9"尺寸:尺寸 φ52 和 26js9 中一个尺寸有前缀 φ,一个尺寸有后缀 js9,因此与(1)中的尺寸标注有所不同,其标注方法有多种。首先对 φ52 的尺寸进行标注,有以下三种方法。

① 先按(1)中的方法进行标注,然后选中该尺寸,利用"特性"对话框(见图 7-33)进行修改,在对话框的"主单位"区的"标注前缀"文本框中输入"%%c",%%c 表示直径 φ。

② 单击"线性"按钮进行标注,在拾取第一、第二两条尺寸界线的起点后,在命令行输入"t"后按 Enter 键,再输入标注文字"%%c52"后再按 Enter 键,然后拖动鼠标确定尺寸线的位置,待位置合适时单击鼠标左键完成该尺寸的标注。

③ 在图 7-31 所示标注样式管理器中单击"替代"按钮,弹出如图 7-34 所示的"替代当前样式:机械标注"对话框,单击"主单位"选项卡,在"线性标注"区的"前缀"文本框中输入"%%c",单击"确定"按钮返回到"标注样式管理器"对话框,再单击"关闭"按钮完成替代样式的创建。接下来再用按钮标注尺寸即可。

单元 7 叉架类零件

图 7-33 "特性"对话框

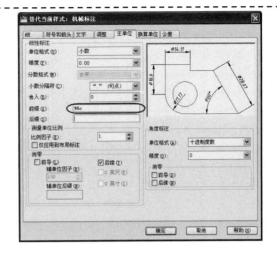

图 7-34 "替代当前样式：机械标注"对话框

> 在实际绘图中往往需要标注一些特殊的字符，如标注度（°）、±、ϕ 等。由于这些字符不能从键盘上直接输入，因此 AutoCAD 提供了相应的控制符，如 ϕ 的控制符为%%c，度（°）的控制符为%%d，"±"的控制符为%%p。

尺寸 26js9 的标注方法同 ϕ52 的标注。但是在对话框的"后缀"文本框中进行设置，输入"js9"。

（3）标注零件图中的倾斜尺寸"30"、"8"。首先对 30 的尺寸进行标注。单击"标注"工具栏的"对齐"命令按钮，根据命令行的提示，分别拾取第一、第二两条尺寸界线的起点，即主视图中左侧的圆心及螺纹孔轴线与凸台轮廓线的交点，然后拖动鼠标确定尺寸线的位置，待位置合适时单击鼠标左键完成该尺寸的创建。用同样的方法完成零件图中两处尺寸为 8 的标注。

（4）标注零件图中的"ϕ80"和"ϕ100"尺寸。单击"标注"工具栏的"直径"命令按钮，根据命令行的提示，拾取 ϕ80 的圆弧然后拖动鼠标确定尺寸线的位置，待位置合适时单击鼠标左键完成尺寸 ϕ80 的标注。用同样的方法标注 ϕ100 的尺寸。

（5）标注零件图中的"R110"尺寸。单击"标注"工具栏的"半径"命令按钮，根据命令行的提示，拾取 R110 的圆弧然后拖动鼠标确定尺寸线的位置，待位置合适时单击鼠标左键完成尺寸 R110 的标注。

（6）标注零件图中的角度尺寸 30°。在机械制图中，角度标注对数字的要求与一般标注是不同的。一般以"机械标注"样式为基础样式，先创建一个样式名为"角度标注"的新样式，然后在"新建标注样式：角度标注"对话框中对"文字"选项卡进行如图 7-35 所示的设置。

把"角度标注"样式设置为当前样式，单击"标注"工具栏的"角度"命令按钮，根据命令行的提示，分别拾取要标注角的两边，然后拖动鼠标确定尺寸线的位置，待位置合适时单击鼠标左键完成角度的标注。角度尺寸标注完成后，将"机械标注"样式设置为当前样式。

（7）标注零件图中的公差尺寸"$\phi25_{\ 0}^{+0.033}$"。公差尺寸由于有极限偏差，故略有不同。常用的方法有如下两种：

259

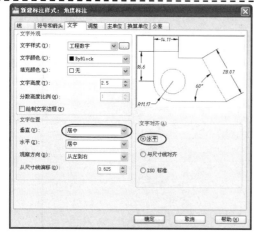

图 7-35 角度标注样式设置

① 先创建"机械标注"样式的替代样式,在"主单位"选项卡的"前缀"文本框中输入"%%c",并在"线"选项卡及"公差"选项卡设置分别如图 7-36、7-37 所示。确认后再单击"标注"按钮,拾取第一条、第二条尺寸界线的起点完成该公差尺寸的标注。

② 先在"机械标注"样式下,单机"标注"按钮进行标注,然后选中该尺寸,利用"特性"对话框(见图 7-33)中的"公差"选项进行相应的修改。

(8)标注零件图中的引线尺寸"M6 凸台ø16"。先用"绘图"工具栏的"直线"命令,绘制该引线尺寸中的引线部分,再用"多行文字"命令创建文字"M6 凸台ø16",如图 7-38 所示。

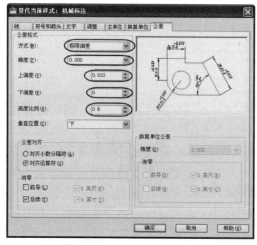

图 7-37 "公差"选项卡设置

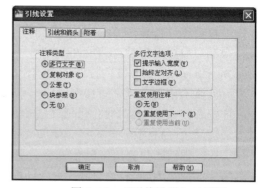

图 7-38 "引线设置"对话框

(1)如果对已注尺寸样式不满意,则可创建新的尺寸标注样式,用"标注更新"命令来更新已有的尺寸标注。

(2)可结合夹点编辑使尺寸标注的位置满足各种要求。

4. 零件图中的几何公差标注

几何公差标注包含几何公差代号标注及基准符号标注两部分。

1)几何公差代号标注

(1)首先标注零件图中的圆跳动公差,在命令行中输入"QLEADER"启动"快速引线"命令,按照命令行提示操作,按 Enter 键,对"引线设置"对话框的"注释"及"引线和箭头"选项卡,分别进行如图 7-39、图 7-40 所示的设置。

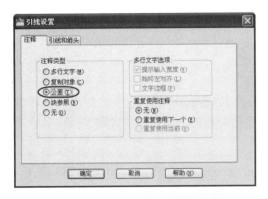 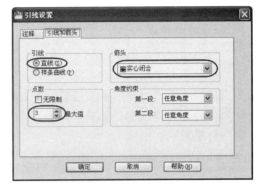

图 7-39 "注释"选项卡设置　　　　图 7-40 "引线和箭头"选项卡设置

(2)单击"引线设置"对话框的"确定"按钮返回到绘图窗口,按命令行提示拾取引线的起点、转折点及端点,系统将弹出如图 7-41 所示的"形位公差"对话框。

(3)单击"符号"区下的黑框■,系统弹出如图 7-42 所示的"特征符号"对话框,选择圆跳动公差符号,系统将直接返回到"形位公差"对话框。

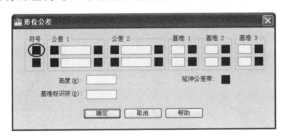 

图 7-41 "形位公差"对话框　　　图 7-42 "特征符号"对话框

(4)在"形位公差"对话框的"公差 1"下的文本框中输入"0.03",在"基准 1"下的文本框中输入"A",设置效果如图 7-43 所示,单击"确定"按钮完成该几何公差代号的标注。

(5)用同样的方法标注零件图中的平行度公差,注意该公差中不含箭头的一端引线需用"直线"命令绘制。

图 7-43 "形位公差"设置

❗ 几何公差代号的标注也可通过"标注"菜单下的"多重引线"命令和"标注"工具栏(或"标注"菜单)中的"公差"命令来创建。其中"公差"命令用于创建几何公差框格;而"多重引线"命令则用于创建几何公差的引线部分。

2）基准符号标注

用绘图命令绘制基准符号的图形部分，用"多行文字"命令创建基准符号的字母部分。

5. 零件图中的粗糙度标注

零件图中的粗糙度的标注是通过创建块和插入块操作来完成的。

1）创建粗糙度块

（1）按粗糙度符号的画法规定绘制出粗糙度符号"√"。

（2）选择菜单"绘图"→"块"→"定义属性"命令，弹出"属性定义"对话框，在该对话框中进行如图7-44所示的设置，单击"确定"按钮返回到绘图窗口，在屏幕上拾取一点后将产生内容为"CCD"的文字，通过"移动"命令将此文字移到粗糙度符号中的合适位置，最终效果为√CCD。

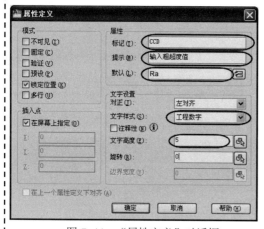

图7-44 "属性定义"对话框

图7-45 "块定义"对话框

（3）选择菜单"绘图"→"块"→"创建"命令，或单击"绘图"工具栏的"创建块"按钮，或在命令行输入"BLOCK"命令，弹出"块定义"对话框，并在"名称"文本框中输入"粗糙度块"，如图7-45所示。

（4）单击"块定义"对话框中"拾取点"按钮，系统返回到绘图窗口，在屏幕上拾取粗糙度符号中三角形下端顶点，系统将直接返回到"块定义"对话框。

（5）单击"块定义"对话框中"选择对象"按钮，系统又返回到绘图窗口，选取粗糙度符号及属性文字，即√CCD部分，系统再次返回到"块定义"对话框，单击"确定"按钮完成粗糙度块的创建。

> 另外，还可以采用WBLOCK命令创建图块。该命令的操作方法与BLOCK命令相似，区别在于：用WBLOCK命令创建的图块不仅可被当前的图形文件调用，而且也可以被其他图形文件调用，而用BLOCK命令创建的图块只能被当前的图形文件调用。

2）插入粗糙度块

选择菜单"插入"→"块"命令，或单击"绘图"工具栏的"插入块"按钮，或在命令行输入"INSERT"命令，系统弹出如图7-46所示的"插入"对话框，在"名称"下拉列表中选择"粗糙度块",在"旋转"区下勾选"在屏幕上指定"选项,单击"确定"按钮系统返回到绘图窗口,根据命令行提示,在轮廓线或引线上拾取一点作为插入点,然后在该拾取线上拾取第二点以确定旋转的角度,最后根据命令行提示输入粗糙度值,如输入"Ra3.2"。

图 7-46 "插入"对话框

> 用于粗糙度标注的引线可通过"快速引线"命令来创建,其操作与前面的几何公差代号标注类似,只是当标注过程中出现"形位公差"对话框时,对该对话框不做任何设置,直接单击"确定"按钮即可。该引线也可通过"多重引线"命令来创建。

6. 零件图中的文字说明及标题栏的填写

用"多行文字"命令对零件图中的文字如技术要求及标题栏中的零件名称、材料等内容进行输入操作,至此完成整个零件图的绘制过程,结果如图 7-7 所示。

> 为进一步提高绘图效率,创建的样板文件一般包含图框、标题栏、文字样式和尺寸标注样式等内容。想一想,如何利用本单元绘制的"拨叉零件图"创建一张名为"A3模板.dwt"的样板文件呢?

知识梳理与总结

本单元我们学习了叉架类零件的结构特点、视图表达方法、尺寸基准的选择、尺寸标注应考虑的因素、尺寸的标注以及技术要求的标注。通过学习,我们阅读了拨叉、支架等零件图,并且运用 AutoCAD 软件绘制了完整的拨叉零件图。

叉架类零件的几何结构大多数都不是太规则,其中不少零件无法平稳安放,考虑视图表达方案时可将其主要几何要素水平或垂直放置,选择最能反映其结构特征的方向作为主视图的投影方向,用其他视图补充表达,将主体结构和局部结构考虑完整。叉架类零件的尺寸基准应从考虑长、宽、高三个方向,选择该方向上的主要几何要素作为基准。利用 AutoCAD 软件绘制零件图时,要学会调用样板图,综合运用绘图、编辑命令的操作,提高二维绘图的技能。特别是如何运用 AutoCAD 正确标注尺寸和技术要求,这是本单元 AutoCAD 二维绘图的一个难点。

单元 8　标准件与常用件

教学导航

学习目标	学会各类标准件及常用件的查表、选用、标记及规定画法
学习重点	内外螺纹的连接画法，螺纹紧固件的连接画法；直齿圆柱齿轮的尺寸计算及规定画法；键、销、滚动轴承的选用、标记和画法；圆柱螺旋压缩弹簧的尺寸计算及规定画法
学习难点	螺栓、双头螺柱、螺钉的连接画法；齿轮啮合区的画法；轴、轮上键槽的查表、画法及普通平键的连接画法
建议课时	10～14 课时

任何机器或部件都是由零件装配而成的,有些零部件应用范围广,需求量大。为减轻技术人员的设计工作,提高设计速度和产品质量,降低成本,缩短生产周期以及便于组织专业化的生产,对这些量大面广的零部件,从结构、尺寸到成品质量,国家标准中都有明确的规定。

凡是结构、尺寸和成品质量都符合国家标准的机件,称为标准件,如螺栓、螺钉、螺柱、螺母、垫圈、销、键等零件。不符合标准规定的则称为非标准件。而有些零件只是其中的部分结构和参数被标准化了,则称为常用件,如齿轮、弹簧。在绘图时,为了提高效率,对上述零件中已标准化的结构和形状不必按其真实投影画出,而是根据相应的国家标准所规定的画法、代号和标记进行绘图和标注。

8.1 螺纹紧固件连接

8.1.1 常用螺纹紧固件的种类和标记

螺纹紧固件包括螺栓、螺柱、螺钉、螺母和垫圈等,如图 8-1 所示。由于种类多,使用量大,所以由专门厂家批量生产,并实现了标准化和系列化。

(a) 六角头螺栓　　(b) 双头螺柱　　(c) 六角螺母　　(d) 六角开槽螺母

(e) 内六角圆柱头螺钉　(f) 开槽圆柱头螺钉　(g) 半圆头螺钉　(h) 开槽沉头螺钉

(i) 平垫圈　(j) 弹簧垫圈　(k) 圆螺母用止动垫圈　(l) 圆螺母　(m) 开槽锥端紧定螺钉

图 8-1　常用螺纹紧固件

表 8-1 为常用螺纹紧固件采用的规定标记方法。

表 8-1　常用螺纹紧固件的规定标记

名称	图例和标记	名称	图例和标记
六角头螺栓	螺栓GB/T 5782　M12×50	双头螺柱	螺柱GB/T 897　M12×50

续表

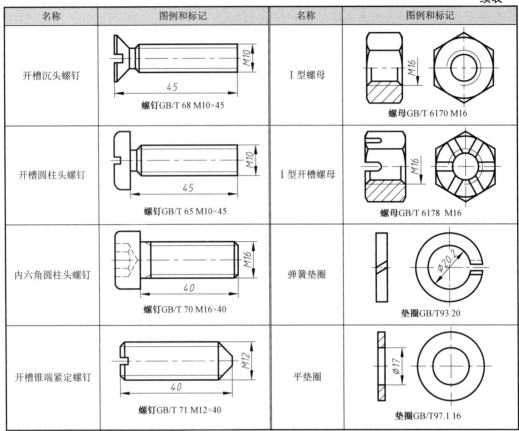

> 观察一下,在日常生活中,有哪些螺纹紧固件?记得和上面的图比对一下。

8.1.2 常用螺纹紧固件的画法

对于已经标准化的螺纹紧固件,一般不再单独画出它们的零件图,但在装配图中需画出其连接情况。螺纹紧固件的画法常采用比例画法或简化画法,如有需要也可采用查表画法。采用比例画法时,螺纹紧固件各部分的尺寸(除公称长度 L 外)一般只需根据螺纹的公称直径,按一定的比例近似地画出。

常用螺纹紧固件的比例画法,如图 8-2～图 8-10 所示。

8.1.3 螺纹紧固件连接的画法和注意事项

常见螺纹紧固件的连接形式有:螺栓连接、双头螺柱连接和螺钉连接。

1. 螺栓连接

螺栓连接适用于两个不太厚并能钻成通孔的零件,操作时,将螺栓从一端穿入两个零件的光孔中,另一端加上垫圈,然后旋紧螺母,即完成了螺栓连接,如图 8-11 所示。

单元 8　标准件与常用件

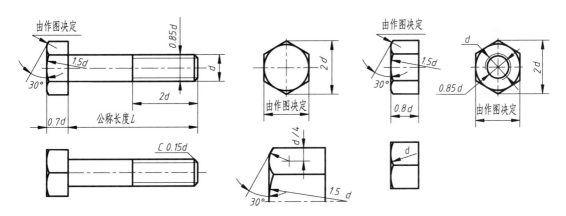

图 8-2　螺栓、螺母的比例画法

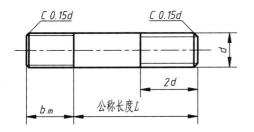

图 8-3　双头螺柱的比例画法

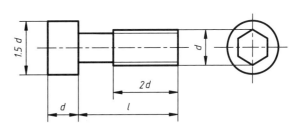

图 8-4　内六角圆柱头螺钉的比例画法

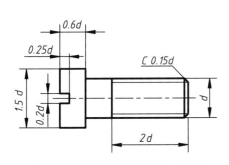

图 8-5　开槽圆柱头螺钉的比例画法

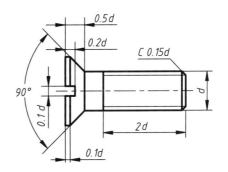

图 8-6　沉头螺钉的比例画法

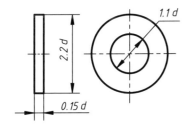

图 8-7　平垫圈的比例画法

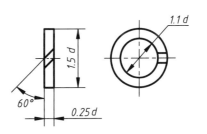

图 8-8　弹簧垫圈的比例画法

267

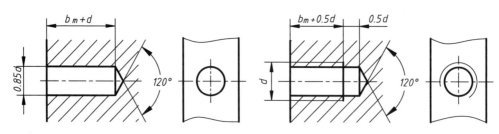

图 8-9 钻孔尺寸的比例画法　　图 8-10 螺孔尺寸的比例画法

螺栓连接图一般用比例画法，如图 8-12 所示。绘制螺栓连接时，需注意以下几点：

（1）当连接图画成剖视图时，此时剖切平面通过连接件的轴线，螺栓、螺母、垫圈等均按不剖绘制，即只画外形。

（2）两个零件接触面处只画一条粗实线，不得将轮廓线加粗。凡不接触的表面，不论间隙多小，在图上应画出间隙，如螺栓与孔之间应画出间隙。

（3）在剖视图中，相互接触的两个零件其剖面线方向应相反。而同一个零件在各剖视图中，剖面线的倾斜方向和间隔应相同。

（4）螺纹紧固件上的工艺结构，如倒角、倒圆、退刀槽等均可省略不画。

图 8-11 螺栓连接三维造型

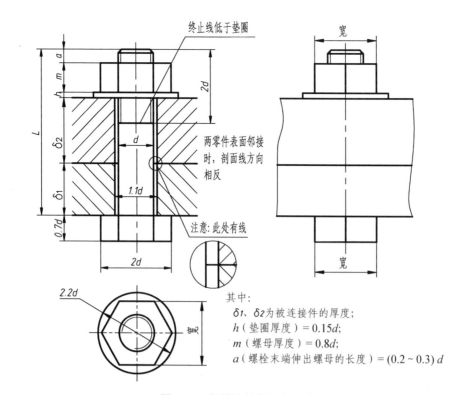

其中：
δ_1、δ_2 为被连接件的厚度；
h（垫圈厚度）$= 0.15d$;
m（螺母厚度）$= 0.8d$;
a（螺栓末端伸出螺母的长度）$= (0.2 \sim 0.3)d$

图 8-12 螺栓连接的简化画法

单元 8 标准件与常用件

> ! 为适应连接不同厚度的零件，螺栓有各种规格的长度。螺栓公称长度 L 可按下式估算：
> $L \geqslant \delta_1 + \delta_2 + h + m + a$。假设 $d=20$，$\delta_1=32$，$\delta_2=30$，则计算得 $L \geqslant 87$。在标准件公称长度 L 常用数列中可查出与其相近的标准数值为：$L=90$。

2. 螺柱连接

当其中一个被连接零件很厚，或因结构的限制不适宜用螺栓连接，或因拆卸频繁不宜采用螺栓连接时，可采用双头螺柱连接（见图 8-13）。装配时，先将螺柱的一端（旋入端）旋入较厚零件的螺孔中，另一端（紧固端）穿过另一零件的通孔，套上垫圈，最后用螺母拧紧，即完成了双头螺柱的连接。

螺柱连接图的画法与螺栓连接图类似，如图 8-14（c）所示。绘制时，需注意以下几点：

（1）双头螺柱的公称长度 L 是指双头螺柱上无螺纹部分长度与紧固螺母一侧螺纹长度之和，而不是双头螺柱的总长。由图可以看出：$L \geqslant \delta + h + m + a$。

图 8-13 螺柱连接三维造型

当通过计算得到螺柱长度后，从相应的螺柱标准所规定的长度系列中选取最接近的标准长度值来替代计算结果。

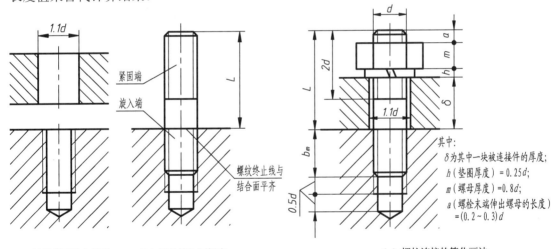

(a) 被连接零件上的孔　　(b) 螺柱旋入厚板中　　(c) 螺柱连接的简化画法

其中：
δ 为其中一块被连接件的厚度；
h（垫圈厚度）$= 0.25d$；
m（螺母厚度）$= 0.8d$；
a（螺栓末端伸出螺母的长度）$= (0.2 \sim 0.3)d$

图 8-14 螺柱连接

（2）双头螺柱旋入端的长度 b_m 与螺孔的深度有关，它由被连接零件的材料决定（见表 8-2）。螺孔的螺纹长度应大于螺柱旋入端长度 b_m，表示旋入端还有拧紧的余地。螺孔深度一般取 $b_m+0.5d$，钻孔深度一般取 b_m+d，钻孔锥角应为 120°。

表 8-2 双头螺柱旋入端长度

被旋入零件的材料	旋入端长度 b_m	国标代号
钢、青铜	$b_m=d$	GB/T 897—1988
铸铁或铝合金	$b_m=1.25d$ 或 $1.5d$	GB/T 898—1988 或 GB/T 899—1988
铝合金	$b_m=2d$	GB/T 900—1988

（3）螺柱旋入端的螺纹终止线应与结合面平齐，表示旋入端全部旋入，足够拧紧。结合面以上部位的画法与螺栓连接的画法相同。

3．螺钉连接

螺钉连接一般用于受力不大又不需经常拆卸的零件连接场合。在两个被连接件中，用较厚的零件加工出螺孔，用较薄的零件加工出带沉孔（或埋头孔）的通孔，沉孔（或埋头孔）直径应稍大于螺钉头直径。连接时，将螺钉穿过一个零件的通孔后拧入另一零件的螺孔中，然后拧紧。螺钉头部的形式很多，一般也按简化画法画出。螺钉连接如图 8-15 所示。

螺钉连接图的画法如图 8-16 所示。绘制时，需注意以下几点：

（1）螺钉连接图的画法除头部形状以外，其他部分与螺柱连接相似，只是螺钉的螺纹终止线必须超出两连接件的结合面，表示螺钉还有拧紧的余地。

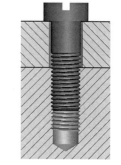

图 8-15　螺钉连接三维造型

（2）具有沟槽的螺钉头部，与轴线平行的视图上沟槽放正，而与轴线垂直的视图上画成与水平倾斜 45°，也可用加粗的粗实线简化表示。

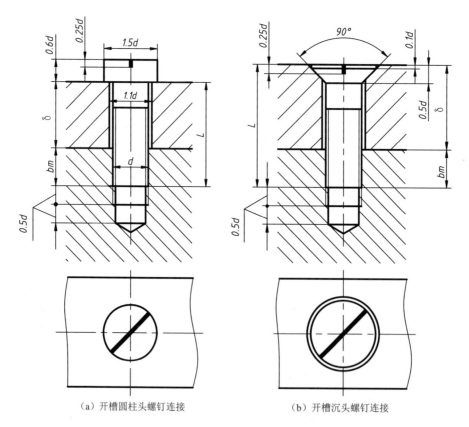

(a) 开槽圆柱头螺钉连接　　　　(b) 开槽沉头螺钉连接

图 8-16　螺钉连接的简化画法

上述螺钉连接中的螺钉均为连接螺钉。除此之处，另有紧定螺钉是用来固定两个零件的相对位置，并使其不发生相对运动，其受力较小。图 8-17 所示为紧定螺钉连接的规定画法。

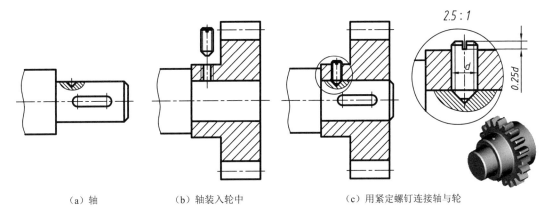

（a）轴　　　　　　　（b）轴装入轮中　　　　　（c）用紧定螺钉连接轴与轮

图 8-17　紧定螺钉连接的规定画法

> 总结一下，螺栓连接、螺柱连接及螺钉连接的异同点，这样有助于加深对这三种螺纹紧固件连接画法的理解。

8.2　齿轮

齿轮是一种常用的传动零件，具有传递动力、改变运动速度、改变运动方向的功能。常用的齿轮按两轴的相对位置不同，可分为圆柱齿轮传动、圆锥齿轮传动、蜗轮蜗杆传动三种，如图 8-18 所示。

（a）圆柱齿轮：两　　　　　（b）圆锥齿轮：两轴线　　　　（c）蜗杆蜗轮：两轴线互相垂
　　 轴线互相平行　　　　　　　　 互相垂直相交　　　　　　　　直交叉，能实现大降速比

图 8-18　齿轮传动的种类

8.2.1　直齿圆柱齿轮

圆柱齿轮的外轮廓为圆柱结构，若轮齿的素线与轴线平行，称为直齿圆柱齿轮；若轮齿素线与轴线倾斜称斜齿圆柱齿轮；两个倾斜但方向相反的斜齿圆柱齿轮组合就是人字齿轮，如图 8-19 所示。

(a)直齿　　　　　　　(b)斜齿　　　　　　　(c)人字齿轮

图 8-19　直齿圆柱齿轮类型

> 圆柱齿轮的轮齿有标准与变位之分。凡轮齿符合标准规定的为标准齿轮，在标准基础上轮齿作某些改变的即为变位齿轮。

齿轮的几何结构属于盘盖类零件，由轮缘、轮辐、轮毂三部分组成，如图 8-20 所示。其中轮缘上的轮齿为标准结构，轮毂上的键槽为标准结构。

图 8-20　常见齿轮的几何结构

1. 直齿圆柱齿轮各部位的名称

轮齿各部分的名称如图 8-21 所示。

1）齿顶圆

齿顶圆为包容齿顶的圆柱面，齿顶圆的直径为 d_a。

2）齿根圆

齿根圆为包容齿根的圆柱面，齿根圆的直径为 d_f。

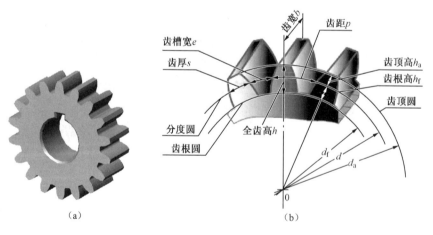

图 8-21　轮齿各部分的名称

3）分度圆

分度圆为包容分度曲面的圆柱面，在标准状态下处于齿槽宽与齿厚相等的位置上，分度圆直径为 d。

> 分度圆是齿轮上的一个设计和加工时计算尺寸的基准圆,它是一个假想圆,从齿顶到齿根之间齿槽在不断地缩小,齿厚在不断地增加,但总在某一位置齿槽宽与齿厚相等,该处就是分度圆周位置。
>
> 早期加工齿轮用指状成形刀具在铣床上加工,每加工一个齿槽分一次度。这种加工的误差大、效率低。在齿轮加工专用机床问世后采用范成法加工,实现了精确高效的齿轮加工,而"分度"的名称却沿用下来。
>
> 一对齿轮在啮合传动时,两个相切做纯滚动的圆叫做节圆。在标准齿轮传动中,节圆大小和分度圆相等。

4)齿高

齿顶高 h_a:分度圆与齿顶圆间的径向距离。

齿根高 h_f:分度圆与齿根圆间的径向距离。

齿高 h:齿顶圆与齿根圆间的径向距离,$h = h_a + h_f$。

5)齿宽

齿距 p:在分度圆上,相邻两齿同侧齿廓之间的弧长。

齿厚 s:在分度圆上,同一齿两侧齿廓之间的弧长。

齿槽宽 e:在分度圆上,相邻两齿间齿槽的一段弧长,也称为齿间。

6)中心距 a

中心距是指两啮合齿轮的中心距离。在标准齿轮的啮合中,中心距 a 等于它们的分度圆半径之和。

2. 直齿圆柱齿轮的基本参数

齿轮各参数的含义如图 8-22 所示。

1)齿数 z

齿数 z 为轮缘上轮齿的个数。

2)模数 m

齿轮的分度圆周长 $\pi d = zp$,则 $d = (p/\pi) \times z$。令 $m = p/\pi$,则 $d = mz$。m 为齿距 p 除以 π 所得的商,称为模数,单位为毫米,它是齿轮设计及加工中一

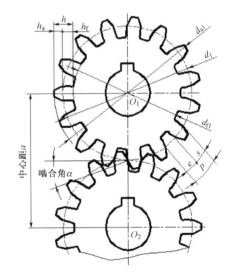

图 8-22 齿轮各参数的含义

个十分重要的参数,模数的大小直接反映出轮齿的大小。为了便于设计和制造齿轮,减少齿轮加工的刀具,模数已标准化,国家标准 GB/T 1357—2008《通用机械和重型机械用圆柱齿轮 模数》已做出具体规定,模数系列如表 8-3 所示。

表 8-3 渐开线圆柱齿轮模数 （mm）

第一系列	1,1.25,1.5,2,2.5,3,4,5,6,8,10,12,16,20,25,32,40,50
第二系列	1.125,1.375,1.75,2.25,2.75,3.5,4.5,5.5,(6.5)7,9,11,14,18,22,28,35,45

注:优先采用第一系列,括号内的模数尽可能不用。

> ⚠ 引入模数的目的是为了实现轮齿标准化，使齿轮加工刀具系列化。模数能反映齿轮传递动力的大小，模数愈大，轮齿就愈大；模数愈小，轮齿就愈小（见图 8-23）。
>
>
>
> 图 8-23　不同模数下的齿轮刀具

3）齿形角（啮合角、压力角）α

两齿轮啮合时齿廓在啮合点（节点）处的公法线与两个节圆的公切线所夹的锐角，称为啮合角或压力角，如图 8-22 和图 8-24 所示。国家标准 GB/T 1356—2001《通用机械和重型机械用圆柱齿轮　标准基本齿条齿廓》做出了规定，渐开线圆柱齿轮基准齿形角 $\alpha=20°$，但有某些特殊要求时 α 值会有变化。

两齿轮啮合的条件是两齿轮的模数相等、压力角相等，即：

$$m_1 = m_2, \quad \alpha_1 = \alpha_2 \quad \text{则} \quad a = \frac{m(z_1 + z_2)}{2}$$

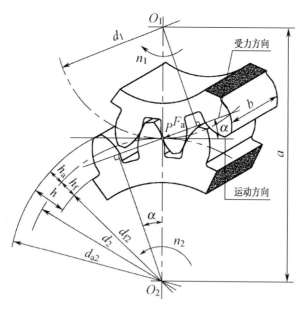

图 8-24　齿轮的啮合

3. 直齿圆柱齿轮各部分尺寸的计算

齿轮的基本参数 z、m、α 确定以后，轮齿各部分的尺寸可按表 8-4 中的公式计算。

表 8-4 直齿圆柱齿轮各部分尺寸的计算公式及举例

基本参数：模数 m、齿数 z			已知：$m=3$，$z_1=22$，$z_2=42$	
名称	代号	尺寸公式	计算举例	
分度圆	d	$d=mz$	$d_1=66$	$d_2=126$
齿顶高	h_a	$h_a=m$	$h_a=3$	
齿根高	h_f	$h_f=1.25m$	$h_f=3.75$	
齿高	h	$h=h_a+h_f=2.25m$	$h=6.75$	
齿顶圆直径	d_a	$d_a=d+2h_a=m(z+2)$	$d_{a1}=72$	$d_{a2}=132$
齿根圆直径	d_f	$d_f=d-2h_f=m(z-2.5)$	$d_{f1}=58.5$	$d_{f2}=118.5$
齿距	p	$p=\pi m$	$p=9.42$	
齿厚	s	$s=p/2$	$s=4.71$	
中心距	a	$a=(d_1+d_2)/2=m(z_1+z_2)/2$	$a=96$	

4．齿轮的画法

国家标准 GB/T 4459.2—2003《机械视图 齿轮表示法》对机械图样中齿轮的绘制方法做出了规定。

1）单个齿轮的画法

如图 8-25 所示，齿轮的齿顶线和齿顶圆线用粗实线绘制；分度线和分度圆用细点画线绘制；齿根线和齿根圆用细实线绘制，也可省略不画。在剖视图中，当剖切平面通过齿轮轴线时，齿根线用粗实线绘制，轮齿部分采用规定画法，按不剖处理，即轮齿部分不画剖面线。

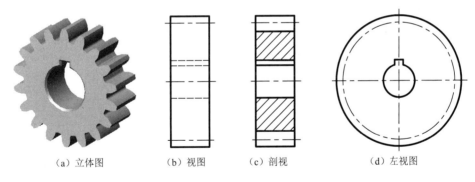

（a）立体图　　（b）视图　　（c）剖视　　（d）左视图

图 8-25 单个齿轮的画法

2）齿轮啮合的画法

如图 8-26 所示，在垂直于齿轮轴线的投影面的视图中，啮合区内的齿顶圆均用粗实线绘制，也可省略不画，两分度圆用点画线画成相切，两齿根圆省略不画。在剖视图中，啮合区内的两条节线重合为一条，用细点画线绘制。两条齿根线都用粗实线画出，两条齿顶线中一条用粗实线绘制，而另一条用虚线或省略不画。

在绘制斜齿轮时，在非圆视图上用细实线画出三条斜线，间隔为分度圆上的齿槽宽或齿厚，倾斜角为螺旋角 β 即轮齿与轴线的夹角。

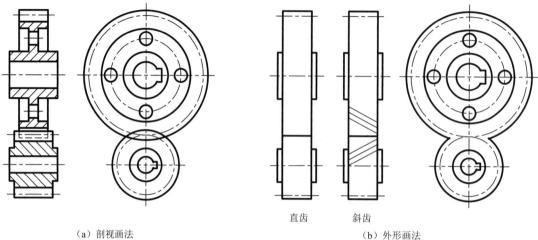

(a) 剖视画法　　　　　　　直齿　斜齿
　　　　　　　　　　　　（b）外形画法

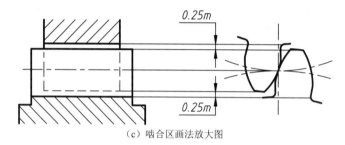

(c) 啮合区画法放大图

图 8-26　齿轮啮合的画法

> 当齿轮直径无限大时，其齿顶圆、齿根圆、分度圆和齿廓都变成直线，齿轮成为齿条。齿条也分直齿齿条和斜齿齿条，分别与直齿圆柱齿轮和斜齿圆柱齿轮配对使用。齿轮与齿条啮合的画法与齿轮啮合画法基本相同（见图 8-27）。
>
>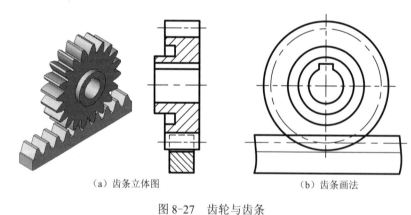
>
> （a）齿条立体图　　　　　（b）齿条画法
>
> 图 8-27　齿轮与齿条

5．直齿圆柱齿轮的测绘

1）测绘目的

根据齿轮零件实物，通过测绘，计算确定其主要参数及各部分尺寸，画出齿轮的零件工作图。

2）测绘步骤

（1）目测画出齿轮的零件草图，并标出尺寸线（不写出数值）。

（2）数出齿轮的齿数 z。

（3）测量齿轮实际的齿顶圆直径 d'_a：

① 当齿轮的齿数为偶数齿时，直接测出 d_a，如图 8-28（a）所示；

② 当齿轮的齿数为奇数齿时，需测出齿轮孔径 d 以及齿顶到孔壁的径向尺寸 e 后再进行计算：$d'_a = d+2e$，如图 8-28（b）所示。

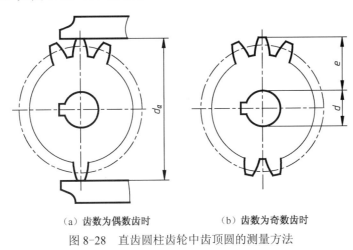

（a）齿数为偶数齿时　　（b）齿数为奇数齿时

图 8-28　直齿圆柱齿轮中齿顶圆的测量方法

（4）确定模数：按齿顶圆直径计算公式，初步计算 $m'= d'_a /z+2$，查表选取与 m' 最接近的标准模数。

（5）计算轮齿各部分的尺寸：根据标准模数和齿数，按公式计算出 d、d_a、d_f，根据草图标注尺寸。

（6）测量齿轮其他各部分尺寸，确定技术要求。

轮齿上标注齿顶圆，尺寸公差一般为 h9，粗糙度取 $Ra3.2$；分度圆无尺寸公差，粗糙度取 $Ra1.6$；一般不标注齿根圆，因为该尺寸由范成法加工自然获得，也不注粗糙度。内孔尺寸公差 H7。

键槽的宽度、深度尺寸及公差都由查表确定，两侧面粗糙度取 $Ra3.2$，键槽底部取 $Ra6.3$。在图框右上方画齿轮有关参数表，包含制造、测量要求，其他尺寸按实际标注。

（7）绘制齿轮零件工作图。图 8-29 所示是一级齿轮减速器从动齿轮的零件图。其中主视图采用全剖视图表达主体结构，左视图表达键槽结构。键槽为标准结构，其宽度及公差、槽深及公差由查表确定。

8.2.2　圆锥齿轮传动

圆锥齿轮简称锥齿轮，其轮齿有直齿、斜齿和曲线齿（圆弧齿、摆线齿）等多种形式。直齿圆锥齿轮的设计、制造和安装均较简单，故在一般机械传动中得到了广泛的应用。但是在汽车、拖拉机等高速重载机械中，为提高传动的平稳性和承载能力，减少噪音，多用曲线齿圆锥齿轮。下面着重介绍一下直齿圆锥齿轮的基本参数和规定画法。

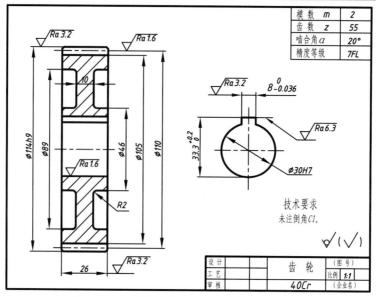

图 8-29　一级齿轮减速器从动齿轮零件工作图

1. 直齿锥齿轮的基本尺寸计算

直齿圆锥齿轮的齿坯如图 8-30 所示，其基本形体结构由前锥、顶锥及背锥等组成。由于锥齿轮的轮齿在锥面上，因而其齿形从大端到小端是逐渐收缩的，齿厚和齿高均沿着圆锥素线方向逐渐变化，故模数和直径也随之变化。

为便于设计和制造，规定以大端定义公称尺寸，齿顶高 h_a、齿根高 h_f、分度圆直径 d、齿顶圆直径 d_a 及齿根圆直径 d_f（图中未标注）均在大端度量；并取大端模数为标准模数，以它作为计算圆锥齿轮各部分尺寸的基本参数。国家标准 GB/T 12368—1990《锥齿轮模数》和 GB/T 12369—1990《直齿及斜齿锥齿轮基本齿廓》对锥齿轮大端端面模数、锥齿轮基本齿廓的形状与尺寸特征等做出了规定。大端背锥素线与分度圆锥素线垂直。圆锥齿轮轴线与分度

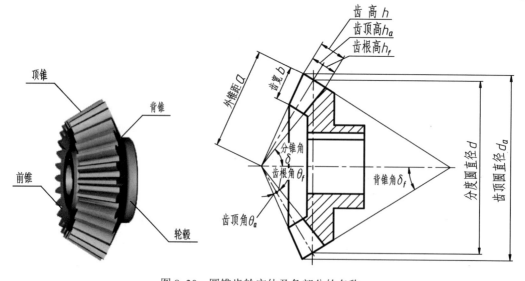

图 8-30　圆锥齿轮实体及各部分的名称

圆锥素线间的夹角δ称为分度圆锥角，它是圆锥齿轮的又一个基本参数。圆锥齿轮的大端端面模数以及各部分名称、尺寸关系分别见表8-5、表8-6。

表 8-5 圆锥齿轮的大端端面模数　　　　　　　　　　（mm）

0.1	0.35	0.9	1.75	3.25	5.5	10	20	36
0.12	0.4	1	2	3.5	6	11	22	40
0.15	0.5	1.125	2.25	3.75	6.5	12	25	45
0.2	0.6	1.25	2.5	4	7	14	28	50
0.25	0.7	1.375	2.75	4.5	8	16	30	—
0.3	0.8	1.5	3	5	9	18	32	—

表 8-6 圆锥齿轮各基本尺寸计算公式

基本参数：大端模数 m、齿数 z、啮合角 $\alpha=20°$					
名　称	代号	尺寸公式	名　称	代号	尺寸公式
分度圆锥角	δ_1 δ_2	当 $\delta_1+\delta_2=90°$ 时，$\tan\delta_1=z_1/z_2$ $\tan\delta_2=z_2/z_1$	外锥距 （节距长）	R	$R=0.5mz/\sin\delta$
大端齿顶高	h_a	$h_a=m$	齿顶角	θ_a	$\mathrm{tg}\theta_a=2\sin\delta/z$
大端齿根高	h_f	$h_f=1.2m$	齿根角	θ_f	$\mathrm{tg}\theta_f=2.4\sin\delta/z$
大端齿高	h	$h=h_a+h_f=2.2m$	顶锥角	δ_a	$\delta_a=\delta+\theta_a$
大端分度圆直径	d	$d=mz$	根锥角	δ_f	$\delta_f=\delta-\theta_f$
大端齿顶圆直径	d_a	$d_a=m(z+2\cos\delta)$	齿宽	b	$b\leqslant R/3$

2．圆锥齿轮的画法

1）单个圆锥齿轮的画法

单个圆锥齿轮的画法如图 8-31 所示。

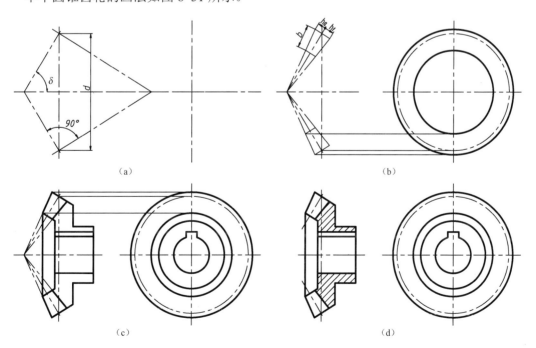

图 8-31　单个圆锥齿轮的画法

（1）在投影为非圆的视图中，画法与圆柱齿轮类似，即采用剖视图，其轮齿按不剖处理，用粗实线画出齿顶线和齿根线，用细点画线画出分度线。

（2）在投影为圆的视图中，轮齿部分需用粗实线画出大端和小端的齿顶圆；用细点画线画出大端的分度圆；齿根圆不画。此图也可用仅表达键槽轴孔的局部视图取代。

2）圆锥齿轮啮合的画法

一对安装准确的标准圆锥齿轮啮合时，两分度圆锥应相切，两分锥角 δ_1 和 δ_2 互为余角。圆锥齿轮啮合区的画法，与圆柱齿轮类似，其作图步骤如图 8-32 所示。

（1）在剖视图中，将一齿轮的齿顶线画成粗实线，另一齿轮的齿顶线画成虚线或省略。

（2）在外形视图中，一齿轮的节线与另一齿轮的节圆相切。

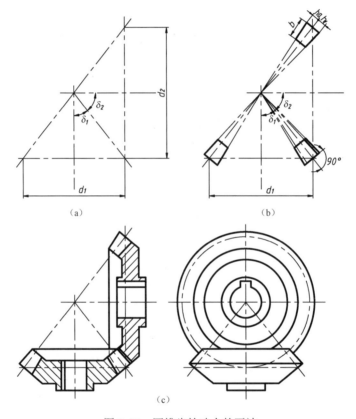

图 8-32　圆锥齿轮啮合的画法

8.2.3　蜗杆蜗轮传动

蜗杆蜗轮用于两交叉轴间的传动，交叉角一般为 90°，如图 8-33 所示。通常蜗杆是主动件，蜗轮是从动件，用做减速装置获得较大的传动比。除此之外，蜗杆传动往往具有反向自锁功能，即只能由蜗杆带动蜗轮，而蜗轮不能带动蜗杆，故它常用于起重或其他需要自锁的场合。

根据蜗杆的外形不同，有圆柱蜗杆传动、环面（圆弧面）蜗杆传动等传动类型，本单元仅讨论圆柱蜗杆。圆柱蜗杆多在车床上粗加工后经磨制而成，加工时随车刀放置的位置和姿态的不同，可得到三种齿廓形状的蜗杆：阿基米德蜗杆、延伸渐开线蜗杆、渐开线蜗杆，最常用的蜗杆为圆柱形阿基米德蜗杆。这种蜗杆的轴向齿廓是直线，轴向断面呈等腰梯形，与梯形螺纹相似。蜗杆有右旋和左旋之分，一般都用右旋蜗杆。蜗杆上只有一条螺旋线，即端面上只有一个齿的蜗杆称为单头蜗杆，有两条螺旋线者称为双头蜗杆。蜗杆螺纹的头数即是蜗杆齿数，用 z_1 表示，一般可取 $z_1=1\sim10$，常用单头或双头。

蜗轮相当于斜齿圆柱齿轮，其轮齿分布在圆环面上，使轮齿能包住蜗杆，以改善接触状况，这是蜗轮

图 8-33 蜗杆蜗轮传动

形体的一个特征。蜗轮齿部的切削加工多采用与蜗杆尺寸、形状相当的蜗轮滚刀按范成法原理在滚齿机上加工完成，滚刀好像是蜗杆，转动时相当于齿条在移动。

> 范成法也叫"展成法"，是利用一对齿轮的啮合原理来加工齿形的。加工时滚刀与蜗轮齿坯的运动就像一对互相啮合的齿轮。用展成法加工齿轮时，只要刀具与被切齿轮的模数和压力角相同，不论被加工齿轮的齿数是多少，都可以用同一把刀具来加工，这给生产带来了很大的方便，可实现连续加工，生产率较高，因此展成法得到了广泛的应用。

1. 蜗杆蜗轮的主要参数与尺寸计算

蜗杆蜗轮的主要参数有：模数 m、蜗杆分度圆直径 d、导程角 γ、中心距 a、蜗杆头数 z_1、蜗轮齿数 z_2 等，根据上述参数可决定蜗杆与蜗轮的基本尺寸，其中 z_1、z_2 由传动的要求选定。国家标准 GB/T 10088—1988《圆柱蜗杆模数和直径》对圆柱蜗杆的模数和直径做出了规定。

1) 齿距 p 与模数 m

在包含蜗杆线且垂直于蜗轮轴线的中间平面内，蜗杆与蜗轮的啮合相当于齿条与齿轮的啮合。因此，蜗杆的轴向模数和压力角应等于蜗轮的端面模数和压力角，即 $m_1=m_2=m$，$\alpha_1=\alpha_2=20°$，$\gamma=\beta_2$。

2) 蜗杆直径系数 q

蜗杆直径系数是蜗杆特有的一个重要参数，它等于蜗杆的分度圆直径 d_1 与轴向模数 m 的比值，即为：$q=d_1/m$ 或 $d_1=mq$。

对应于不同的标准模数，规定了相应的 q 值。为了减小蜗轮滚刀的规格数量，分度圆直径 d 的数值已标准化，而且与模数 m 有一定的匹配关系，国家标准 GB/T 10088—1988《圆柱蜗杆模数和直径》对圆柱蜗杆的模数和直径做出了规定，如表 8-7 所示。

3) 导程角 γ

沿蜗杆分度圆柱面展开，螺旋线展成倾斜直线，如图 8-34 所示，斜线与底线间的夹角 γ 为蜗杆的导程角。当蜗杆直径系数 q 和头数 z_1 选定后，导程角即被确定。它们之间的关系为：

$$\tan\gamma = 导程/分度圆周长 = pz_1/\pi d_1 = \pi m z_1/\pi m q = z_1/q$$

表 8-7 模数 m 与分度圆直径 d、直径系数 q 的搭配值

模数 m	分度圆直径 d	直径系数 q	模数 m	分度圆直径 d	直径系数 q
1.25	20	16	4	40	10
	22.4	17.92		71	17.75
1.6	20	12.5	5	50	10
	28	17.5		90	18
2	22.4	11.2	6.3	63	10
	35.5	17.75		112	17.778
2.5	28	11.2	8	80	10
	45	18		140	17.5
3.15	35.5	11.27	10	90	9
	56	17.778		160	16

一对相互啮合的蜗杆和蜗轮，除了模数和齿形角必须分别相同外，蜗杆导程角 γ 与蜗轮螺旋角应大小相等、旋向相同，即 $\gamma=\beta$。

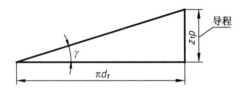

图 8-34 蜗杆的导程角

蜗杆与蜗轮各部分尺寸与模数 m、蜗杆直径系数 q、导程角 γ 和蜗杆头数 z_1、蜗轮齿数 z_2 有关，具体关系见表 8-8。

表 8-8 标准蜗杆、蜗轮（$\alpha=20°$）各部分尺寸计算公式

蜗杆（基本参数：模数 m、直径系数 q、蜗杆头数 z_1）			蜗轮（基本参数：模数 m、蜗轮齿数 z_2）		
名 称	代号	尺寸公式	名 称	代号	尺寸公式
分度圆直径	d_1	$d_1 = mq$	分度圆直径	d_2	$d_2 = mz_2$
齿顶高	h_{a1}	$h_{a1} = m$	齿顶高	h_{a2}	$h_{a2} = m$
齿根高	h_{f1}	$h_{f1} = 1.2m$	齿根高	h_{f2}	$h_{f2} = 1.2m$
齿高	h_1	$h_1 = h_{a1} + h_{f1} = 2.2m$	齿高	h_2	$h_2 = h_{a2}+h_{f2} = 2.2m$
齿顶圆直径	d_{a1}	$d_{a1} = d_1+2h_{a1} = d_1+2m$	齿顶圆直径	d_{a2}	$d_{a2} = d_2+2h_{a2} = m(z_2+2)$
齿根圆直径	d_{f1}	$d_{f1} = d_1-2h_{f1} = d_1-2.4m$	齿根圆直径	d_{f2}	$d_{f2} = d_2-2h_{f2} = m(z_2-2.4)$
轴向齿距	p	$p = \pi m$	齿顶圆弧半径	R_{a2}	$R_{a2} = d_{f1}/2+0.2m = d_1/2-m$
导程	p_z	$p_z = z_1 p$	齿根圆弧半径	R_{f2}	$R_{f2} = d_{a1}/2+0.2m = d_1/2+1.2m$
导程角	γ	$\tan\gamma = z_1/q$	顶圆直径	d_{e2}	当 $z_1=1$ 时，$d_{e2}\leq d_{a2}+2m$ 当 $z_1=2\sim3$ 时，$d_{e2}\leq d_{a2}+1.5m$
齿宽	b_1	当 $z_1=1\sim2$ 时，$b_1\geq(11+0.06z_2)m$ 当 $z_1=3\sim4$ 时，$b_1\geq(12.5+0.09z_2)m$	齿宽	b_2	当 $z_1\leq3$ 时，$b_2\leq0.75d_{a1}$ 当 $z_1=4$ 时，$b_2\leq0.67d_{a1}$
			蜗轮轮面角（又称包角）	2γ	$2\gamma=70°\sim90°$
中心距	a	$a=(d_1+d_2)/2=m(q+z_2)/2$			

2. 蜗杆蜗轮的画法

1）蜗杆的画法

蜗杆一般选用一个视图，其齿顶线、齿根线和分度线的画法与圆柱齿轮相同，如图 8-35 所示。图中以细实线表示的齿根线，也可省略。齿形可用局部剖视图或局部放大图表示。

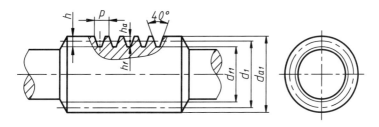

图 8-35　蜗杆的主要尺寸和画法

2）蜗轮的画法

蜗轮的画法与圆柱齿轮相似，如图 8-36 所示。

（1）在投影为非圆的视图中常用全剖视图或半剖视图，并在与其相啮合的蜗杆线位置画出细点画线圆和对称中心线，以标注有关尺寸和中心距。

（2）在投影为圆的视图中，只画出最大的顶圆和分度圆，喉圆（齿顶圆）和齿根圆省略不画。投影为圆的视图也可用表达键槽轴孔的局部视图取代。

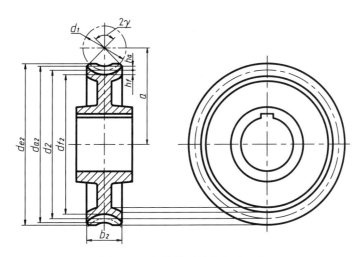

图 8-36　蜗轮的画法和主要尺寸

3）蜗杆蜗轮的啮合画法

蜗杆蜗轮的啮合可画成外形图和剖视图两种形式，其画法如图 8-37 所示。在蜗杆投影为圆的视图中，啮合区只画蜗杆，蜗轮被遮挡的部分可省略不画。在蜗轮投影为圆的视图中，蜗轮分度圆与蜗杆节线相切，蜗轮外圆与蜗杆顶线相交。若采用剖视图，蜗杆齿顶线与蜗轮外圆、喉圆（齿顶圆）相交的部分均不画出。

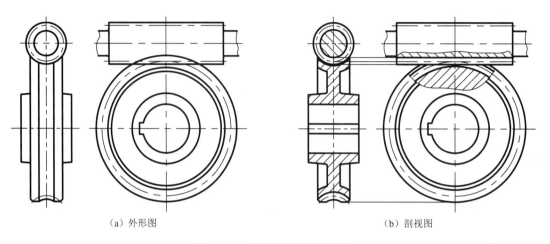

(a) 外形图　　　　　　　　　　　　(b) 剖视图

图 8-37　蜗轮蜗杆啮合的画法

实例 18　试绘制如图 8-38、图 8-39、图 8-40 所示的圆锥齿轮、圆柱蜗杆与蜗轮的零件工作图。

由于齿轮的模数、齿数、齿形角等是设计计算和加工制造的基本参数，应填入工作图的参数表中。参数表一般放在图样的右上角，有关项目可按设计和制造的需要制订后填写，其他技术要求可集中注写在图样的右下角。

表达这三种零件一般可用两个基本视图，根据具体情况也可用一个基本视图和一个局部视图。如需表明齿形时，可用适当的局部放大图来表示。

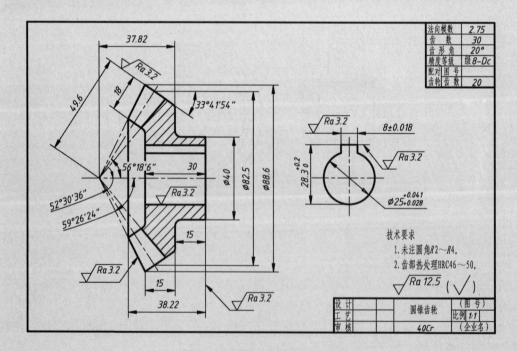

图 8-38　圆锥齿轮的零件工作图

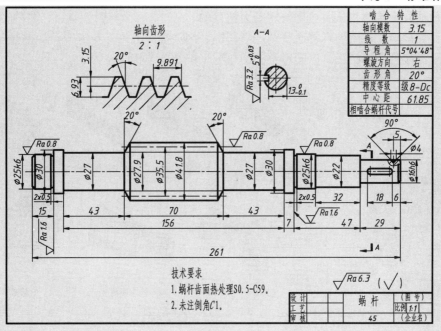

图 8-39 圆柱蜗杆的零件工作图

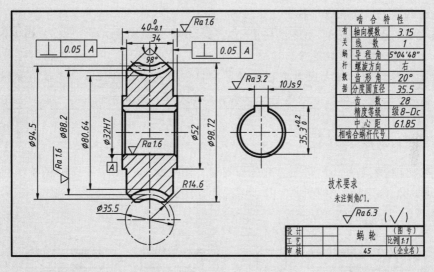

图 8-40 蜗轮的零件工作图

8.3 键连接与销连接

8.3.1 键连接

1. 键连接的作用和种类

键主要用于轴和轴上零件（如带轮、齿轮等）之间的连接，起传递扭矩的作用。如图 8-41 所示，将键嵌入轴上的键槽中，再将带有键槽的齿轮装在轴上。当轴转动时，由于键的存在使得齿轮与轴同步转动，从而达到传递动力的目的。

键的种类很多，常用的有普通平键、半圆键、钩头楔键、内外花键等，如图 8-42 所示，其中普通平键应用最为广泛。下面着重介绍普通平键及其连接画法。

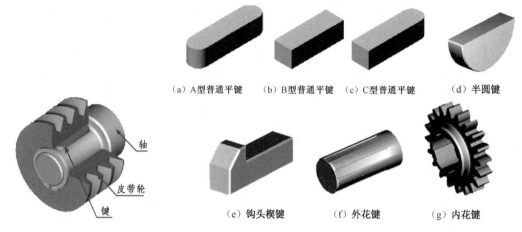

图 8-41 键连接及其作用　　　　　　　　图 8-42 键的常见种类

> 半圆键常用于载荷不大的传动轴上。由于半圆键在槽中能绕其几何中心摆动，以适应轴上键槽的斜度，因而在锥形轴上应用较多。
>
> 钩头楔键的上顶面有 1∶100 的斜度，装配时将键沿轴向嵌入键槽内，钩头楔键靠上下面接触的摩擦力将轴和轮连接。
>
> 由于花键传递的扭矩大且具有很好的导向性，因而在各种机械的变速箱中被广泛应用。除了图示的矩形花键外，还有梯形、三角形和渐开线等形状。

2. 普通平键的种类和标记

根据头部结构的不同，普通平键可分为圆头普通平键（A 型）、平头普通平键（B 型）和单圆头普通平键（C 型）三种型式，其视图画法如图 8-43 所示。

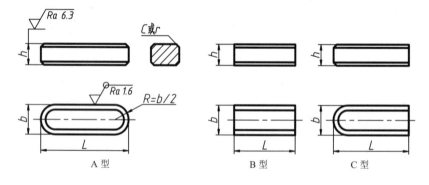

图 8-43 普通平键的画法

普通平键的标记格式和内容为：键 型式代号 宽度×高度×长度 标准代号，其中 A 型可省略型式代号。

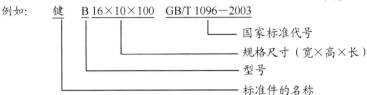

例如：
键 B 16×10×100 GB/T 1096—2003
国家标准代号
规格尺寸（宽×高×长）
型号
标准件的名称

查附录表 A-13 可知，键的尺寸规格与所连接的轮（轴）的直径相关，一定尺寸的直径对应于相应的键及键槽。该例表示平头普通平键（B 型），宽 $b=16$ mm，高 $h=10$ mm，长 $l=100$ mm。

3．普通平键的连接画法

采用普通平键连接时，键的长度 L 和宽度 b 要根据轴的直径 d 和传递的扭矩大小从标准中选取适当值。轴和轮毂上键槽的表达方法及尺寸如图 8-44（a）、(b) 所示。在装配图上，普通平键的连接画法如图 8-44（c）所示。绘制键连接图时需注意以下几点：

（1）主视图中键被剖切面纵向剖切时，该键按不剖绘制；而 $A-A$ 剖视图中横向将键切断则应画出剖面线；

（2）普通平键的工作表面为键的两侧面，因此在接触面上画一条轮廓线；而轮上键槽的底面与键的顶面不接触，因此必须画出两条线表示出键与轮上键槽之间的间隙。

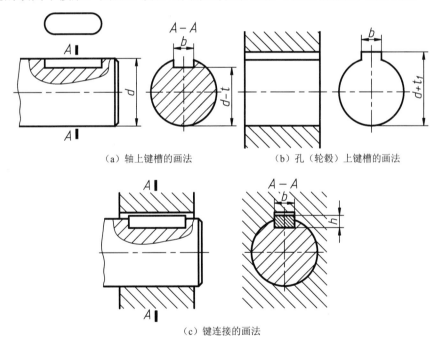

（a）轴上键槽的画法　　（b）孔（轮毂）上键槽的画法

（c）键连接的画法

图 8-44　普通平键连接

8.3.2 销连接

销主要用来固定零件之间的相对位置，起定位作用，也可用于轴与轮毂的连接，传递不大的载荷。销常用的材料为 35、45 钢，常用的销有圆柱销、圆锥销和开口销，如图 8-45 所示。其中，圆柱销和圆锥销用于零件之间的连接和定位，开口销用于螺纹连接的锁紧装置。

(a) 圆柱销　　　　　　(b) 圆锥销　　　　　　(c) 开口销

图 8-45　销的种类

常用销的规格尺寸、标记和连接画法，如表 8-9 所示。在销连接图中，当剖切平面通过销孔的轴线时，销按不剖处理。

表 8-9　销的种类、型式、标记和连接画法

名称	型式	标记	连接画法
圆柱销		销 6 m6×30 GB/T 119.1—2000 直径 6，公差 m6，键长 30 的圆柱销	轴、套、圆柱销连接
圆锥销		销 A6×30 GB/T 117—2000 公称直径 6，销长 30，表面氧化处理的 A 型圆锥销	轴、齿轮、圆锥销连接
开口销		销 5×50 GB/T 91—2000 公称直径 5，长度 50 的开口销	螺杆、座体、销连接

图 8-46 为销的装配连接图画法示例。

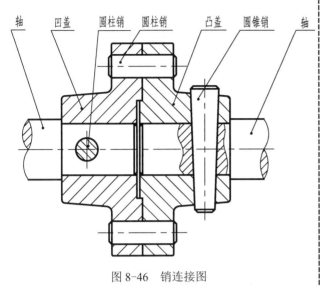

图 8-46 销连接图

> 圆柱销依靠少量过盈固定在孔中，对销孔的尺寸、形状、表面粗糙度等要求较高，销孔在装配前必须铰削。通常被连接件的两孔应同时钻铰，孔壁的表面粗糙度不大于 $Ra\ 0.6\ \mu m$。装配时，在销上涂润滑油，用铜棒将销打入孔中。
>
> 圆锥销装配时，被连接件的两孔应同时进行钻铰，控制好孔径公差。注意钻孔时按圆锥销小头直径选用钻头，用 1∶50 锥度的铰刀铰孔。铰孔时用试装法控制孔径，以圆锥销自由插入全长的 80%～85% 为宜，然后用软锤敲入。敲入后销的大头可与被连接件表面平齐，或露出部分不超过倒角。

8.4 滚动轴承

滚动轴承是用来支承传动轴的标准组件，如图 8-47 所示。由于滚动轴承的结构紧凑、摩擦力小、旋转精度高、拆装方便等优点，所以在各种机器、仪表等产品中被广泛应用。滚动轴承是标准件，其结构、型式均已标准化，由专业工厂生产，需要时可根据设计要求，查阅有关标准选购。

8.4.1 滚动轴承的结构和种类

1. 滚动轴承的结构

滚动轴承的结构由内圈、外圈、滚动体和保持架等零件组成，如图 8-48 所示。其中：外圈装在轴承座孔内，一般不转动，仅起支撑作用；内圈装在轴颈上，随轴一起旋转；滚动体借助于保持架均匀地将滚动体分布在内圈和外圈之间，其形状大小和数量直接影响着滚动轴承的使用性能和寿命，它是滚动轴承的核心元件；保持架使滚动体均匀隔开，避免相互摩擦，防止滚动体脱落，引导滚动体旋转起润滑作用。目前，润滑剂也被认为是滚动轴承的第五大件，它主要起润滑、冷却、清洗等作用。

图 8-47 滚动轴承

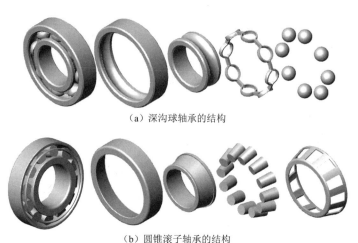

(a)深沟球轴承的结构

(b)圆锥滚子轴承的结构

图 8-48　滚动轴承的结构

2. 滚动轴承的种类

滚动轴承按承受载荷的方向可分为以下三类。

（1）向心轴承：主要承受径向载荷，也能承受较小轴向载荷，如深沟球轴承，如图 8-49（a）所示。

（2）推力轴承：承受轴向载荷，如推力球轴承，如图 8-49（b）所示。

（3）向心推力轴承：能同时承受径向载荷和轴向载荷，如圆锥滚子轴承，如图 8-49（c）所示。

（a）向心轴承　　　　　　（b）推力轴承　　　　　（c）向心推力轴承

图 8-49　滚动轴承的种类

8.4.2 滚动轴承的代号

滚动轴承的代号在国家标准 GB/T 272—1993《滚动轴承 代号方法》中有明确规定。

滚动轴承的代号是由前置代号、基本代号和后置代号三部分组成。其中滚动轴承的基本代号表示轴承的基本类型、结构和尺寸，是滚动轴承代号的基础；而前置代号、后置代号则是轴承在结构形式、尺寸、公差和技术要求等有改变时添加的补充代号。

当轴承的外形尺寸符合国家标准 GB/T 273.1、GB/T 273.2、GB/T 273.3、GB/T 3882 等标准规定的外形尺寸时，其基本代号由轴承类型代号、尺寸系列代号、内径代号构成。

（1）类型代号：用阿拉伯数字或大写拉丁字母表示，常见类型如表 8-10 所示。

表 8-10　常见的轴承类型代号

代号	轴承类型	代号	轴承类型	代号	轴承类型
0	双列角接触球轴承	4	双列深沟球轴承	8	推力圆柱滚子轴承
1	调心球轴承	5	推力球轴承	N	圆柱滚子轴承
2	调心滚子轴承	6	深沟球轴承	U	外球面球轴承
3	圆锥滚子轴承	7	角接触球轴承	QJ	四点接触球轴承

（2）尺寸系列代号：由滚动轴承的宽（高）度系列代号和直径代号组合而成。它反映了同类轴承在内径相同时，内圈宽度、外圈宽度、外圈外径的不同及滚动体大小的不同。滚动轴承的外廓尺寸不同，承载能力不同。如用数字"1"和"7"为特轻系列，"2"为轻窄系列，"3"为中窄系列，"4"为重窄系列。

（3）内径代号：表示轴承的公称内径，用数字表示，具体规则如表 8-11 所示。

表 8-11　滚动轴承内径代号

轴承公称内径/mm	内径代号	示　例
0.6～10（非整数）	用公称内径毫米数直接表示，在其与尺寸系列代号之间用"/"分开	深沟球轴承 618/2.5　d=2.5 mm
1～9（整数）	用公称内径毫米数直接表示，对深沟及角接触球轴承 7、8、9 直径系列，内径与尺寸系列代号之间用"/"分开	深沟球轴承 618/5　d=5 mm
10～17	10 — 00 12 — 01 15 — 02 17 — 03	深沟球轴承 6200　d=10 mm
20～480（22、28、32 除外）	公称内径除以 5 的商数，商数为个位数，需在商数左边加"0"，如 08	调心滚子轴承 23208　d=40 mm
大于和等于 500，以及 22、28、32	用公称内径毫米数直接表示，在其与尺寸系列代号之间用"/"分开	调心滚子轴承 230/500　d=500 mm 深沟球轴承 62/22　d=22 mm

滚动轴承 32005 的含义如下所示：

查附录表 A-16 可得：内径 d=25 mm，外圈直径 D=47 mm，宽度 B=15 mm。

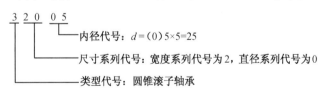

- 内径代号：$d=(0)5 \times 5=25$
- 尺寸系列代号：宽度系列代号为 2，直径系列代号为 0
- 类型代号：圆锥滚子轴承

> 滚动轴承在基本代号左边添加的代号为前置代号，用以识别轴承部件，在基本代号右边添加的代号为后置代号，用以表示与原设计有区别或与现行生产的标准有差异的设计问题。如果轴承代号中有数个后置代号，排列顺序依次为：内部设计、外部设计、保持架、其他特点。例如，"6210-2Z/HT51B"表示带有两个防尘盖的 6210 型深沟球轴承，脂用量比标准填充量要多，可用于高温。

8.4.3 滚动轴承的画法

国家标准 GB/T 4459.7—1998《机械制图 滚动轴承表示法》对滚动轴承的画法做出了规定。滚动轴承是标准组件，不必画出其各组成部分的零件图，一般只需根据轴承的几个主要外形尺寸，采用规定画法或特征画法绘制即可，如表 8-12 所示。滚动轴承各主要尺寸的数值从附录表 A-16 中查得。

表 8-12 常用滚动轴承的类型、结构和表示法

轴承类型	结构形式	主要尺寸	规定画法	特征画法
深沟球轴承 （GB/T 276—1994）		D d B		
圆锥滚子轴承 （GB/T 297—1994）		D d T B C		
推力球轴承 （GB/T 301—1995）		D d T		

在装配图中需要较详细地表达滚动轴承的主要结构时，可采用规定画法。画滚动轴承的剖视图时，轴承的滚动体不画剖面线，其各套圈画成方向与间隔相同的剖面线。规定画法一般绘制在轴的一侧，另一侧按通用画法画出，即用粗实线画出正十字。

在剖视图中，当不需确切地表示滚动轴承的外形轮廓、载荷和结构特征时，可采用通用画法绘制，其画法是用矩形线框及位于中央正立的十字形符号表示，如图 8-50 所示。

图 8-51 是圆锥齿轮轴上滚动轴承的装配情况。需要注意的是：为了便于装拆，在装配图中轴肩尺寸应小于轴承内圈外径，孔肩直径应大于轴承外圈内径。

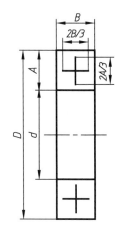

图 8-50 滚动轴承的通用画法

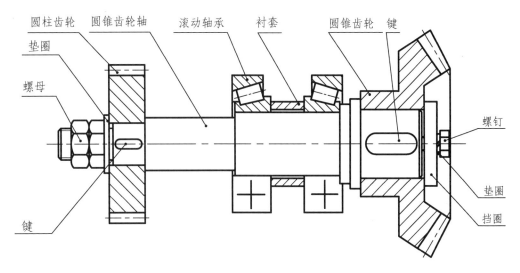

图 8-51 圆锥齿轮轴上零件的装配

> 在常用的滚动轴承中，深沟球轴承结构简单，使用维护方便，常用于精度和刚度要求不太大的地方，如钻床主轴；圆锥滚子轴承能承受径向和轴向载荷，承载能力和刚度较高，允许的转速较低，广泛用于汽车、轧机、矿山、冶金、塑料机械等行业；推力球轴承是分离型轴承，主要应用于汽车、机床等行业，如机床的丝杆处。

8.5 弹簧

弹簧是一种利用弹性来工作的机械零件，一般用弹簧钢制成。弹簧是一种常用件，其特点是当外力解除以后能立即恢复原状，因此可用以控制机件的运动、缓和冲击或震动、贮蓄能量、测量力的大小等，广泛用于机器和仪表中。

弹簧的种类很多，按受力性质可分为压缩弹簧、拉伸弹簧、扭转弹簧和弯曲弹簧；按形状分可分为圆柱弹簧、圆锥弹簧、平面涡卷弹簧、碟形弹簧、板弹簧等；按制作过程可以分为冷卷弹簧和热卷弹簧。常见的弹簧种类如图8-52所示。

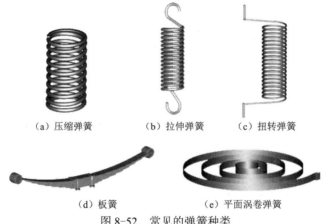

（a）压缩弹簧　　（b）拉伸弹簧　　（c）扭转弹簧

（d）板簧　　（e）平面涡卷弹簧

图8-52　常见的弹簧种类

圆柱弹簧由于制造简单，且可根据受载情况制成各种型式，结构简单，故应用最广。下面着重介绍圆柱螺旋压缩弹簧的尺寸计算和规定画法。

8.5.1　圆柱螺旋压缩弹簧各部分的名称及尺寸计算

1）弹簧线径 d

指弹簧钢丝的直径。

2）弹簧直径

（1）弹簧内径 D_1：弹簧的最小直径。

（2）弹簧外径 D_2：弹簧的最大直径。

（3）弹簧中径 D：弹簧的外径与内径的平均值，即 $D=(D_1+D_2)/2 = D-d = D_1+d$。

3）节距 t

指螺旋弹簧两个相邻有效圈截面中心线的轴向距离。

4）圈数

（1）弹簧支承圈数 n_2：为使弹簧工作时受力均匀，保证中心线垂直于支承面，制造时必须将两端并紧且磨平，称之为支承圈。在多数情况下，支承圈数为2.5圈，两端各并紧0.5圈，磨平0.75圈。

（2）弹簧有效圈数 n：参与变形并保持相同节距的圈数。

（3）弹簧总圈数 n_1：支承圈数与有效圈数之和，$n_1 = n_2 + n$。

5）自由高度 H_0

指弹簧不受外力时的高度（或长度），$H_0 = nt + (n_2 - 0.5)d$。

6）弹簧的展开长度 L

指制造弹簧时钢丝的落料长度，$L \approx \pi D n_1$。

8.5.2 圆柱螺旋压缩弹簧的规定画法

1. 单个弹簧的规定画法

（1）在平行螺旋弹簧轴线的视图上，各圈的轮廓不必按螺旋线的真实投影画出，可画成直线来代替。

（2）有效圈数在 4 圈以上的弹簧，可以只画出两端的 1～2 圈（不含支承圈），中间用通过簧丝断面中心的细点画线连起来。省略后，允许适当缩短图形长度，但应注明自由高度。

（3）图样上当弹簧的旋向不作规定时，一律画成右旋。但左旋螺旋弹簧应加注"左"字。
圆柱螺旋压缩弹簧的画图步骤如图 8-53 所示。

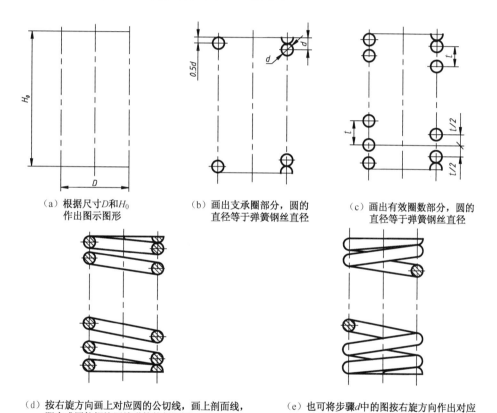

（a）根据尺寸 D 和 H_0 作出图示图形　　（b）画出支承圈部分，圆的直径等于弹簧钢丝直径　　（c）画出有效圈数部分，圆的直径等于弹簧钢丝直径

（d）按右旋方向画上对应圆的公切线，画上剖面线，即完成圆柱螺旋压缩弹簧的剖视图　　（e）也可将步骤 d 中的图按右旋方向作出对应的公切线，即完成圆柱螺旋压缩弹簧的视图

图 8-53　圆柱螺旋压缩弹簧的画法

2. 弹簧在装配图中的规定画法

（1）弹簧后面被挡住的零件轮廓，按不可见处理不必画出，可见轮廓线只画到弹簧钢丝的剖面轮廓或中心线上，如图 8-54（a）所示。

（2）螺旋弹簧被剖切时，允许只画出簧丝剖面。当簧丝直径等于或小于 2 mm 时，其剖面可全涂黑，或采用示意画法，如图 8-54（b）所示。

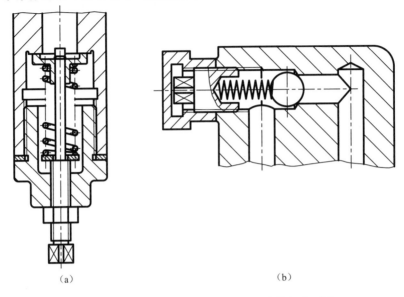

图 8-54　圆柱螺旋压缩弹簧在装配图中的规定画法

实例 19　试绘制如图 8-55 所示的高压气筒中的气门外弹簧。该弹簧采用主视图及左视图表达弹簧结构，主视图上方是弹簧的特性曲线图。

在弹簧零件图上除了表示弹簧的尺寸和技术要求外，还可通过文字等来说明相关的制造及检验要求，如本例中的特性曲线图。

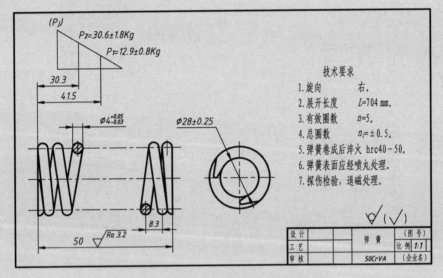

图 8-55　弹簧的零件工作图

> 弹簧的制造材料一般来说应具有高的弹性极限、疲劳极限、冲击韧性及良好的热处理性能等，常用的有碳素弹簧钢、合金弹簧钢、不锈弹簧钢以及铜合金、镍合金和橡胶等。弹簧的制造方法有冷卷法和热卷法。弹簧丝直径小于 8 毫米的一般用冷卷法，大于 8 毫米的用热卷法。有些弹簧在制成后还要进行强压或喷丸处理，可提高弹簧的承载能力。

单元 8　标准件与常用件

知识梳理与总结

本单元介绍了标准件和常用件，学习了螺纹紧固件和键、销等的连接画法、尺寸标注和标准件的标记，以及齿轮、滚动轴承、弹簧等的基本知识和规定画法。这些都是比较特殊的零部件，学习时要注意每一种零（部）件的功能、结构，确定其机械要素的基本参数有哪些；国家标准对该零部件的画法及标注做了怎样的规定，然后在理解的基础上要求能画、会标注、会根据要求查阅有关手册进行选用。

在零件图中常常遇到内外螺纹的画法、标注以及键槽的画法及尺寸标注；在装配图中螺栓连接、螺柱连接及螺钉连接是最常见的连接方式；键连接、销连接、齿轮啮合、滚动轴承装配也是其常见的装配结构。因此，要在后续单元中结合零件图和装配图的阅读，分析并加深对所采用的连接方式和规定画法的理解。

单元 9 机械部件

教学导航

学习目标	能熟练绘制和阅读部件装配图,并应用 AutoCAD 软件拼绘装配图;会进行部件测绘
学习重点	装配图的视图表达、规定画法、特殊画法,装配结构细节的画法;部件测绘的方法与步骤;阅读装配图的方法;利用 AutoCAD 软件拼绘装配图的方法
学习难点	装配图的规定画法、特殊画法、装配结构细节的绘制
建议课时	14~20 课时

单元 9 机械部件

装配图是用来表达机械或部件的工程图样，表示一台完整机器的图样称为总装配图；表示一个具体部件的图样则称为部件装配图。具体来说，装配图主要用来表达机器或部件的整体结构、工作原理、零件之间的装配连接方式以及主要零件的结构形状。

在设计过程中，首先要画出装配图，然后按照装配图设计并拆画出零件图。在使用产品时，装配图又是了解产品结构和进行调试、维修的主要依据。此外，装配图也是进行科学研究和技术交流的工具。因此，装配图是生产中的主要技术文件。如图 9-1 所示为千斤顶部件三维造型图，图 9-2 为其装配图。

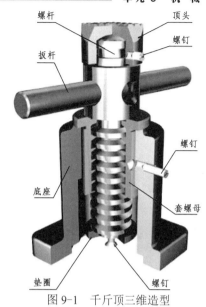

图 9-1 千斤顶三维造型

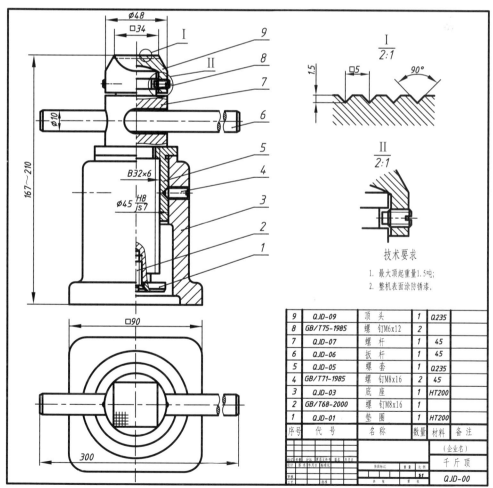

图 9-2 千斤顶装配图

> 千斤顶是一种用钢性顶举件作为工作装置，通过顶部托座或底部托爪在行程内顶升重物的轻小型起重设备。它有机械式和液压式两种，机械式千斤顶又有齿条式与螺旋式两种，图9-2即为螺旋式的机械千斤顶。由于起重量小，操作费力，一般只用于机械维修工作。液压式千斤顶结构紧凑，工作平稳，有自锁作用，故使用广泛，各类汽车尾箱中常备有此类千斤顶。如果汽车出现紧急故障，这时可利用千斤顶托起汽车底盘，以便检查故障原因，及时排除故障。
>
> 请继续上网搜索有关千斤顶的知识，如千斤顶的工作原理、种类、规格、应用实例及制造厂家等，以便有更进一步的了解。

9.1 装配图的内容

在机器或部件的设计，零件设计，整机及部件的装配、调试、使用、维修中都需要使用装配图，装配图也是企业的重要技术文件。

从图9-2可以看出装配图应具有下列内容：一组视图、一组尺寸、技术要求、零（部）件序号及明细栏、标题栏。

（1）**一组视图**：采用各种表达方法，正确、清晰地表达机器或部件的工作原理与结构，以及各零件间的装配关系、连接方式、传动关系和零件的主要结构形状等内容。

（2）**一组尺寸**：表示机器或部件的性能、规格，以及装配、安装、检验等环节的必要的一组尺寸。

（3）**技术要求**：提出机器或部件性能、装配、调整、试验、验收等方面的要求。

（4）**零件序号及明细栏**：在图样上对每种零件进行编号，并在明细栏中说明各组成零件的名称、数量、材料等相关信息。

（5）**标题栏**：注明装配体的名称、图号、绘图比例，以及设计、校核、审核等相关人员的签名等内容。

9.2 装配图的表达方法

在零件图上所采用的各种表达方法，如视图、剖视、断面、局部放大图等也同样适用于画装配图。但是画零件图所表达的是一个零件，而画装配图所表达的则是由许多零件组成的装配体（机器或部件等）。因为两种图样的要求不同，所表达的侧重面也不同。装配图应该表达出装配体的工作原理、装配关系和主要零件的主要结构形状。因此，国家标准GB/T 4458《机械制图》对绘制装配图制定了规定画法和特殊画法。

9.2.1 装配图的规定画法

在装配图中，为了便于区分不同的零件，正确地表达出各零件之间的关系，在画法上有以下规定。

1. 接触面和配合面的画法

两相邻零件的接触面和配合面（基本尺寸相同的装配面）只画一条线（如图 9-2 中，件 3 底座与件 5 套螺母之间）；而基本尺寸不同的非配合表面，即使间隙很小，也必须画成两条线（如图 9-2 中，件 6 扳杆与孔之间）。

2. 剖面线的画法

在装配图中，同一个零件在所有的剖视、断面图中，其剖面线应保持同一方向，且间隔一致（如图 9-2 中，件 9 在主视图和局部放大图中的剖面线）。相邻两零件的剖面线则必须不同，应使其方向相反，或间隔不同，或互相错开（见图 9-2 中，相邻零件 3、5 之间的剖面线画法）。

当装配图中零件的面厚度小于 2 mm 时，允许将剖面涂黑以代替剖面线。

3. 实心件和某些标准件的画法

在装配图的剖视图中，若剖切平面通过实心零件（如轴、杆等）和标准件（如螺栓、螺母、销、键等）的基本轴线时，这些零件按不剖绘制（如图 9-2 主视图中的件 2、4、6、8）。若需要特别表明零件的结构，如凹槽、键槽、销孔等，则可采用局部剖视图表示（如图 9-2 主视图中的件 7）。当剖切平面垂直于其轴线剖切时，则需画出剖面线。

9.2.2 部件的特殊表达方法

1. 沿零件结合面的剖切画法

在装配图中，当某些零件遮住了需要表达的某些结构和装配关系时，可假想沿这些零件的结合面剖切，如图 9-3 中，齿轮油泵的左视图采用了半剖，其中剖视部分是沿着零件 1、零件 3 的结合面进行的剖切。由于剖切平面对螺栓、螺钉和圆柱销是横向剖切，故在左视图中应画剖面线；对其余零件则不画剖面线。

2. 拆卸画法

在装配图的某个视图上，如果某些零件遮住了需要表达的零件，而这些零件已在其他视图上已经表示清楚时，可将其拆卸掉不画而只画剩余部分的视图，这种画法称为拆卸画法。为了避免看图时产生误解，常在图上加注"拆去零件××等"。如图 9-3 所示的齿轮油泵，其左视图也可采用拆去泵盖的画法进行绘制，如图 9-4 所示。

3. 假想画法

（1）对于运动零件，当需要表明其运动极限位置时，可以在一个极限位置上画出该零件，而在另一个极限位置用双点画线来表示。如图 9-5 所示的浮动支承装配图，用双点画线绘制零件 1 支承销最高位置。

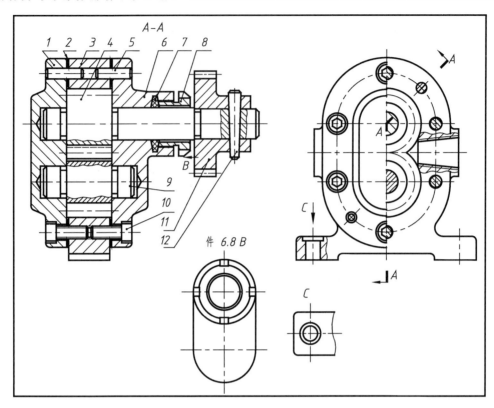

图 9-3 左视图采用沿结合面剖切的齿轮油泵装配图

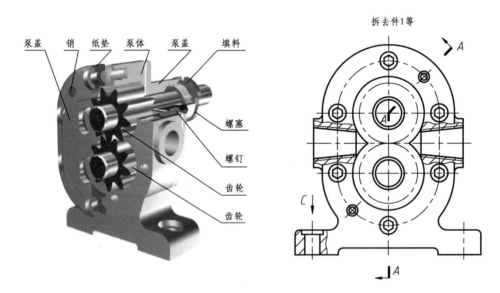

图 9-4 齿轮油泵装配图的左视图采用拆卸画法

（2）为了表明本部件与其他相邻部件或零件的装配关系，可用双点画线画出该件的轮廓线，如图 9-6 中辅助相邻零件的表示。

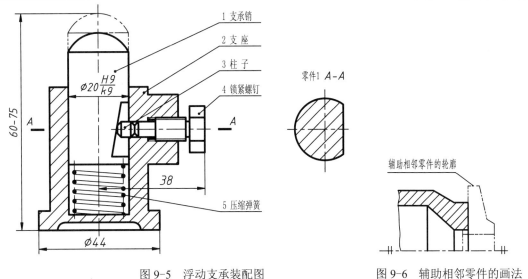

图 9-5　浮动支承装配图　　　　图 9-6　辅助相邻零件的画法

4．简化画法

（1）在装配图中，对若干相同的零件组如螺栓、螺钉连接等，可以仅详细地画出一组或几组，其余只需用点画线表示其位置。如图 9-7 中的两组螺钉连接只详细画出了一组。

（2）装配图中的滚动轴承允许采用简化画法，如图 9-7 所示。

（3）装配图中零件的工艺结构如圆角、倒角、退刀槽等允许不画出，如图 9-6 所示，图中省略了轴承盖、箱体孔的倒角等。

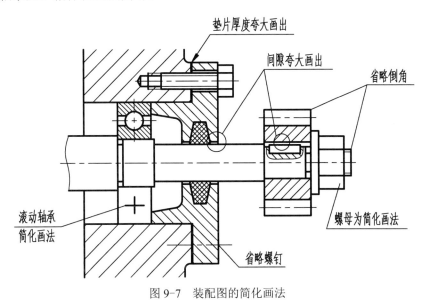

图 9-7　装配图的简化画法

5．夸大画法

在装配图中，如绘制直径或厚度小于 2 mm 的孔或薄片以及较小的斜度和锥度，允许该部分不按比例而夸大画出，如图 9-7 中所示的垫片等。

6. 单独表达某零件的画法

在装配图中，当某个零件的形状未表达清楚，或对理解装配关系有影响时，可另外单独画出该零件的某一视图。如图9-5中的"零件1 A-A"视图。

7. 展开画法

为了表示传动机构的传动路线和零件间的装配关系，可假想按传动顺序沿轴线剖切，然后依次展开，使剖切面摊平并与选定的投影面平行，再画出它的剖视图。

9.2.3 装配图表达方案的选择

装配图的视图表达应能达到以下要求：清晰表达部件的整体形象、工作原理、零件间的装配连接关系、各零件的大致构造等。

1. 主视图选择

1）放置

一般将机器或部件按工作位置放置或将其放正。大多数部件都是可自然安放的，通常工作位置就是自然安放位置，如图9-2、图9-3所示千斤顶和齿轮油泵都是按工作位置放置的。如不能放平可使装配体的主要轴线、主要安装面等呈水平或铅垂位置。

2）视图方案

选择最能反映机器或部件的整体形象、工作原理、传动路线、零件间装配关系及主要零件的主要结构的视图作为主视图，可参看图9-2、图9-3、图9-5的视图方案。

2. 其他视图选择

（1）应考虑还有哪些装配关系、工作原理以及主要零件的主要结构还没有表达清楚，然后再选择若干视图以及相应的表达方法。

（2）尽可能地考虑应用基本视图以及基本视图上的剖视图（包括拆卸画法、沿零件结合面剖切等）来表达有关内容。

（3）要考虑合理地布置视图的位置，使图样清晰并有利于图幅的充分利用。

9.3 装配图尺寸及技术要求标注

9.3.1 尺寸标注

装配图的作用与零件图不同，在图上标注尺寸的要求也不同。在装配图上应该按照对装配体的设计或生产的要求来标注某些必要的尺寸。一般装配图中应标注以下几类尺寸，以图9-8所示的传动器装配图为例进行说明。

综合实例 16　传动器装配图的尺寸标注

1. 性能（规格）尺寸

这类尺寸表明装配体的工作性能或规格大小，它是设计该部件的原始数据，也是了解和选用该装配体的依据。如图 9-8 中传动器的中心高 100。

2. 装配关系尺寸

这类尺寸是表示装配体上相关联零件之间的装配关系，是保证装配体的装配性能和质量的尺寸，具体有以下几类。

（1）配合尺寸：零件间有公差配合要求的尺寸，如图 9-8 中的 $\phi 62K7$、$\phi 20H7/h6$。

（2）相对位置尺寸：表示装配时需要保证零件间相互位置的尺寸，如图 9-8 中的中心轴线到基准面的距离 100。

3. 安装尺寸

这是部件安装在机器上或机器安装在地基面上进行连接固定所需的尺寸。如图 9-7 中的底板上的 128、80、$4 \times \phi 9$。

4. 外形（总体）尺寸

这是表示装配体外形的总体尺寸，即总的长、宽、高。这类尺寸表明了机器（部件）所占空间的大小，作为包装、运输、安装、车间平面布置的依据。如图 9-8 中的 219、110。

5. 其他重要尺寸

这是在部件设计时，经过计算或某种需要而确定的比较重要的尺寸，但又不属于上述四类尺寸的尺寸。如运动件的极限尺寸，主体零件的重要尺寸等。如图 9-8 中齿轮的分度圆尺寸 $\phi 96$，图 9-2 所注尺寸 $\phi 10$（件 6 扳杆直径），$\phi 48$（件 9 顶头的直径尺寸）等。

上述五类尺寸之间并不是互相孤立无关的，实际上有的尺寸往往同时具有多种作用。此外，在一张装配图中，并不一定需要全部注出上述五类尺寸，而是要根据具体情况和要求来确定。

9.3.2　技术要求的注写

不同性能的机器（部件），其技术要求各不相同，主要考虑装配体的装配要求、检验、调试要求，以及使用要求。如润滑及密封要求、齿轮侧隙要求、轴承寿命要求、运转精度要求等，可参看图 9-2、图 9-8 所注技术要求。

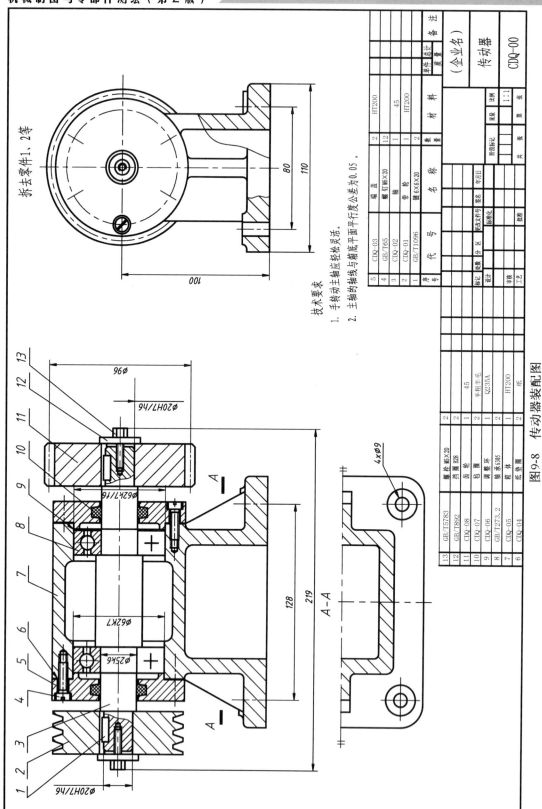

图9-8 传动器装配图

9.4 装配图的零件编号及明细栏

为了装配时看图查找零件方便，有利于进行生产准备和图样管理，必须对装配图中的零件进行编号，并列出零件的明细栏。

9.4.1 装配图上的序号

为了便于看图和生产管理，对部件中的每种零件和组件应编排标注序号。同时，在标题栏上方编制相应的明细栏。

（1）装配图中所有的零件都必须编写序号，并与明细栏中的序号一致。相同的零件只编一个序号。如图 9-8 中，端盖、螺栓都有两个，但只编一个序号 5 和 13。

（2）序号应注写在视图外较明显的位置上，由圆点、指引线、水平线或圆（均为细实线）及数字组成，数字写在水平线上或小圆内见（见图 9-9）。序号的字高应比该图中尺寸数字大一号，如图 9-8 所示。

（3）指引线应自所指零件的可见轮廓内引出，并在其末端画一圆点；若所指的部分不宜画圆点，如很薄的零件或涂黑的剖面等，可在指引线的末端画一箭头，并指向该部分的轮廓。

（4）指引线尽可能分布均匀且不要彼此相交，要尽量不与剖面线平行，必要时可画成一次折线，但只允许折一次。对于一组紧固件或装配关系清楚的零件组，可采用公共指引线，如图 9-9 所示。

（5）序号按水平或垂直方向排列整齐，并按顺时针或逆时针方向顺序编号，见图 9-2、图 9-3、图 9-8。

（6）标准部件（如油杯、滚动轴承、电动机等）只需编注一个序号，见图 9-8 中的件 8。

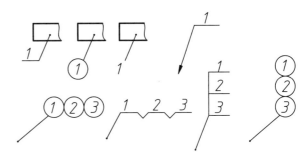

图 9-9 序号的编写方法

9.4.2 明细栏的编制

明细栏是由序号、代号、名称、数量、材料、质量、备注等内容组成的栏目。明细栏一般编注在标题栏的正上方。在图中填写明细栏时，按自下而上顺序进行。当位置不够时，可移至标题栏左边继续编制，也可另外用 A4 纸单独放置零件明细栏。国家标准 GB/T 10609.2—2009《技术制图 明细栏》做出了具体规定，明细栏的尺寸如图 9-10 所示。

9.5 绘制装配图的方法和步骤

在绘制装配图前应有的资料：装配示意图、非标准件（俗称"自制件"）的零件图及标准件清单。绘制装配图时要将装配体设置为最小装配位置，既便于绘图，又便于设计包装盒。如图 9-11 所示为千斤顶的装配示意图。

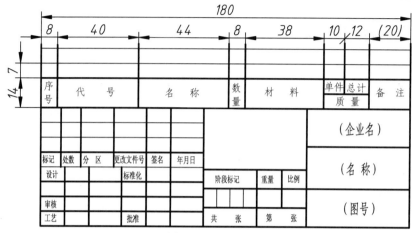

图 9-10 明细栏

绘制装配图的方法与步骤如下：

（1）分析装配体的结构，确定表达方案。

（2）确定绘制比例、所用图幅。比例应根据部件的大小、复杂程度及所确定的表达方案来决定，应尽量使用原值比例1∶1。

（3）绘制装配图底稿，可按下面的步骤进行。

① 布图：画基准线，即各视图的主要轴线、底面、端面轮廓线等，合理布置视图位置，要考虑留出足够的空间标注尺寸和零件序号，还应留出明细栏和技术要求的位置。

② 绘制基础件主轮廓：用细实线勾勒基础件的简单轮廓，建立绘制装配图的思维方法和主要方案。

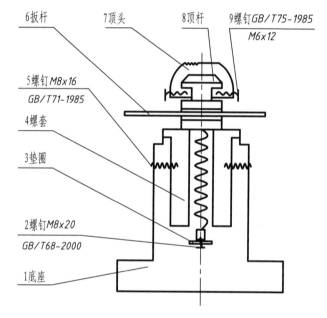

图 9-11 千斤顶装配示意图

③ 绘制核心零件：首先根据装配示意图、零件图确定出核心零件与基础件的相对位置，在图上绘制出核心零件的基准线，然后绘制核心零件。

④ 根据装配关系由内到外依次绘制其他零件：从各装配线入手，先画主要零件，依次画出其他零件，主视图和其他视图结合起来同时进行，注意保持各视图的方位关系、等量关系。

（4）检查、加深图线，绘制剖面线。

（5）标注尺寸，标注技术要求，编制零件序号，填写明细栏和标题栏。

> 装配示意图一般是用简单的图线画出装配体各零件的大致轮廓，以表示其装配位置、装配关系和工作原理等情况的简图。国家标准《机械制图》中规定了一些零件的简单符号，画图时可以参考使用。

将装配体拆开，把分离的零件按装拆的顺序排列在相应的轴线位置上，这样的立体图称为轴测分解图，俗称爆炸图，如图 9-12 所示的滑动轴承。轴测分解图能很直观地反映出零件间的安装顺序，因此在机器或部件的产品说明书、维修说明等图例中常用此类画法。

爆炸图的名称是 Exploded Views，是当今的三维 CAD/CAM 软件中的一项重要功能。在 UG（Unigraphics）和 Pro/E（Pro/ENGINEER）等三维绘图软件中，爆炸图只是装配（Assembly）功能模块中的一项子功能而已。有了这个相应的操作功能选项，工程技术人员在绘制立体装配示意图时就显得轻松多了，在提高工作效率的同时还降低工作的强度。如今这项功能不仅仅是用在工业产品的装配使用说明中，而且还越来越广泛地应用到机械制造中，使加工操作人员可以一目了然，而不再与以前一样看清楚一个装配图也要花上半天的时间。AutoCAD 2006 及以后的版本也具有了这项功能，但功能还相对简单，无法与 Pro/E 和 UG 中的强大功能相提并论。

图 9-12 滑动轴承的轴测分解图（爆炸图）

下面在已知千斤顶装配示意图（见图 9-11）和千斤顶各零件图（见图 9-13）的情况下，以绘制千斤顶的装配图为例，来熟悉和掌握绘制装配图的方法与步骤。

综合实例 17　绘制千斤顶装配图

1. 分析装配体的结构，确定装配图的表达方案

1）放置

千斤顶按工作位置放置，并使顶杆调到最低位置，这也是千斤顶的自然安放位置。

2）视图方案

（1）主视图：该装配体的结构左右对称，主装配线垂直分布，因此主视图采用半剖视图，能清晰反映千斤顶的内外结构、工作原理、装配线、零件间装配关系及零件的主要结构。另外，因为顶杆是实心零件需按不剖处理，故主视图中还需要添加两个局部剖，一处在顶杆与旋转杆装配处，另一处在顶杆下部与垫圈的连接处（用螺钉进行连接）。旋转杆较长但形状简单，因此对其简化处理，采用折断画法画出。

（2）俯视图：顶头、底座上都有方形结构，要用俯视图来进一步表达。同时，俯视图也能进一步表达千斤顶的整体形象。

（3）局部放大图：对细小结构进行局部放大处理，本例中需绘制两处局部放大图，一处表达顶头的刻牙形状及尺寸；另一处表达顶头、顶杆与螺钉的连接处结构。

2. 确定绘图例比及图幅

通过阅读零件图，可知该装配体的外形尺寸并不是很大，故考虑采用原值比例 1:1，这样方便绘图。另外，通过计算可得出该装配体在最低位置时的高度尺寸为 167 左右，故选用 A3 图幅。

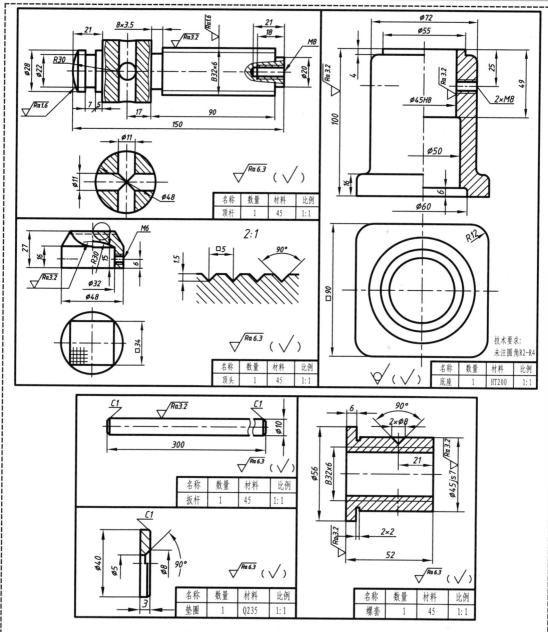

图 9-13 千斤顶装配体上的零件图

3．绘制千斤顶装配图底稿

（1）布图，绘制视图基准线，如底座的底面轮廓线、整体轴线等。

（2）用细实线勾勒底座的简单轮廓，如图 9-14 所示。

（3）在图中定位核心零件顶杆，使顶杆大外圆台阶面平行于底座顶面，并留出 6 毫米空隙（即螺套大外圆的长度），然后绘制顶杆的图形，如图 9-15 所示。

（4）按装配关系由内至外依次绘制其他零件，如扳杆、顶头、螺套、垫圈、螺钉（2、4、8），如图 9-16、9-17 所示。

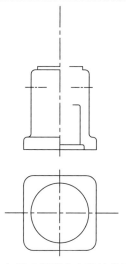
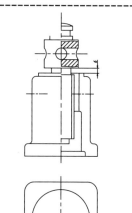
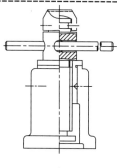
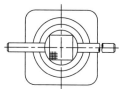

图 9-14　勾勒千斤顶底座的简单轮廓　　图 9-15　添加顶杆　　图 9-16　添加扳杆、顶头、螺套

4. 检查、加深图线

检查、加深图线，绘制剖面线，完成主、俯视图的绘制。整个过程如图 9-14～图 9-17 所示。

5. 绘制两处局部放大图

再绘制两处局部放大图，最终完成千斤顶的视图表达（为看图清晰，比例略有所放大），如图 9-18 所示。

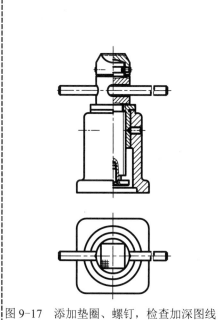
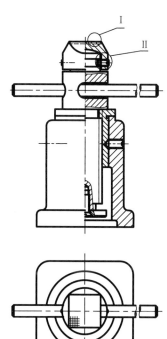

图 9-17　添加垫圈、螺钉，检查加深图线　　　　图 9-18　添加局部放大图，形成一组视图

6. 标注尺寸、技术要求，编制序号，填写标题栏和明细栏

1）标注尺寸

（1）规格尺寸：167～205（顶高范围）、□34（顶头工作面大小）；

（2）装配尺寸：B32×6、ϕ45H8/js7；

（3）其他重要尺寸：底座支撑面大小□90、扳杆尺寸ϕ10、300、顶头尺寸ϕ48、□5、刻深1.5、90°等。

2）标注技术要求

千斤顶的最大顶起重量1.5吨；整机表面涂防锈漆。

3）编写序号，填写明细栏及标题栏

由于千斤顶的装配线为垂直方向，故本图中序号排列采用垂直方向排列，按明细栏要求填写各栏目，注写标题栏，完整的千斤顶装配图如图9-2所示。

按照上述步骤，自己绘制千斤顶装配图。注意局部细节的处理，如内外螺纹的画法。

9.6 常见的装配工艺结构

为使零件理想装配，并拆卸方便，应在零件设计时根据零件在部件中的装配连接关系，考虑装配工艺结构。

9.6.1 面与面之间的接触性能

1）应能保证轴肩面与孔端面接触良好

为避免如图9-19（a）所示装不到位的缺陷，可采用孔口倒角、轴肩根部开槽等结构保证轴肩面与孔端面接触良好，如图9-19（b）和（c）所示。

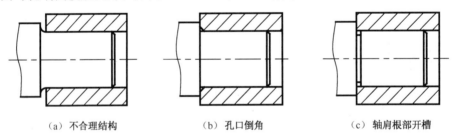

（a）不合理结构　　　　（b）孔口倒角　　　　（c）轴肩根部开槽

图9-19　轴肩面与孔端面接触结构

2）相邻两个零件在同一方向上只能有一组接触面

为保证在某一方向有可靠的定位面，相邻两个零件在同一方向上只能有一个接触面，否则就会给制造和配合带来困难，如图9-20所示。

3）在螺纹紧固件连接中，被连接件的表面应该为加工面

为保证被连接零件与螺纹紧固件的接触良好，被连接件的表面应该经机械加工，可将接

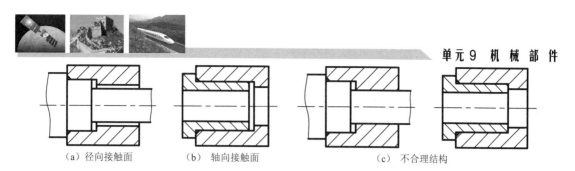

(a) 径向接触面　　(b) 轴向接触面　　(c) 不合理结构

图 9-20　轴肩面与孔端面接触结构

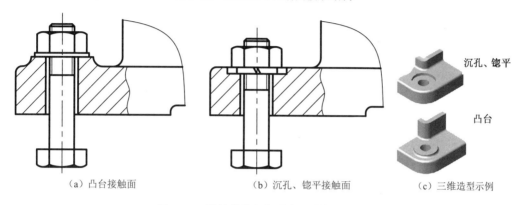

(a) 凸台接触面　　(b) 沉孔、锪平接触面　　(c) 三维造型示例

图 9-21　被连接件与螺纹紧固件接触结构

触面制成凸台、沉孔或锪平结构，如图 9-21 所示。

9.6.2　应保证有足够的装配、拆卸操作空间

为了使零件拆装方便，应留出足够的操作空间。如图 9-22 所示的螺纹紧固件有足够的拆装空间；而图 9-23 所示空间不够，无法用工具操作；图 9-24 所示为滚动轴承装配结构及衬套的装配，均能可靠地装拆；而图 9-25 所示结构则不易拆卸，显然设计不合理。

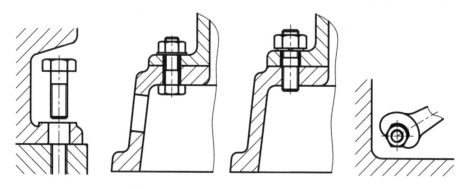

图 9-22　有足够的装配操纵空间（正确）

9.6.3　零件在轴向的定位结构

安装在轴上的滚动轴承及齿轮等一般都需要轴向定位，以保证其在轴线方向不产生移动。如图 9-26 所示轴上的滚动轴承及齿轮是靠轴肩来定位，齿轮的一端用螺母、垫圈来压紧，垫圈与轴肩的台阶面间应留有间隙，以便压紧。

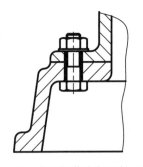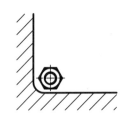

图 9-23　装配操作空间不够（错误）

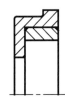

图 9-24　能拆卸（正确）　　　　　图 9-25　难拆卸（错误）

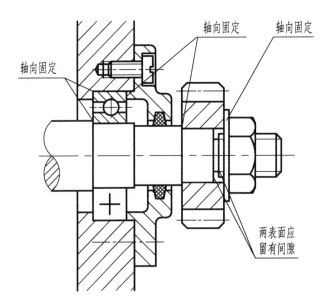

图 9-26　轴向定位结构

9.6.4　密封装置的结构

在一些部件或机器中常需要有密封装置，以防止液体外流或灰尘进入。图 9-27 所示的密封装置是用在泵和阀上的常见结构。通常用浸油的石棉绳或橡胶作填料，拧紧压盖螺母，通过填料压盖可将填料压紧，起到密封作用。填料压盖与阀体端面之间必须留有一定间隙，才能保证将填料压紧，而轴与填料之间应有一定的间隙，以免转动时产生摩擦。

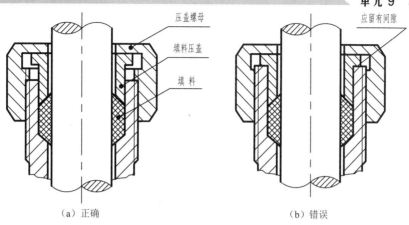

图 9-27 填料与密封装置

9.7 装配图的识读

在设计和生产实际工作中,经常要阅读装配图。例如,在设计过程中,要按照装配图来设计和绘制零件图;在安装机器及其部件时,要按照装配图来装配零件和部件;在技术学习或技术交流时,则要参阅有关装配图才能了解、研究一些工程与技术方面的有关问题。

9.7.1 阅读装配图的要求

(1)了解装配体的用途、性能、工作原理和结构特点。
(2)弄清各零件之间的装配关系和装拆次序。
(3)看懂各零件的主要结构形状和作用。
(4)了解装配体的重要尺寸和技术要求。

9.7.2 读装配图的方法和步骤

1. 概括了解

浏览全图,知其概貌,结合标题栏和明细栏中的内容,了解部件名称、规格、各零件的名称、材料和数量;按图上的编号了解各零件的大体装配情况。

2. 分析表达方案,细读各视图

在一组视图中判别出主视图,即表达装配体整体形象的视图,分析出其他视图的对应关系,如剖切位置、投影方向、绘制方式等。再以主视图为中心,结合其他视图,对照明细栏和图上编号,逐一了解图样表达的内容。

3. 分析工作原理及零件间的装配关系

分析装配体的工作原理,一般应从传动关系入手,再分析视图及参考说明书。这是读装配图进一步深入的阶段,需要把零件间的装配关系和装配体结构搞清楚。

4．分析零件，看懂零件的结构形状

分析零件，首先要会正确地区分零件。区分零件的方法可依靠零件序号的编号、不同方向和不同间隔的剖面线，以及各视图之间的投影关系进行判别。零件区分出来之后，便要分析零件的结构形状和功用。分析时一般从主要零件开始，再看次要零件。

5．归纳总结，想象整体形状

经过分析，在看懂各零件的形状后，对整个装配体还不能形成完整的概念。必须把看懂的各个零件的作用和结构，按其在装配体中的位置及给定的装配连接关系，加以综合、想象，从而获得一个完整的装配体形象。

以上所述是读装配图的一般方法和步骤，事实上有些步骤不能截然分开，而要交替进行。有时，在读图过程中应该围绕着某个重点目的去分析、研究。

下面以图 9-28 所示的尾架装配图为例，来说明读装配图的方法和步骤。

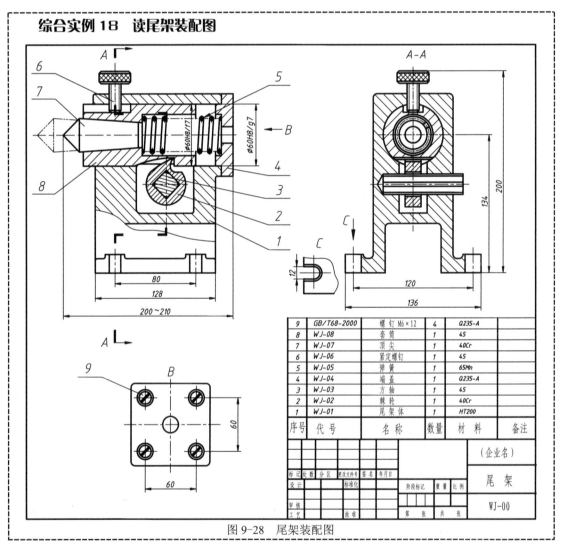

图 9-28　尾架装配图

1. 概括了解

浏览全图，知其概貌：该装配体的大致结构为长方块，规格为 200～210；读标题栏和明细栏了解部件为"尾架"，共有 9 种零件，其中标准件 1 种。可结合装配图上的序号及明细栏了解各零件的名称、材料和数量，以及装配体上各零件的大体装配情况。

2. 分析表达方案，细读各视图

（1）分析表达方案：尾架装配图由四个视图组成，其中主视图、左视图为基本视图，主视图采用局部剖视图，且带有假想画法；左视图采用阶梯全剖视图；另外有 B 向局部视图、C 向局部视图为单独表达某零件的特殊画法。

（2）细读各视图，分析工作原理、装配关系与零件的主要结构形状。

主视图既表达了尾架的整体形象和工作范围，又表达了装配体的主装配线。同时，该图还表达了多个零件的形状特点；

左视图补充表达了尾架的整体形象，次装配线上尾架体、方轴、棘轮的装配连接关系；以及进一步表达了多个零件的形状结构；

B 向局部视图表达了件 4 端盖的结构特征、装配形式（四个角上用开槽沉头螺钉连接）；

C 向视图则表达了尾架体的安装结构。

工作原理分析：从图中可知，尾架体 1 可安装在机床的工作台上，起机座的作用。松开紧定螺钉（件 6）然后用扳手按顺时针方向转动方轴（件 3），带动棘轮（件 2）作同向旋转，从而拨动套筒（件 8）作直线后退，此时套筒内的顶尖（件 7）同时后退，使顶尖离开工件中心孔，这时就可卸下加工完毕的工件。待新工件放到规定位置时，松开扳手，靠弹簧（件 5）的作用，将套筒与顶尖推回到原位（图中双点画线所示），此时顶尖又进入新工件的中心孔，最后拧紧紧定螺钉（件 6），整个工作过程结束。

在分析工作原理的同时也读出了相关零件的装配关系、零件结构。

（3）尺寸分析具体如下。

规格尺寸：200～210。

装配尺寸：中心高 134、ϕ60H8/f7、ϕ60H8/g7。

安装尺寸：80、120、12。

总体尺寸：200～210、136、200。

其他重要尺寸：尾架体底板长度 128。

（4）技术要求分析如下。

配合要求：ϕ60H8/f7——基孔制，间隙配合，轴的基本偏差代号 f，精度等级 IT7 级；ϕ60H8/g7——基孔制，间隙配合，轴的基本偏差代号 g，精度等级 IT7 级。

3. 总结归纳

总结归纳是对读图过程进行简明连贯的叙述，想象整体形象及部件工作的整个运动过程。图 9-29 所示为尾架的三维实体造型。

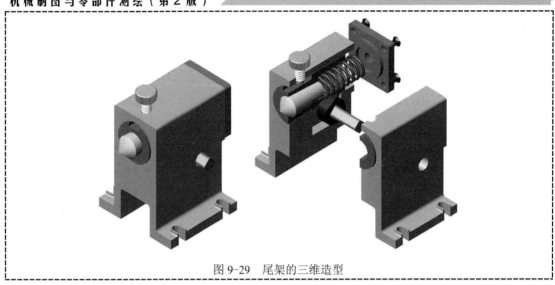

图 9-29 尾架的三维造型

9.7.3 由装配图拆画零件图

拆画零件图是设计工作中的一个重要环节。对于初学者来说,难点在于从整体中要分解出零件,这项技能的建立需要多加实践,掌握基本的方法与步骤,多找窍门,逐步学会拆图技巧。

拆画零件图的要求如下:

(1)经过阅读装配图,对装配体设计有了深刻理解后,才能绘制出充分体现装配图设计意图的零件图,拆画零件图的过程是对零件的详细设计过程。拆画的图样应包含零件图的完整内容,即视图、尺寸、技术要求及标题栏。

(2)画图时,要从设计上考虑零件的作用和要求,从工艺上考虑零件的制造和装配,使拆画出的零件图既符合原装配图的设计要求,又符合生产要求。

下面通过两个实例介绍由装配图拆画零件图的方法和步骤。

综合实例 19 拆画端盖零件图

拆出图 9-28 所示尾架装配图中的端盖,绘制零件图。

1)从装配图中分离出零件

装配图中对零件的表达主要是它们之间的装配关系,且零件之间的视图会有重叠。因此首先要从装配图的一组视图中把拆画对象有关的投影找出来,分离出拆画对象。如图 9-30 所示为从尾架装配图中分离出的端盖零件的投影。

2)构思零件的完整结构

绘制装配图时只需表达零件的大致或主要结构,且零件之间投影重叠,这使得分离出的图形往往是不完整的,所以要对图样进行补充完善,这就是零件的继续设计。这时可依据零件的功能以及与相邻零件的关系,来判断和构思出零件的完整结构。拆去端盖螺钉后端盖就留下了沉孔,所以剖视图上可将沉孔的投影补上,如图 9-31 所示。

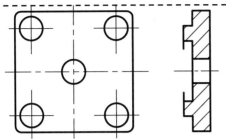
图 9-30 在装配图中分离出的端盖图

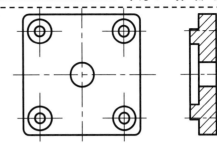
图 9-31 构思端盖的完整结构

3) 补全工艺结构

在装配图上,常常省略一些工艺结构,如倒角、倒圆、退刀槽、砂轮越程槽等,在拆画零件图时要补全这些结构。

4) 重新选择表达方案

零件图的视图表达最重要的一点是表达对象的安放位置。零件在装配图中的位置是绘制装配图时从装配图的表达角度考虑而决定的,不一定符合零件图的表达特点。结合前面单元中学习零件图的有关内容可知,端盖属盘盖类零件,一般是按加工位置原则放置,因此本例中的端盖表达方案为:主视图采用剖视图反映其内部结构,左视图采用视图反映形状特征。

进一步分析,端盖的形体结构为方盘和短圆柱筒两部分结构,方盘外形不需要进行机加工,而其回转体部分应车削加工,按车加工的安装位置考虑,应把其位置摆放成方盘在左、圆柱在右的位置,如图9-32所示,该图为最后完成的端盖零件图。

5) 标注尺寸

拆画零件时应按零件图的要求注全尺寸。

(1) 抄注尺寸:装配图已注的尺寸,在有关的零件图上应直接注出。

(2) 查表标注尺寸:对于一些工艺结构,如圆角、倒角、退刀槽、砂轮越程槽等,应尽量选用标准结构,应查找有关标准核对后再进行标注。对于与标准件相连接的有关结构尺寸,如螺孔、销孔等的直径,要从相应的标准中查取后注入图中。

(3) 计算标注尺寸:有的零件的某些尺寸需要根据装配图所给的数据进行计算才能得到(如齿轮分度圆、齿顶圆直径等),应进行计算后注入图中。

(4) 测量标注尺寸:一般尺寸可从装配图中直接量取,再按绘图比例折算并圆整后注出。

❗ 对于有装配关系的尺寸,在零件图上标注相关尺寸时,要注意相互对应,不可出现矛盾。

6) 零件图上技术要求的确定

根据零件在装配体中的作用和与其他零件的装配关系,以及工艺结构等要求,标注出该零件的表面粗糙度等方面的技术要求。可参考有关资料或按同类产品类比来确定。在标题栏中填写零件的材料和图号时,应和明细栏中的一致。

❓ (1) 为什么由装配图说拆画零件图的过程是对零件的详细设计过程?

(2) 数一数图9-32中哪些尺寸是从装配图上抄注的?哪些是查表确定的?哪些尺寸是测量后按比例折算的?

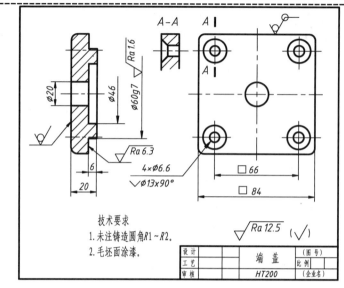

图 9-32　端盖零件图

综合实例 20　拆画尾架体零件图

拆出图 9-28 尾架装配图中的尾架体，绘制零件图。

1）从装配图中分离出零件

从装配图的一组视图中把与零件有关的投影找出，图 9-33 所示为分离后的尾架体视图。

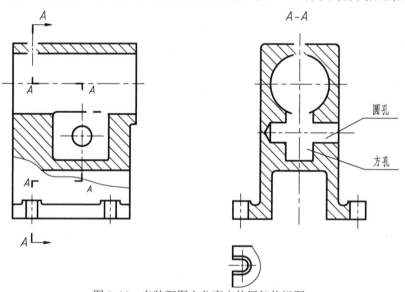

图 9-33　在装配图中分离出的尾架体视图

2）构思零件的完整结构

主视图左上方的缺口为拆去件 6 螺钉所留下的，所以在此处补画螺纹孔，测量计算规格为 M8；中间间断的水平线是拆去件 3 棘轮、件 8 套筒留下的空隙，此处结构应为方孔与圆柱筒相交形成的截交线，所以将空隙连接形成直线即可。

左视图上方空隙与主视图中为同一结构即 M8 螺纹孔；中间是方孔前后面与方轴安装孔的交线，方轴的外围轮廓一定为圆柱结构才能在孔内转动，且有很好的接触性能，所以此处拆去方轴后留下圆柱孔，其轴线为正垂线，补上投影线封闭此处孔口。

按装配关系分析尾架体右上方应装配端盖，由沉头螺钉连接，所以此处有四个 M6 螺钉孔。由装配图中的主视图、左视图及 C 向视图综合想象底板为长方形结构，上有拱形安装结构四处。

3）补全工艺结构

尾架体为铸件，方孔的底部应有铸造圆角，在左视图上方孔底部画出圆角。

4）重新选择表达方案

综合以上各因素，重新考虑表达方案。零件放置位置不变，主视图仍为局部剖；左视图剖切可简化，不再重复表达左上方螺纹孔；为清晰表达底板结构增画俯视图；为清晰表达右上方用于安装端盖的螺纹孔增加 B 向视图。尾架体的整个表达方案如图 9-34 所示。

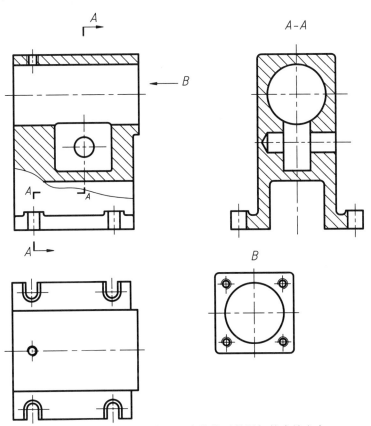

图 9-34 结构完整，表达方案优化后的尾架体表达方案

5）标注尺寸

抄注尺寸：$\phi 60H8$、134、80、120、12、128、136；查表后标注螺纹孔尺寸 4×M6 深 8、

M8；其他尺寸按绘图比例折算并经圆整后注出。

6）零件图上技术要求的确定

尺寸公差除直接抄注 ϕ60H8 外，添加中心高要求 JS9。其他表面可根据该零件在装配体中的作用，应用类比法确定表面粗糙度、几何公差及材质要求项目。粗糙度按精度需要分成重要加工面、一般加工面、次要加工面以 Ra1.6、Ra3.2、Ra12.5 三个等级标注，其余"不加工"；几何公差标注平行度要求；另外标注铸造圆角尺寸、铸造质量等文字性的技术要求。

图 9-35 为拆画完毕的尾架体零件图。

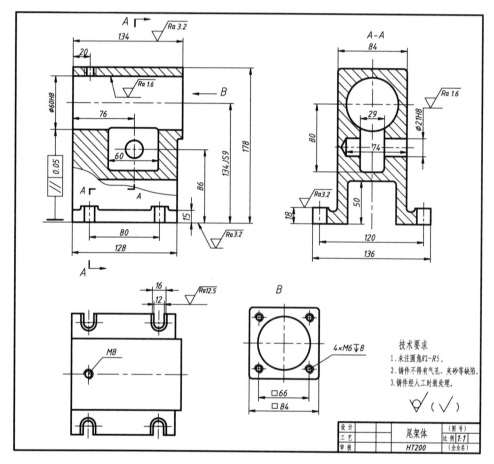

图 9-35　尾架体零件图

尾架体有没有更好的表达方案？如果有，请勾勒一下。

9.8　部件测绘的要求与步骤

在进行新产品设计或对引进产品改造时，需要测绘同类产品的部分或全部零件供设计时参考。在机器或设备维修时，如果某一部件损坏，在无备件又无零件图的情况下，也需要测绘损坏的部件，画出图样作为加工的依据。因此，部件测绘是工程技术人员必须掌握的基本技能之一。

部件测绘就是根据已有的部件（或机器）和零件进行测量、绘制，并整理画出装配图和零件工作图的过程。

1．部件测绘的要求

测绘一台部件最终完成的资料包括：部件装配图、成套自制件零件图。测绘形成的图纸资料是对原有部件的完整再描述；若考虑再生产则应对原设计进行优化，其部件的工作性能不能低于原设计。

2．部件测绘的步骤

1）熟悉和了解测绘对象

要正确地表达一个装配体，必须首先了解和分析它的用途、工作原理、结构特点以及装拆顺序等情况。对于这些情况的了解，除了观察实物、阅读有关技术资料和类似产品图样外，还可以向有关人员学习和了解。

2）拆卸装配体和画装配示意图

在初步了解装配体的基础上，分析并确定拆卸顺序，根据装配体的组成情况及装配关系，依次拆卸各个零件。为避免零件的丢失或混乱，对拆下后的零件应立即逐一编号，系上标签，并做相应的记录。对于不可拆的连接和过盈配合的零件尽量不拆；对于过渡配合的零件，如不影响对零件结构形状的了解和尺寸的测量也可不拆，以免影响部件的性能和精度。拆卸时，使用工具要得当，拆下的零件应妥善保管，以免碰坏或丢失。对重要的零件和零件的表面，要防止碰伤、变形、生锈，应保持其精度。

拆卸时为记住装配连接关系，应边拆边画装配示意图，以备将来正确地画出装配图和重新安装装配体。

3）列出标准件明细栏

对于一些标准零件，如螺栓、螺钉、螺母、垫圈、键、销等，可以不画零件图，但需确定它们的规定标记，由供应部门采购即可。

4）绘制自制件的零件草图

除标准件外，其他零件应逐个徒手画出零件草图。画零件草图时应注意以下三点：

（1）对于零件草图的绘制，除图线用徒手完成外，其他方面的要求均与画正式的零件工作图一样。

（2）零件的视图选择和安排，应尽可能地考虑到画装配图的方便。

（3）零件间有配合、连接和定位等关系的尺寸，在相关零件上应注写相同。

5）由装配示意图、零件草图、标准件清单拼绘装配图

在 9.5 节中对绘制装配图的方法进行了详细介绍，这里不再赘述。

6）由装配图拆画零件图

画零件图不是对零件草图的简单抄画，而是要根据装配图，以零件草图为基础，对零件的表达方案特别是局部结构的处理及尺寸、技术要求进行修正和优化，即完成零件的再设计。

7）尺寸及技术要求

（1）基本尺寸

在测得零件尺寸后要对尺寸数值进行圆整优化。

① 小数处理：若无特殊要求可四舍五入。

② 无特殊要求的结构尺寸可进一步优化，其数值尽量取偶数。

③ 注意互相装配零件的尺寸要协调，以及装配尺寸链的逻辑关系。

（2）技术要求

主要有配合要求、调试要求、使用保养要求等。

8）零件材料牌号

选择合适的材料用于自制零件，可采用类比法来确定。

下面以测绘圆钻模为例，来熟悉和掌握部件测绘的方法和技巧，完成装配图的绘制。

综合实例21　测绘图钻模

1. 熟悉和了解圆钻模

在机床上切削工件时要使工件与机床、刀具处于一个合适的位置才能进行切削，这一位置是由两个方面来实现的：在机床上正确安装夹具；由夹具夹持工件。夹具在机械加工中起夹持安装工件的作用。圆钻模就是一种为特定产品的特定工序而设计的钻夹具，如图 9-36 所示。图 9-37 为利用该圆钻模加工的工件。

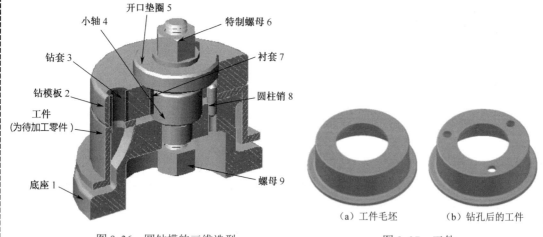

图 9-36　圆钻模的三维造型　　　　图 9-37　工件

要在工件上钻削 3 个均布孔，为了保证成批零件加工的一致性，对工件安放的圆周位置要进行一定限制，定位圆柱销 8 就是用来限制钻模板的圆周转动的，它是一种夹紧件的定位元件。螺母 6、螺母 9、开口垫圈 5、轴 4 是用来夹紧工件的，是夹紧元件。钻模板 2 上有三处安装了三个钻套 3，钻套用来导向钻头，钻头从此处钻下，可保证钻削位置正确，同时又有保护钻模板的作用。底座 1 是钻模的基础件，也是其他零件的支撑部分，又是工件的安装定位元件，底座的底面光滑，可放置在钻床的工作台上。

圆钻模的工作原理如下：装夹时把工件放在底座 1 上，装上钻模板 2，钻模板上装有三个等分的钻套 3 和一个衬套 7，钻模板通过圆柱销 8 定位后，再装上开口垫圈 5，最后用特制螺母 6 与螺母 9 同时旋紧，装夹完毕；然后在钻床工作台上手工移动钻模，调整钻套与钻头的相对位置就能钻削了。加工完毕后卸下工件的过程正好相反，松开螺母 6、9，向左抽取开口垫圈 5，卸下钻模板 2，取出工件。

> 夹具是机械切削加工的工艺装备之一，因适用范围不同可分为通用夹具、组合夹具（可重组夹具）、专用夹具（为特定产品或特定工序等专门设计的夹具）。
>
> 设计夹具主要考虑三个方面的因素：定位、夹紧和安装。夹具中的定位用一个或几个零件实现，来限制工件的 4～6 个自由度，将零件在夹具上限定在合理位置，起定位作用的零件叫定位件；起夹紧作用的叫夹紧件，夹紧件将零件夹紧固定，作用是避免加工过程中在切削力的作用下工件的位置发生变化。相应地也要考虑夹具体在机床上的安装，一般情况下在基础件上设计合理的安装结构。钻模体是一个特例，只需要考虑定位、夹紧，不需要考虑安装结构，保持底座底面光滑平整即可。
>
> 如图 9-38 所示，一个零件在空间有六个自由度，分别为沿 X、Y、Z 三个坐标方向的移动自由度；绕 X、Y、Z 三个坐标轴的转动自由度。

图 9-38　六个自由度示意图

2. 拆卸圆钻模，绘制装配示意图

圆钻模的拆卸顺序为：先拧螺母 6，依次取出开口垫圈 5、钻模板 2，取出工件；再拧螺母 9，取出小轴 4。拆卸时应注意零件间的配合关系，如钻套和钻模板之间为过渡配合，定位销和底座之间为过渡配合，这两处可不拆卸。

为了使圆钻模拆卸后装配复原，在拆卸零件的同时应画出部件的装配示意图，并编上序号，记录零件的名称、数量、传动路线、装配关系和拆卸顺序。图 9-39 所示为圆钻模的轴测分解图和装配示意图。

（a）圆钻模轴测分解图（爆炸图）

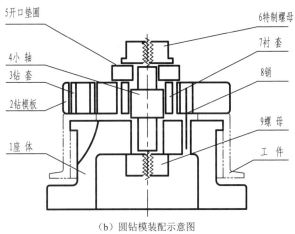

（b）圆钻模装配示意图

图 9-39　拆卸圆钻模

3. 列标准件清单，绘制自制件的零件草图

表 9-1 是圆钻模拆卸后根据测量、查表列出的标准件相关数据清单。

表 9-1 标准件明细栏

序号	代号	名称	规格	数量	备注
1	GB/T 6170—2000	螺母	M10	1	件 9
2	GB/T 119.1—2000	圆柱销	φ5×28×18	1	件 8

测绘自制件零件草图。绘制零件草图的方法已在前面的单元中讲过，这里不再赘述。图 9-40 所示为底座的零件草图。

4. 绘制圆钻模装配图

1）圆钻模的视图表达

（1）主视图

结构特征分析：圆钻模主体为回转类结构，装配线垂直分布，且前后对称；上方特制螺母的结构有特殊性。

放置：自然安放，也是工作位置安放。

主视图采用局部剖切，保留特制螺母部分外形，其余做剖视处理。这样能够表达清楚部件的工作原理、零件间的装配连接关系，以及零件的大致结构。

（2）其他视图

左视图考虑采用半剖视图，能更清晰地表达零件的形状结构，以及底座上缺口的形状特征。

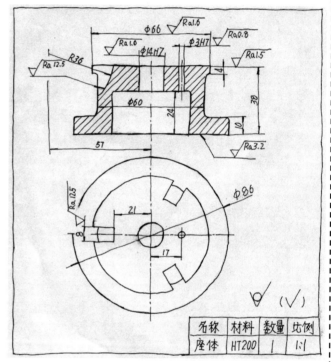

图 9-40 底座的零件草图

由于件 6、件 9 两个螺母在左视图的对称面上都有投影，故不再适合采用半剖，只能改为局部剖视图。

俯视图采用基本视图或局部视图，能进一步表达部件的整体形象（回转体）；特别是三等分孔的特征，在俯视图上表达最为清晰。

2）圆钻模装配图的绘制过程

（1）布图，勾勒基础件主轮廓，如图 9-41（a）所示。

（2）绘制核心零件，如图 9-41（b）所示。

（3）由里到外逐层画出各零件，如图 9-41（c）所示已绘出部分零件。

（4）绘制完所有零件后，检查、加粗图线，画剖面线，结果如图 9-41（d）所示。

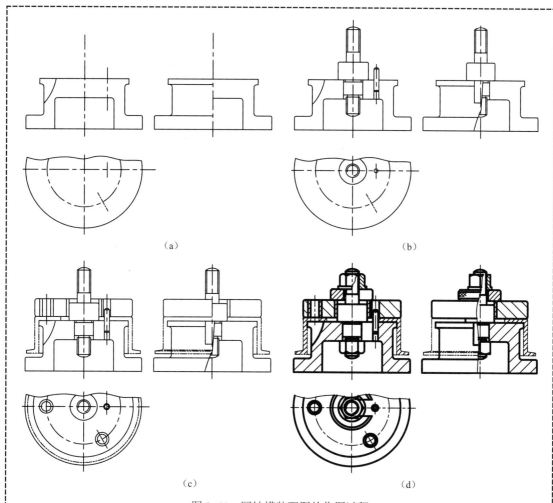

图 9-41 圆钻模装配图的作图过程

5．圆钻模装配图的尺寸和技术要求

1）尺寸标注

（1）性能（规格）尺寸：钻孔规格 3×ϕ6；钻模底座上方的外圆直径ϕ66h6，这是圆钻模的规格，同时也标志着工件的规格。

（2）装配尺寸：根据零件间的装配、使用性能，选择合适的配合种类及精度等级。可用类比法来选择确定。圆钻模装配图上需要尺寸配合的标注如下。

① 钻套与钻模板：选用基孔制优先配合 H7/n6，这是因为钻套在使用过一段时间后因为与钻头的磨损要更换，但平时使用时又希望有较紧配合，不会掉出来，所以采用基于过渡配合与过盈配合之间的一种优先配合。

② 小轴与衬套：选用基孔制优先配合 H7/h7，采用较小的间隙配合。

③ 小轴与底座：选用基孔制优先配合 H7/n6，希望在拆装工件过程中轴不会掉出来。

④ 衬套与钻模板、销与底座：选用基孔制优先配合 H7/m6，避免在拆装工件过程中衬套掉落。

2)技术要求

(1)使用性能:钻模应定位、夹紧可靠,装拆灵活。

(2)精度要求:主要由配合精度及零件的形状位置精度来保证。

(3)零件材料:零件的材料应用类比法来选定,具体如图 9-42 所示。

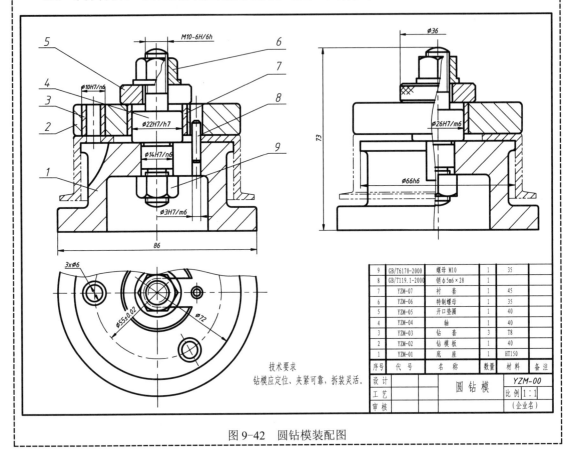

图 9-42 圆钻模装配图

 按照部件测绘的步骤,自己测绘一种常见机械部件,完成成套工程图样的绘制。

9.9 利用 AutoCAD 软件绘制部件装配图

利用 AutoCAD 软件绘制部件装配图,常用的方法有直接绘制和拼装两种。直接绘制是指将所有的零件图直接画到合适位置后形成装配图,这种方法比较繁琐,容易出错。拼装是将组成装配图的零件图制作成图块,插入至适当位置后再进行编辑,其作图步骤概括为:建立零件图块→插入图块→编辑图形。该方法的操作过程清晰明了,作图相对比较简单,且符合装配过程。本单元主要利用该方法完成部件装配图的绘制。

下面以拼画低速滑轮装配图为例,来说明利用 AutoCAD 软件绘制部件装配图的操作方法与技巧。

综合实例 22　拼画低速滑轮装配图

已知低速滑轮中的各零件图如图 9-43 所示，按照以下步骤拼画其装配图。

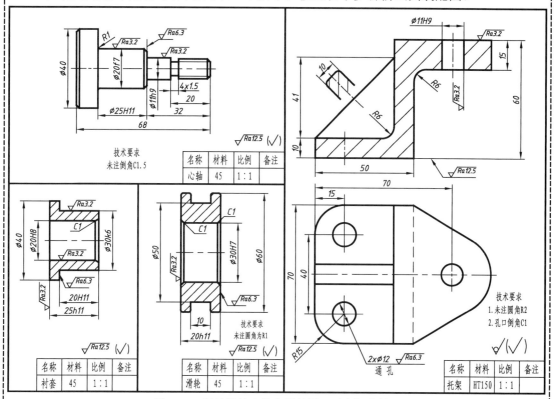

图 9-43　低速滑轮中的各零件图（不含标准件）

1. 调用样板文件并命名装配图

启动 AutoCAD 应用程序后，调用前面创建的名为"A3 模板"的样板文件，命名为"低速滑轮装配图.dwg"。

2. 绘制装配图中的图形及尺寸部分

（1）打开衬套、滑轮、心轴、托架零件图，关闭零件图中标注尺寸、技术要求等要素的图层。利用"Wblock"命令（写块，缩写为 W）将各零件制作成块文件，块名称及拾取基点如图 9-44 所示。

（2）拼画低速滑轮装配图的主视图步骤如下。

① 利用"插入块"命令调用 tuojia（托架）块，如图 9-45（a）所示。

② 利用"插入块"命令调用 chentao（衬套）块，使 A 点与 B 点重合，如图 9-45（b）所示。

③ 利用"插入块"命令调用 hualun（滑轮）块，使 C 点与图 9-45（b）M 点重合，如图 9-45（c）所示。

④ 分解衬套、滑轮块，去除倒角这一工艺结构，并修改衬套、滑轮中的剖面线间隔或角度，使装配图上两相邻零件的剖面线有所区分，如图 9-45（d）所示。

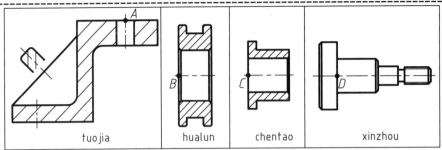

图 9-44 装配图中零件图块（块名、拾取基点）

⑤ 利用"插入块"命令调用 xinzhou（心轴）块，使 D 点与 C 点重合，如图 9-45（e）所示。
⑥ 利用标准件的简化画法绘制垫圈及螺母的投影，如图 9-45（f）所示。
⑦ 移动垫圈、螺母投影至心轴下端，如图 9-45（g）所示。
⑧ 局部修改，完成主视图投影，如图 9-45（h）所示。

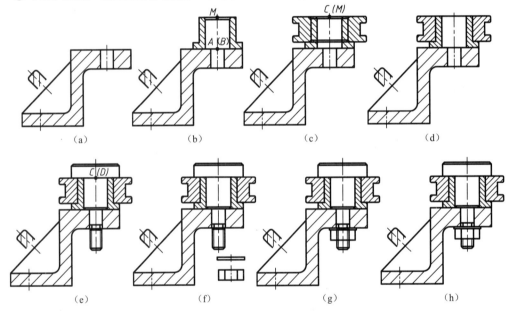

图 9-45 低速滑轮装配图的主视图

（3）完成低速滑轮装配图的俯视图，如图 9-46 所示。

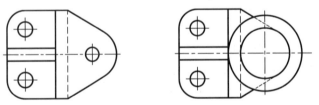

（a）复制托架俯视图　　　（b）添加其余零件投影编辑完成俯视图

图 9-46 低速滑轮装配图的俯视图

（4）利用 AutoCAD 中的尺寸标注命令，完成装配图中的尺寸标注及技术要求标注，如图 9-53 所示。

单元 9　机　械　部　件

> 可在AutoCAD 环境中同时打开多个文件，通过菜单"窗口"下的"水平平铺"或"垂直平铺"命令项操作，将所需零件直接拖动至新窗口中（相当于使用"标准"工具栏的"复制+粘贴"命令），接着利用"旋转"命令将不符合位置要求的零件调整好位置，再通过"移动"命令逐个将零件放至指定位置，最后通过修剪、打断等命令编辑完成装配图。利用此法绘制装配图也较为实用。

3．标注装配图中的零件序号

（1）选择菜单"格式"→"多重引线样式"命令，弹出"多重引线样式管理器"对话框，如图9-47所示。单击"新建"按钮，弹出如图9-48所示的"创建新多重引线样式"对话框，在该对话框"新样式名"文本框中输入"序号标注"，在"基础样式"下拉列表框中选择"Standard"选项，单击"继续"按钮，系统弹出"修改多重引线样式：序号标注"对话框。

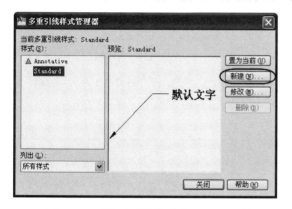

图9-47　"多重引线样式管理器"对话框　　　　图9-48　"创建新多重引线样式"对话框

（2）在"修改多重引线样式：序号标注"对话框中，分别对"引线格式"、"引线结构"及"内容"选项卡分别进行相关设置，如图9-49、图9-50、图9-51所示，最后单击"确定"按钮，完成序号标注参数的设置，系统返回到"多重引线样式管理器"对话框，如图9-52所示。此时对话框中多了一种"序号标注"样式，单机"置为当前"按钮，单击"关闭"按钮完成"序号标注"样式的创建。

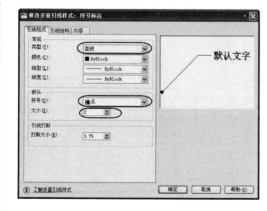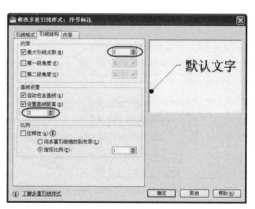

图9-49　"引线格式"选项卡设置　　　　　图9-50　"引线结构"选项卡设置

331

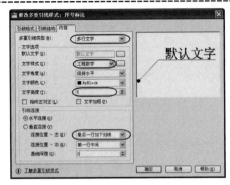

图 9-51 "内容"选项卡设置　　　　图 9-52 完成"序号标注"样式设置

（3）选择菜单"标注"→"多重引线"命令，按命令行提示拾取起点及端点，系统将弹出与"多行文字"命令相同的对话框，输入相应零件的序号，完成零件序号的标注。

4．绘制明细栏，填写标题栏及明细栏

（1）利用直线、偏移、修剪等命令，根据国家标准，绘制出如图 9-10 所示的明细栏。

（2）利用"多行文字"命令，完成标题栏及明细栏内容的填写，单击"保存"按钮，完成低速滑轮装配图的绘制，如图 9-53 所示。

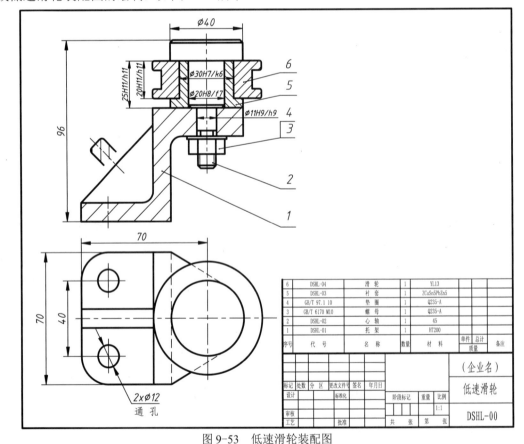

图 9-53 低速滑轮装配图

单元9 机械部件

> 明细栏也可以通过绘图工具栏上的"表格"命令⊞或"绘图"菜单中的"表格"命令来创建。有兴趣的同学不妨一试。

知识梳理与总结

通过本单元的学习,掌握装配图的规定画法和特殊画法、装配图上的尺寸标注及技术要求、零部件序号及明细栏的填写、读装配图的方法及步骤、部件测绘的方法及步骤,了解常见的装配工艺结构,对部件中装配结构的设计合理性有基本的认识。

本单元的重点是装配图的绘制及阅读,学会利用 AutoCAD 绘制部件装配图。本单元分别以千斤顶、尾架装配图、圆钻模及低速滑轮为主要案例进行讲解相关知识,相信同学们会对部件装配图的绘制与识读有一个很详尽的认识。

附录A 常用的机械制图国家标准

表A-1 普通螺纹直径与螺距（摘自GB/T 196～197—2003） (mm)

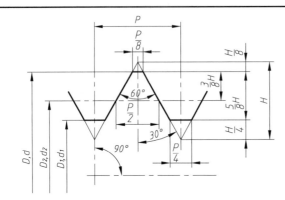

D—内螺纹基本大径（公称直径）
d—外螺纹基本大径（公称直径）
D_2—内螺纹基本中径
d_2—外螺纹基本中径
D_1—内螺纹基本小径
d_1—外螺纹基本小径
P—螺距
H—原始三角形高度

标记示例：

M10-6g（粗牙普通外螺纹、公称直径d=M10、右旋、中径及大径公差带均为6g、中等旋合长度）

M10×1LH-6H（细牙普通内螺纹、公称直径D=M10、螺距P=1、左旋、中径及小径公差带均为6H、中等旋合长度）

公称直径（D、d）			螺 距（P）		粗牙螺纹小径
第一系列	第二系列	第三系列	粗 牙	细 牙	（D_1、d_1）
3	—	—	0.5	0.35	2.459
4	—	—	0.7	0.5	3.242
5	—	—	0.8		4.134
6	—	—	1	0.75	4.917
—	—	7			5.917
8	—	—	1.25	1、0.75	6.647
10	—	—	1.5	1.25、1、0.75	8.376
12	—	—	1.75	1.25、1	10.106
—	14	—	2		11.835
—	—	15		1.5、1	*13.376
16	—	—	2	1.5、1	13.835
—	18	—			15.294
20	—	—	2.5	2、1.5、1	17.294
—	22	—			19.294
24	—	—	3	2、1.5、1	20.752
—	—	25	—	2、1.5、1	*22.835
—	27	—	3	2、1.5、1	23.752
30	—	—	3.5	(3)、2、1.5、1	26.211
—	33	—		(3)、2、1.5	29.211
—	—	35		1.5	*33.376
36	—	—	4	3、2、1.5	31.670
—	39	—			34.670

注：① 优先选用第一系列，其次是第二系列，第三系列尽可能不用。
② 括号内尺寸尽可能不用。
③ M14×1.25仅用于火花塞；M35×1.5仅用于滚动轴承锁紧螺母。
④ 带*号的为细牙参数，是对应于第一种细牙螺距的小径尺寸。

表 A-2 管螺纹（摘自 GB/T 7306.1、7306.2～7307—2001） （mm）

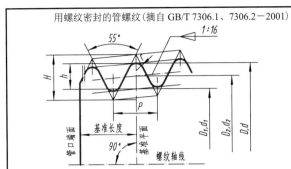

用螺纹密封的管螺纹(摘自 GB/T 7306.1、7306.2－2001)

标记示例：
R1/2 （尺寸代号 1/2，右旋圆锥外螺纹）
Rc1/2-LH （尺寸代号 1/2，左旋圆锥内螺纹）

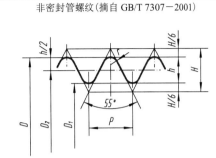

非密封管螺纹(摘自 GB/T 7307－2001)

标记示例：
G1/2-LH （尺寸代号 1/2，左旋内螺纹）
G1/2A （尺寸代号 1/2，A 级右旋外螺纹）

尺寸代号	基面上的直径(GB/T 7306) 基本直径(GB/T 7307)			螺距 /mm (P)	牙高 /mm (h)	圆弧半径 /mm (R)	每 25.4 mm 内的牙数 (n)	有效螺纹长度/mm (GB/T 7306)	基准的基本长度/mm (GB/T 7306)
	大径/mm ($d=D$)	中径/mm ($d_2=D_2$)	小径/mm ($d_1=D_1$)						
1/16	7.723	7.142	6.561	0.907	0.581	0.125	28	6.5	4.0
1/8	9.728	9.147	8.566					6.5	4.0
1/4	13.157	12.301	11.445	1.337	0.856	0.184	19	9.7	6.0
3/8	16.662	15.806	14.950					10.1	6.4
1/2	20.955	19.793	18.631	1.814	1.162	0.249	14	13.2	8.2
3/4	26.441	25.279	24.117					14.5	9.5
1	33.249	31.770	30.291	2.309	1.479	0.317	11	16.8	10.4
1¼	41.910	40.431	28.952					19.1	12.7
1½	47.803	46.324	44.845					19.1	12.7
2	59.614	58.135	56.656					23.4	15.9
2½	75.184	73.705	72.226					26.7	17.5
3	87.884	86.405	84.926					29.8	20.6
4	113.030	111.551	110.072					35.8	25.4
5	138.430	136.951	135.472					40.1	28.6
6	163.830	162.351	160.872					40.1	28.6

表 A-3 常用的螺纹公差带（摘自 GB/T 197—2003、GB/T 5796.4—2005）

螺纹种类	精度	外螺纹			内螺纹		
		S	N	L	S	N	L
普通螺纹 (GB/T 197)	中等	(5g6g) (5h6h)	*6g、*6e *6h、*6f	7g6g (7h6h)	*5H (5G)	*6H (6G)	*7H (7G)
	粗糙	—	8g（8h）	—	—	7H（7G）	—
梯形螺纹 (GB/T 5796.4)	中等	—	7h、7e	8e	—	7H	8H
	粗糙	—	8e、8c	8c	—	8H	9H

注：① 大量生产的精制紧固件螺纹，推荐采用带方框的公差带。
② 带*的公差带优先选用，括号内的公差带尽可能不用。
③ 两种精度选用原则：中等——一般用途；粗糙——对精度要求不高时采用。

表 A-4 六角头螺栓（1）(摘自 GB/T 5782~5786—2000)　　　　(mm)

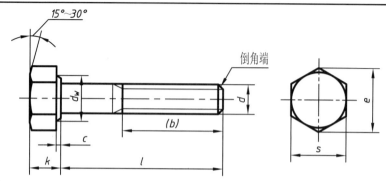

标记示例：螺栓　GB/T 5782　M12×100
螺纹规格 d=M12、公称长度 l=100、性能等级为 8.8 级、表面氧化、杆身半螺纹、A 级的六角头螺栓。
六角头螺栓—全螺纹—A 和 B 级（摘自 GB/T 5783—2000）
六角头螺栓—细牙—全螺纹—A 和 B 级（摘自 GB/T 5786—2000）

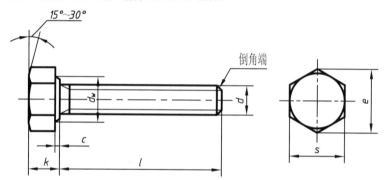

标记示例：螺栓　GB/T 5786　M30×2×80
螺纹规格 d=M30×2、公称长度 l=80、性能等级为 8.8 级、表面氧化、全螺纹、B 级的细牙六角头螺栓。

螺纹规格	d		M4	M5	M6	M8	M10	M12	M16	M20	M24	M30	M36	M42	M48
	$D×P$		—	—	—	M8×1	M10×1	M12×1.5	M16×1.5	M20×2	M24×2	M30×2	M36×3	M42×3	M48×3
b 参考	l≤125		14	16	18	22	26	30	38	46	54	66	78	—	—
	125<l≤200		—	—	—	28	32	36	44	52	60	72	84	96	108
	l>200		—	—	—	—	—	—	57	65	73	85	97	109	121
c_{max}			0.4	0.5		0.6						0.8			1
k 公称			2.8	3.5	4	5.3	6.4	7.5	10	12.5	15	18.7	22.5	26	30
$d_{s\,max}$			4	5	6	8	10	12	16	20	24	30	36	42	48
s_{max}=公称			7	8	10	13	16	18	24	30	36	46	55	65	75
e_{min}	A		7.66	8.79	11.05	14.38	17.77	20.03	26.75	33.53	39.98	—	—	—	—
	B		—	8.63	10.89	14.2	17.59	19.85	26.17	32.95	39.55	50.85	60.79	71.3	82.6
$d_{w\,min}$	A		5.9	6.9	8.9	11.6	14.6	16.6	22.5	28.2	33.6	—	—	—	—
	B		—	6.7	8.7	11.4	14.4	16.4	22	27.7	33.2	42.7	51.1	60.6	69.4
l 范围	GB 5782		25~40	25~50	30~60	35~80	40~100	45~120	55~160	65~200	80~240	90~300	100~360	130~400	140~400
	GB 5785												110~300		
	GB 5783		8~40	10~50	12~60	16~80	20~100	25~100	35~100	40~100				80~500	100~500
	GB 5786		—					25~120	35~160		40~200			90~400	100~500
l 系列	GB 5782 GB 5785		20~65（5 进位）、70~160（10 进位）、180~400（20 进位）												
	GB 5783 GB 5786		6、8、10、12、16、18、20~65（5 进位）、70~160（10 进位）、180~500（20 进位）												

注：① P——螺距。末端按 GB/T 2—2001 规定。② 螺纹公差：6g；机械性能等级：8.8。
③ 产品等级：A 级用于 d≤24 和 l≤10d 或≤150 mm（按较小值）；B 级用于 d>24 和 l>10d 或>150 mm（按较小值）。

表 A-5 六角头螺栓（2）（摘自 GB/T 5780~5781—2000） （mm）

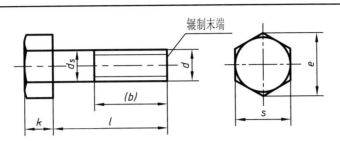

标记示例：螺栓 GB/T 5780 M20×100

螺纹规格 d=M20、公称长度 l=100、性能等级为 4.8 级、不经表面处理、杆身半螺纹、C 级的六角头螺栓。

六角头螺栓—全螺纹—C 级（摘自 GB/T 5781—2000）

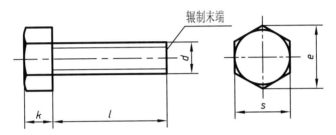

标记示例：螺栓 GB/T 5781 M12×80

螺纹规格 d=M12、公称长度 l=80、性能等级为 4.8 级、不经表面处理、全螺纹、C 级的六角头螺栓。

螺纹规格 d		M5	M6	M8	M10	M12	M16	M20	M24	M30	M36	M42	M48
b 参考	l≤125	16	18	22	26	30	38	40	54	66	78	—	—
	125<l≤1200	—	—	28	32	36	44	52	60	72	84	96	108
	l>1200	—	—	—	—	—	57	65	73	85	97	109	121
k 公称		3.5	4.0	5.3	6.4	7.5	10	12.5	15	18.7	22.5	26	30
s_{max}		8	10	13	16	18	24	30	36	46	55	65	75
e_{max}		8.63	10.9	14.2	17.6	19.9	26.2	33.0	39.6	50.9	60.8	72.0	82.6
d_{smax}		5.48	6.48	8.58	10.6	12.7	16.7	20.8	24.8	30.8	37.0	45.0	49.0
l 范围	GB/T 5780—2000	25~50	30~60	35~80	40~100	45~120	55~160	65~200	80~240	90~300	110~300	160~420	180~480
	GB/T 5781—2000	10~40	12~50	16~65	20~80	25~100	35~100	40~100	50~100	60~100	70~100	80~420	90~480
l 系列		10、12、16、20~50（5 进位）、(55)、60、(65)、70~160（10 进位）、180、220~500（20 进位）											

注：① 括号内的规格尽可能不用。末端按 GB/T 2—2001 规定。
　　② 螺纹公差：8g（GB/T 5780—2000）；6g（GB/T 5781—2000）；机械性能等级：4.6、4.8；产品等级：C。

表 A-6　I 型六角头螺母（摘自 GB/T 6170～6171—2000、GB/T 41—2000）　（mm）

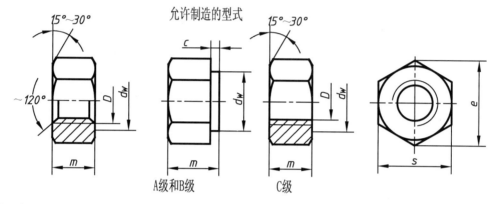

I 型六角螺母—A 和 B 级（摘自 GB/T 6170—2000）
I 型六角头螺母—细牙—A 和 B 级（摘自 GB/T 6171—2000）
I 型六角螺母—C 级（摘自 GB/T 41—2000）

标记示例：螺母　GB/T 41　M12

螺纹规格 D=M12、性能等级为 5 级、不经表面处理、C 级的 I 型六角螺母。

螺母　GB/T 6171　M24×2

螺母规格 D=M24、螺距 P=2、性能等级为 10 级、不经表面处理、B 级的 I 型细牙六角螺母。

螺纹规格	D	M4	M5	M6	M8	M10	M12	M16	M20	M24	M30	M36	M42	M48
	$D×P$	—	—	—	M8×1	M10×1	M12×1.5	M16×1.5	M20×2	M24×2	M30×2	M36×3	M42×3	M48×3
C		0.4	0.5	0.5	0.6	0.6	0.6	0.8	0.8	0.8	0.8	1	1	1
S_{max}		7	8	10	13	16	18	24	30	36	46	55	65	75
e_{min}	A、B 级	7.66	8.79	11.05	14.38	17.77	20.03	26.75	32.95	39.95	50.85	60.79	72.02	82.6
	C 级	—	8.63	10.89	14.2	17.59	19.85	26.17	32.95	39.95	50.85	60.79	72.02	82.6
m_{max}	A、B 级	3.2	4.7	5.2	6.8	8.4	10.8	14.8	18	21.5	25.6	31	34	38
	C 级	—	5.6	6.1	7.9	9.5	12.2	15.9	18.7	22.3	26.4	31.5	34.9	38.9
$d_{w\,min}$	A、B 级	5.9	6.9	8.9	11.6	14.6	16.6	22.5	27.7	33.2	42.7	51.1	60.6	69.4
	C 级	—	6.9	8.7	11.5	14.5	16.5	22	27.7	33.2	42.7	51.1	60.6	69.4

注：① P——螺距。

② A 级用于 D≤16 的螺母；B 级用于 D>16 的螺母；C 级用于 D≥5 的螺母。

③ 螺纹公差：A、B 级为 6H，C 级为 7H；机械性能等级：A、B 级为 6、8、10 级，C 级为 4、5 级。

表 A-7 平垫圈（摘自 GB/T 97.1、97.2—2002） (mm)

平垫圈—A 级（GB/T 97.1—2002）　　　平垫圈　倒角型—A 级（GB/T 97.2—2002）

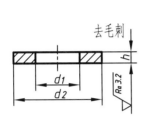
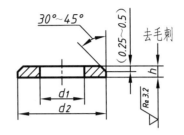

标记示例：垫圈　GB/T 97.1　8　140HV

标准系列、公称尺寸 d=80 mm、性能等级为 140HV 级、不经表面处理的平垫圈。

公称尺寸 （螺纹规格）d	3	4	5	6	8	10	12	14	16	20	24	30	36
内径 d_1	3.2	4.3	5.3	6.4	8.4	10.5	13	15	17	21	25	31	37
外径 d_2	7	9	10	12	16	20	24	28	30	37	44	56	66
厚度 h	0.5	0.8	1	1.6	1.6	2	2.5	2.5	3	3	4	4	5

表 A-8 标准型弹簧垫圈（摘自 GB/T 93—1987） (mm)

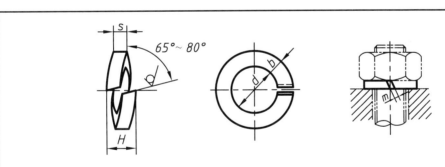

标记示例：垫圈　GB/T 93　10

规格 10、材料为 65Mn、表面氧化的标准弹簧垫圈。

规格 （螺纹大径）	4	5	6	8	10	12	16	20	24	30	36	42	48
$d_{1\min}$	4.1	5.1	6.1	8.1	10.2	12.2	16.2	20.2	24.5	30.5	36.5	42.5	48.5
$S=b$ 公称	1.1	1.3	1.6	2.1	2.6	3.1	4.1	5	6	7.5	9	10.5	12
$m \leqslant$	0.55	0.65	0.8	1.05	1.3	1.55	2.05	2.5	3	3.75	4.5	5.25	6
$H_{\max}$	2.75	3.25	4	5.25	6.5	7.75	10.25	12.5	15	18.75	22.5	26.25	30

注：m 应大于零。

表 A-9 双头螺柱（摘自 GB/T 897～900—1988） （mm）

$b_m=d$（GB/T 897—1988）；$b_m=1.25d$（GB/T 898—1988）；$b_m=1.5d$（GB/T 899—1988）；$b_m=2d$（GB/T 900—1988）

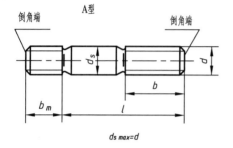
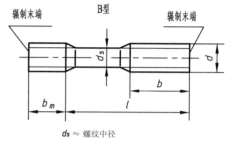

$d_{s\,max}=d$　　　　　　　　　　　　　　　$d_s \approx$ 螺纹中径

标记示例：螺柱　GB/T 900—1988　M10×50

两端为粗牙普通螺纹、$d=10$、$l=50$、性能等级为 4.8 级、不经表面处理、B 型、$b_m=2d$ 的双头螺柱。

螺柱　GB/T 900—1988　AM10–10×1×50

旋入机体一端为粗牙普通螺纹，旋入螺母为细牙普通螺纹，螺距 $P=1$，$d=10$、$l=50$、性能等级为 4.8 级、不经表面处理、A 型、$b_m=2d$ 的双头螺柱。

螺纹规格 d	b_m（旋入机体端长度）				l/b（螺柱长度/旋螺母端长度）				
	GB/T 897	GB/T 898	GB/T 899	GB/T 900					
M4	—	—	6	8	$\dfrac{16\sim22}{8}$	$\dfrac{25\sim40}{14}$			
M5	5	6	8	10	$\dfrac{16\sim22}{10}$	$\dfrac{25\sim50}{16}$			
M6	6	8	10	12	$\dfrac{20\sim22}{10}$	$\dfrac{25\sim30}{14}$	$\dfrac{32\sim75}{18}$		
M8	8	10	12	16	$\dfrac{20\sim22}{12}$	$\dfrac{25\sim30}{16}$	$\dfrac{32\sim90}{22}$		
M10	10	12	15	20	$\dfrac{25\sim28}{14}$	$\dfrac{30\sim38}{16}$	$\dfrac{40\sim120}{26}$	$\dfrac{130}{32}$	
M12	12	15	18	24	$\dfrac{25\sim30}{14}$	$\dfrac{32\sim40}{20}$	$\dfrac{45\sim120}{26}$	$\dfrac{130\sim180}{26}$	
M16	16	20	24	32	$\dfrac{30\sim38}{16}$	$\dfrac{40\sim55}{20}$	$\dfrac{60\sim120}{30}$	$\dfrac{130\sim200}{36}$	
M20	20	25	30	40	$\dfrac{35\sim40}{20}$	$\dfrac{45\sim65}{30}$	$\dfrac{70\sim120}{38}$	$\dfrac{130\sim200}{36}$	
(M24)	24	30	36	48	$\dfrac{45\sim50}{25}$	$\dfrac{55\sim75}{35}$	$\dfrac{80\sim120}{46}$	$\dfrac{130\sim200}{52}$	
(M30)	30	38	45	60	$\dfrac{60\sim65}{40}$	$\dfrac{70\sim90}{50}$	$\dfrac{95\sim120}{66}$	$\dfrac{130\sim200}{72}$	$\dfrac{210\sim250}{85}$
M36	36	45	54	72	$\dfrac{65\sim75}{45}$	$\dfrac{80\sim110}{60}$	$\dfrac{120}{78}$	$\dfrac{130\sim200}{84}$	$\dfrac{210\sim300}{97}$
M42	42	52	63	84	$\dfrac{70\sim80}{50}$	$\dfrac{85\sim110}{70}$	$\dfrac{120}{90}$	$\dfrac{130\sim200}{96}$	$\dfrac{210\sim300}{109}$
l 系列	12、(14)、16、(18)、20、(22)、25、(28)、30、(32)、35、(38)、40、45、50、55、60、(65)、70、75、80、(85)、90、(95)、100～260（10 进位）、280、300								

注：① 尽可能不用括号内的规格。末端按 GB/T 2—2001 规定。

② $b_m=d$，一般用于钢对钢；$b_m=(1.25\sim1.5)d$，一般用于钢对铸铁；$b_m=2d$，一般用于钢对铝合金。

表 A-10　螺钉（摘自 GB/T 65、68、69—2000，GB/T 67—2008） （mm）

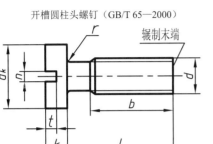

开槽圆柱头螺钉（GB/T 65—2000）

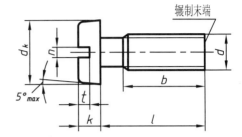

开槽盘头螺钉（GB/T 67—2008）

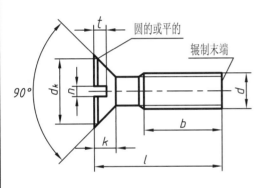

开槽圆沉头螺钉（GB/T 68—2000）

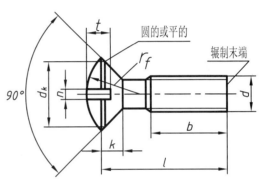

开槽半沉头螺钉（GB/T 69—2000）

无螺纹部分杆径≈中径或=螺纹大径

标记示例：螺钉 GB/T 65　M5×20

螺纹规格 d=M5、公称长度 l=20 mm、性能等级为 4.8 级、不经表面处理的 A 级开槽圆柱头螺钉。

螺纹规格 d	P	b_{min}	n 公称	r_f	k_{max}			d_{kmax}			t_{min}				l 范围
				GB/T69	GB/T65	GB/T67	GB/T68 GB/T69	GB/T65	GB/T67	GB/T68 GB/T69	GB/T65	GB/T67	GB/T68	GB/T69	
M3	0.5	25	0.8	6	2	1.8	1.65	5.5	5.6	5.5	0.85	0.7	0.6	1.2	4～30
M4	0.7	38	1.2	9.5	2.6	2.4	2.7	7	8	8.4	1.1	1	1	1.6	5～40
M5	0.8	38	1.2	9.5	3.3	3.0	2.7	8.5	9.5	9.3	1.3	1.2	1.1	2	6～50
M6	1	38	1.6	12	3.9	3.6	3.3	10	12	11.3	1.6	1.4	1.2	2.4	8～60
M8	1.25	38	2	16.5	5	4.8	4.65	13	16	15.8	2	1.9	1.8	3.2	10～80
M10	1.5	38	2.5	19.5	6	6	5	16	20	18.3	2.4	2.4	2	3.8	12～80
l 系列	2、3、4、5、6、8、10、12、(14)、16、20、25、30、35、40、50、(55)、60、(65)、70、(75)、80														

表 A-11　内六角圆柱头螺钉（摘自 GB/T 70.1—2008）　　（mm）

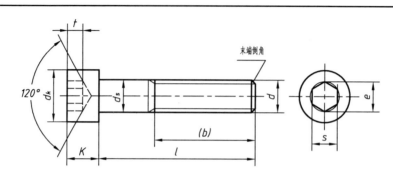

标记示例：螺钉 GB/T 70.1—2008　M5×20

螺纹规格 d=5、公称长度 l=20、性能等级为 8.8 级、表面氧化的内六角圆柱头螺钉。

螺纹规格 d		M4	M5	M6	M8	M10	M12	（M14）	M16	M20	M24	M30
螺距 P		0.7	0.8	1	1.25	1.5	1.75	2	2	2.5	3	3.5
b 参考		20	22	24	28	32	36	40	44	52	60	72
$d_{k\,max}$	光滑头部	7	8.5	10	13	16	18	21	24	30	36	45
	滚花头部	7.22	8.72	10.22	13.27	16.27	18.27	21.33	24.33	30.33	36.39	45.39
k_{max}		4	5	6	8	10	12	14	16	20	24	30
t_{min}		2	2.5	3	4	5	6	7	8	10	12	22
S 公称		3	4	5	6	8	10	12	14	17	19	15.5
e_{min}		3.44	4.58	5.72	6.86	9.15	11.43	13.72	16	19.44	21.72	30.35
$d_{s\,max}$		4	5	6	8	10	12	14	16	20	24	30
l 范围		6～40	8～50	10～60	12～80	16～100	20～120	25～140	25～160	30～200	40～200	45～200
全螺纹时最大长度		25	25	30	35	40	45	55	55	65	80	90
l 系列		6、8、10、12、（14）、（16）、20～50（5 进位）、（55）、60、（65）、70～160（10 进位）、180、200											

注：① 尽可能不用括号内的规格。末端按 GB/T 2—2001 规定。
　　② 机械性能等级：8.8、12.9。
　　③ 螺纹公差：机械性能为 8.8 级时为 6g，12.9 级时为 5g、6g。
　　④ 产品等级：A。

表 A-12　紧定螺钉（摘自 GB/T 71、73、75—1985）　　（mm）

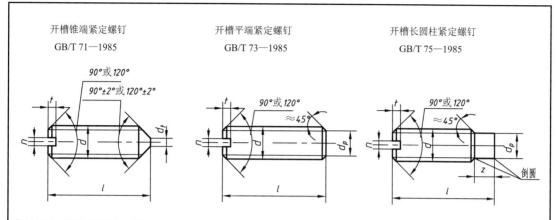

标记示例：螺钉 GB/T 71—1985　M5×20

螺纹规格 $d=5$、公称长度 $l=20$、性能等级为 14H 级、表面氧化的开槽紧定螺钉。

螺纹规格 d		M2	M3	M4	M5	M6	M8	M10	M12
螺距 P		0.4	0.5	0.7	0.8	1	1.25	1.5	1.75
$d_{t\,max}$		0.2	0.3	0.4	0.5	1.5	2	2.5	3
$d_{p\,max}$		1	2	2.5	3.5	4	5.5	7	8.5
n		0.25	0.4	0.6	0.8	1	1.2	1.6	2
t_{max}		0.84	1.05	1.42	1.63	2	2.5	3	3.6
z_{max}		1.25	1.75	2.25	2.75	3.25	4.3	5.3	6.3
l 范围	GB/T 71	3～10	4～16	6～20	8～25	8～30	10～40	12～50	14～60
	GB/T 73	2～10	3～16	4～20	5～25	6～30	8～40	10～50	12～60
	GB/T 75	3～10	5～16	6～20	8～25	8～30	10～40	12～50	14～60
l 系列		2、2.5、3、4、5、6、8、10、12、(14)、16、20、25、30、35、40、45、50、(55)、60							

注：螺纹公差 6g；机械性能等级 14H、22H；产品等级 A。

表 A-13　平键及键槽（摘自 GB/T 1095～1096—2003）　（mm）

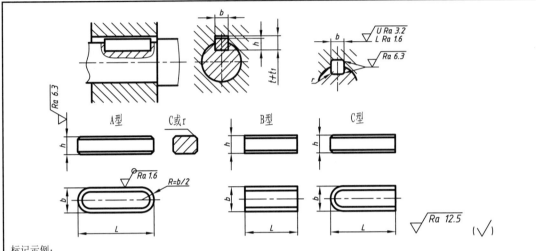

标记示例：

键 16×10×100　GB/T 1096—2003（圆头普通平键，b=16、h=10、L=100）

键 B16×10×100　GB/T 1096—2003（平头普通平键，b=16、h=10、L=100）

键 C16×10×100　GB/T 1096—2003（单圆头普通平键，b=16、h=10、L=100）

轴	键		键槽										
			宽度 b					深度				半径 r	
公称直径 d	公称尺寸 $b×h$ (h9)	长度 L (h11)	公称尺寸 b	极限偏差				轴 t		毂 t_1			
				较松键连接		一般键连接		较紧键连接	公称尺寸	极限偏差	公称尺寸	极限偏差	最大	最小
				轴 H9	毂 D10	轴 N9	毂 JS9	轴和毂 P9						
>10～12	4×4	8～45	4	+0.030 0	+0.078 +0.030	0 −0.030	±0.015	−0.012 −0.042	2.5	+0.10 0	1.8	+0.10 0	0.08	0.16
>12～17	5×5	10～56	5						3.0		2.3			
>17～22	6×6	14～70	6						3.5		2.8		0.16	0.25
>22～30	8×7	18～90	8	+0.036 0	+0.098 +0.040	0 −0.036	±0.018	−0.015 −0.051	4.0		3.3			
>30～38	10×8	22～110	10						5.0		3.3			
>38～44	12×8	28～140	12	+0.043 0	+0.120 +0.050	0 −0.043	±0.022	−0.018 −0.061	5.0		3.3			
>44～50	14×9	36～160	14						5.5		3.8		0.25	0.40
>50～58	16×10	45～180	16						6.0	+0.20 0	4.3	+0.20 0		
>58～65	18×11	50～200	18						7.0		4.4			
>65～75	20×12	56～220	20	+0.052 0	+0.149 +0.065	0 −0.052	±0.026	−0.022 −0.074	7.5		4.9			
>75～85	22×14	63～250	22						9.0		5.4		0.40	0.60
>85～95	25×14	70～280	25						9.0		5.4			
>95～100	28×16	80～320	28						10		6.4			

注：① ($d-t$) 和 ($d+t_1$) 两个组合尺寸的极限偏差，按相应的 t 和 t_1 的极限偏差选取，但 ($d-t$) 极限偏差应取负号（−）。

② L 系列：6～22（2 进位）、25、28、32、36、40、45、50、56、63、70、80、90、100、110、125、140、160、180、200、220、250、280、320、360、400、450、500。

③ 键 b 的极限偏差为 h9，键 h 的极限偏差为 h11，键长 L 的极限偏差为 h14。

表 A-14 圆柱销（不淬硬钢和奥氏体不锈钢）（摘自 GB/T 119.1—2000）（mm）

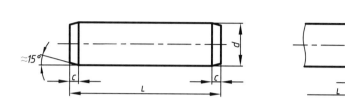

标记示例：销 GB/T 119.1 6 m6×30

公称直径 d=6、公差为 m6、公称长度 l=30、材料为钢、不经表面处理的圆柱销。

销 GB/T 119.1 6 m6×30－A1

公称直径 d=6、公差为 m6、公称长度 l=30、材料为 A1 组奥氏体不锈钢、表面简单处理的圆柱销。

d（公称）m6/h8	2	3	4	5	6	8	10	12	16	20	25
C≈	0.35	0.5	0.63	0.8	1.2	1.6	2	2.5	3	3.5	44
l 范围	6～20	8～30	8～40	10～50	12～60	14～80	18～95	22～140	26～180	35～200	50～200
l 系列（公称）	2、3、4、5、6～32（2 进位）、35～100（5 进位）、120～200（20 进位）										

表 A-15 圆锥销（不淬硬钢和奥氏体不锈钢）（摘自 GB/T 117—2000）（mm）

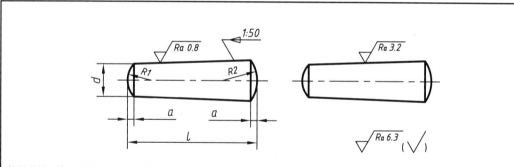

标记示例：销 GB/T 117 10×60

公称直径 d=10、长度 l=60、材料为 35 钢、热处理硬度 28～38HRC、表面氧化处理的 A 型圆柱销。

d 公称	2	2.5	3	4	5	6	8	10	12	16	20	25
a≈	0.25	0.3	0.4	0.5	0.63	0.8	1.0	1.2	1.6	2.0	2.5	3.0
l 范围	10～35	10～35	12～45	14～55	18～60	22～90	22～120	26～160	32～180	40～200	45～200	50～200
l 系列	2、3、4、5、6～32（2 进位）、35～100（5 进位）、120～200（20 进位）											

表 A-16 滚动轴承（摘自 GB/T 276、297—1994、GB/T 301—1995） （mm）

深沟球轴承	圆锥滚子轴承	推力球轴承
（摘自 GB/T 276—1994）	（摘自 GB/T 297—1994）	（摘自 GB/T 301—1995）

标记示例：
滚动轴承 6310 GB/T 276—1994　　　滚动轴承 30212 GB/T 297—1994　　　滚动轴承 51305 GB/T 301—1995

轴承型号	d	D	B	轴承型号	d	D	B	C	T	轴承型号	d	D	T	d_1
尺寸系列〔(0) 2〕				尺寸系列〔02〕						尺寸系列〔12〕				
6202	15	35	11	30203	17	40	12	11	13.25	51202	15	32	12	17
6203	17	40	12	30204	20	47	14	12	15.25	51203	17	35	12	19
6204	20	47	14	30205	25	52	15	13	16.25	51204	20	40	14	22
6205	25	52	15	30206	30	62	16	14	17.25	51205	25	47	15	27
6206	30	62	16	30207	35	72	17	15	18.25	51206	30	52	16	32
6207	35	72	17	30208	40	80	18	16	19.75	51207	35	62	18	37
6208	40	80	18	30209	45	85	19	16	20.75	51208	40	68	19	42
6209	45	85	19	30210	50	90	20	17	21.75	51209	45	73	20	47
6210	50	90	20	30211	55	100	21	18	22.75	51210	50	78	22	52
6211	55	100	21	30212	60	110	22	19	23.75	51211	55	90	25	57
6212	60	110	22	30213	65	120	23	20	24.75	51212	60	95	26	62
尺寸系列〔(0) 3〕				尺寸系列〔03〕						尺寸系列〔13〕				
6302	15	42	13	30302	15	42	13	11	14.25	51304	20	47	18	22
6303	17	47	14	30303	17	47	14	12	15.25	51305	25	52	18	27
6304	20	52	15	30304	20	52	15	13	16.25	51306	30	60	21	32
6305	25	62	17	30305	25	62	17	15	18.25	51307	35	68	24	37
6306	30	72	19	30306	30	72	19	16	20.75	51308	40	78	26	42
6307	35	80	21	30307	35	80	21	18	22.75	51309	45	85	28	47
6308	40	90	23	30308	40	90	23	20	25.25	51310	50	95	31	52
6309	45	100	25	30309	45	100	25	22	27.25	51311	55	105	35	57
6310	50	110	27	30310	50	110	27	23	29.25	51312	60	110	35	62
6311	55	120	29	30311	55	120	29	25	31.50	51313	65	115	36	67
6312	60	130	31	30312	60	130	31	26	33.50	51314	70	125	40	72

注：圆括号中的尺寸系列代号在轴承代号中省略。

表 A-17 标准公差（摘自 GB/T 1800.2—2009）

公称尺寸 mm		标准公差等级																	
		IT1	IT2	IT3	IT4	IT5	IT6	IT7	IT8	IT9	IT10	IT11	IT12	IT13	IT14	IT15	IT16	IT17	IT18
大于	至	μm											mm						
—	3	0.8	1.2	2	3	4	6	10	14	25	40	60	0.1	0.14	0.25	0.4	0.6	1	1.4
3	6	1	1.5	2.5	4	5	8	12	18	30	48	75	0.12	0.18	0.3	0.48	0.75	1.2	1.8
6	10	1	1.5	2.5	4	6	9	15	22	36	58	90	0.15	0.22	0.36	0.58	0.9	1.5	2.2
10	18	1.2	2	3	5	8	11	18	27	43	70	110	0.18	0.27	0.43	0.7	1.1	2.8	2.7
18	30	1.5	2.5	4	6	9	13	21	33	52	84	130	0.21	0.33	0.52	0.84	1.3	2.1	3.3
30	50	1.5	2.5	4	7	11	16	25	39	62	100	160	0.25	0.39	0.62	1	1.6	2.5	3.9
50	80	2	3	5	8	13	19	30	46	74	120	190	0.3	0.46	0.74	1.2	1.9	3	4.6
80	120	2.5	4	6	10	15	22	35	54	87	140	220	0.35	0.54	0.87	1.4	2.2	3.5	5.4
120	180	3.5	5	8	12	18	25	40	63	100	160	250	0.4	0.63	1	1.6	2.5	4	6.3
180	250	4.5	7	10	14	20	29	46	72	115	185	290	0.46	0.72	1.15	1.85	2.9	4.6	7.2
250	315	6	8	12	16	23	32	52	81	130	210	320	0.52	0.81	1.3	2.1	3.2	5.2	8.1
315	400	7	9	13	18	25	36	57	89	140	230	360	0.57	0.89	1.4	2.3	3.6	5.7	8.9
400	500	8	10	15	20	27	40	63	97	155	250	400	0.63	0.97	1.55	2.5	4	6.3	9.7
500	630	9	11	16	22	32	44	70	110	175	280	440	0.7	1.1	1.75	2.8	4.4	7	11
630	800	10	13	18	25	36	50	80	125	200	320	500	0.8	1.25	2	3.2	5	8	12.5
800	1000	11	15	21	28	40	56	90	140	230	360	560	0.9	1.4	2.3	3.6	5.6	9	14
1000	1250	13	18	24	33	47	66	105	165	260	420	660	1.05	1.65	2.6	4.2	6.6	10.5	16.5
1250	1600	15	21	29	39	55	78	125	195	310	500	780	1.25	1.95	3.1	5	7.8	12.5	19.5
1600	2000	18	25	35	46	65	92	150	230	370	600	920	1.5	2.3	3.7	6	9.2	15	23
2000	2500	22	30	41	55	78	110	175	280	440	700	1100	1.75	2.8	4.4	7	11	17.5	28
2500	3150	26	36	50	68	96	135	210	330	540	860	1350	2.1	3.3	5.4	8.6	13.5	21	33

注：① 基本尺寸大于 500 mm 的 IT1 至 IT5 的标准公差数值为试行的。
② 基本尺寸小于或等于 1 mm 时，无 IT14 至 IT18。

表 A-18　优先配合中轴的极限偏差（摘自 GB/T 1800.3—1998）　（μm）

公称尺寸/mm		公差带												
		c	d	f	g	h					k	n	p	s	u
大于	至	11	9	7	6	6	7	8	9	11	6	6	6	6	6
—	3	−60 −120	−20 −45	−6 −16	−2 −8	0 −6	0 −10	0 −14	0 −25	0 −60	+6 0	+10 +4	+12 +6	+20 +14	+24 +18
3	6	−70 −145	−30 −60	−10 −22	−4 −12	0 −8	0 −12	0 −18	0 −30	0 −75	+9 +1	+16 +8	+20 +12	+27 +19	+31 +23
6	10	−80 −170	−40 −76	−13 −28	−5 −14	0 −9	0 −15	0 −22	0 −36	0 −90	+10 +1	+19 +10	+24 +15	+32 +23	+37 +28
10	14	−95 −205	−50 −93	−16 −34	−6 −17	0 −11	0 −18	0 −27	0 −43	0 −110	+12 +1	+23 +12	+29 +18	+39 +28	+44 +33
14	18														
18	24	−110 −240	−65 −117	−20 −41	−7 −20	0 −13	0 −21	0 −23	0 −52	0 −130	+15 +2	+28 +15	+35 +22	+48 +35	+54 +41
24	30														+61 +48
30	40	−120 −280	−80 −142	−25 −50	−9 −25	0 −16	0 −25	0 −39	0 −62	0 −160	+18 +2	+33 +17	+42 +26	+59 +43	+76 +60
40	50	−130 −290													+86 +70
50	65	−140 −330	−100 −174	−30 −60	−10 −29	0 −19	0 −30	0 −46	0 −74	0 −190	+21 +2	+39 +20	+51 +32	+72 +53	+106 +87
65	80	−150 −340												+78 +59	+121 +102
80	100	−170 −390	−120 −207	−36 −71	−12 −34	0 −22	0 −35	0 −54	0 −87	0 −220	+25 +3	+45 +23	+59 +37	+93 +71	+146 +124
100	120	−180 −400												+101 +79	+166 +144
120	140	−200 −450	−145 −245	−43 −83	−14 −39	0 −25	0 −40	0 −63	0 −100	0 −250	+28 +3	+52 +27	+68 +43	+117 +92	+195 +170
140	160	−210 −460												+125 +100	+215 +190
160	180	−230 −480												+133 +108	+235 +210
180	200	−240 −530	−170 −285	−50 −96	−15 −44	0 −29	0 −46	0 −72	0 −115	0 −290	+33 +4	+60 +31	+79 +50	+151 +122	+265 +236
200	225	−260 −550												+159 +130	+287 +258
225	250	−280 −570												+169 +140	+313 +284
250	280	−300 −620	−190 −320	−56 −108	−17 −49	0 −32	0 −52	0 −81	0 −130	0 −320	+36 +4	+66 +34	+88 +56	+190 +158	+347 +315
280	315	−330 −650												+202 +170	+382 +350
315	355	−360 −720	−210 −350	−62 −119	−18 −54	0 −36	0 −57	0 −89	0 −140	0 −360	+40 +4	+73 +37	+98 +62	+226 +190	+426 +390
355	400	−400 −760												+244 +208	+471 +435
400	450	−440 −840	−230 −385	−68 −131	−20 −60	0 −40	0 −63	0 −97	0 −155	0 −400	+45 +5	+80 +40	+108 +68	+272 +232	+530 +490
450	500	−480 −880												+292 +252	+580 +540

表 A-19 优先配合中孔的极限偏差（摘自 GB/T 1800.3—1998） （μm）

公称尺寸/mm		公差带												
		C	D	F	G	H					K	N	P	S	U
大于	至	11	9	8	7	7	8	9	10	11	7	7	7	7	7
—	3	+120 +60	+45 +20	+20 +6	+12 +2	+10 0	+14 0	+25 0	+40 0	+60 0	0 -10	-4 -14	-6 -16	-14 -24	-18 -28
3	6	+145 +70	+60 +30	+28 +10	+16 +4	+12 0	+18 0	+30 0	+48 0	+75 0	+3 -9	-4 -16	-8 -20	-15 -17	-19 -31
6	10	+170 +80	+76 +40	+35 +13	+20 +5	+15 0	+22 0	+36 0	+58 0	+90 0	+5 -10	-4 -19	-9 -24	-17 -32	-22 -37
10	14	+205 +95	+93 +50	+43 +16	+24 +6	+18 0	+27 0	+43 0	+70 0	+110 0	+6 -12	-5 -23	-11 -29	-21 -39	-26 -44
14	18														
18	24	+240 +110	+117 +65	+53 +20	+28 +7	+21 0	+33 0	+52 0	+84 0	+130 0	+6 -15	-7 -28	-14 -35	-27 -48	-33 -54
24	30														-40 -61
30	40	+280 +120	+142 +80	+64 +25	+34 +9	+25 0	+39 0	+62 0	+100 0	+160 0	+7 -18	-8 -33	-17 -42	-34 -59	-51 -76
40	50	+290 +130													-61 -86
50	65	+330 +140	+174 +100	+76 +30	+40 +10	+30 0	+46 0	+74 0	+120 0	+190 0	+9 -21	-9 -39	-21 -51	-42 -72	-76 -106
65	80	+340 +150												-48 -78	-91 -121
80	100	+390 +170	+207 +120	+90 +36	+47 +12	+35 0	+54 0	+87 0	+140 0	+220 0	+10 -25	-10 -45	-24 -59	-58 -93	-111 -146
100	120	+400 +180												-66 -101	-131 -166
120	140	+450 +20	+245 +145	+106 +43	+54 +14	+40 0	+63 0	+100 0	+160 0	+250 0	+12 -28	-12 -52	-28 -68	-77 -117	-155 -195
140	160	+460 +210												-85 -125	-175 -215
160	180	+480 +230												-93 -133	-195 -235
180	200	+530 +240	+285 +170	+122 +50	+61 +15	+46 0	+72 0	+115 0	+185 0	+290 0	+13 -33	-14 -60	-33 -79	-105 -151	-219 -265
200	225	+550 +260												-113 -159	-241 -287
225	250	+570 +280												-123 -169	-267 -313
250	280	+620 +300	+320 +190	+137 +56	+69 +17	+52 0	+81 0	+130 0	+210 0	+320 0	+16 -36	-14 -66	-36 -88	-138 -190	-295 -347
280	315	+650 +330												-150 -202	-330 -382
315	355	+720 +360	+350 +210	+151 +62	+75 +18	+57 0	+89 0	+140 0	+230 0	+360 0	+17 -40	-16 -73	-41 -98	-169 -226	-369 -426
355	400	+760 +400												-187 -244	-414 -471
400	450	+840 +440	+385 +230	+165 +68	+83 +20	+63 0	+97 0	+155 0	+250 0	+400 0	+18 -45	-17 -80	-45 -108	-209 -272	-467 -530
450	500	+880 +480												-229 -292	-517 -580

表 A-20 倒圆和倒角（摘自 GB/T 6403.4—2008） （mm）

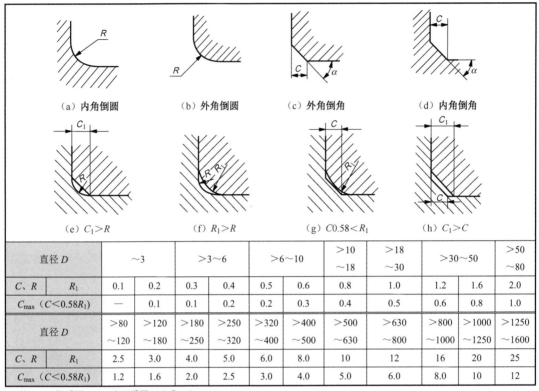

(a) 内角倒圆　(b) 外角倒圆　(c) 外角倒角　(d) 内角倒角

(e) $C_1>R$　(f) $R_1>R$　(g) $C0.58<R_1$　(h) $C_1>C$

直径 D		~3	>3~6	>6~10	>10~18	>18~30	>30~50	>50~80
C、R	R_1	0.1	0.2	0.3	0.4	0.5	0.6	0.8	1.0	1.2	1.6	2.0
C_{max}（$C<0.58R_1$）		—	0.1	0.1	0.2	0.2	0.3	0.4	0.5	0.6	0.8	1.0
直径 D		>80~120	>120~180	>180~250	>250~320	>320~400	>400~500	>500~630	>630~800	>800~1000	>1000~1250	>1250~1600
C、R	R_1	2.5	3.0	4.0	5.0	6.0	8.0	10	12	16	20	25
C_{max}（$C<0.58R_1$）		1.2	1.6	2.0	2.5	3.0	4.0	5.0	6.0	8.0	10	12

注：α 一般采用 45°，也可采用 30° 或 60°。

表 A-21 回转面及端面砂轮越程槽（摘自 GB/T 6403.5—2008） （mm）

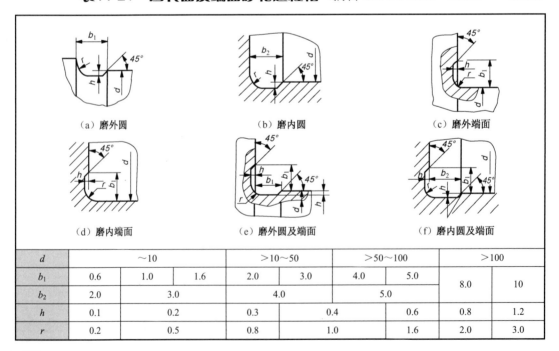

(a) 磨外圆　(b) 磨内圆　(c) 磨外端面

(d) 磨内端面　(e) 磨外圆及端面　(f) 磨内圆及端面

d	~10			>10~50		>50~100		>100	
b_1	0.6	1.0	1.6	2.0	3.0	4.0	5.0	8.0	10
b_2	2.0		3.0		4.0		5.0		
h	0.1		0.2	0.3		0.4	0.6	0.8	1.2
r	0.2		0.5	0.8		1.0	1.6	2.0	3.0

表 A-22 普通螺纹退刀槽和倒角（摘自 GB/T 3—1997） （mm）

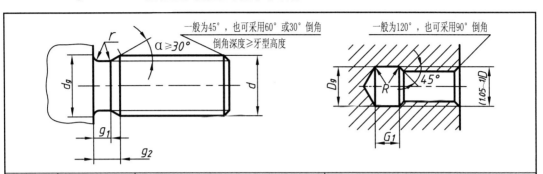

螺距 P	粗牙螺纹大径 d、D	外螺纹				内螺纹			
		g_2 max	g_1 min	d_g	$r\approx$	G_1 一般	G_1 短的	D_g	$R\approx$
0.5	3	1.5	0.8	$d-0.8$	0.2	2	1	$D+0.3$	0.2
0.6	3.5	1.8	0.9	$d-1$		2.4	1.2		0.3
0.7	4	2.1	1.1	$d-1.1$	0.4	2.8	1.4		0.4
0.75	4.5	2.25	1.2	$d-1.2$		3	1.5		
0.8	5	2.4	1.3	$d-1.3$		3.2	1.6		
1	6:7	3	1.6	$d-1.6$	0.6	4	2		0.5
1.25	8:9	3.75	2	$d-2$		5	2.5		0.6
1.5	10:11	4.5	2.5	$d-2.3$	0.8	6	3		0.8
1.75	12	5.25	3	$d-2.6$	1	7	3.5		0.9
2	14:16	6	3.4	$d-3$		8	4		1
2.5	18:20	7.5	4.4	$d-3.6$	1.2	10	5		1.2
3	24:27	9	5.2	$d-4.4$	1.6	12	6	$D+0.5$	1.5
3.5	30:33	10.5	6.2	$d-5$		14	7		1.8
4	36:39	12	7	$d-5.7$	2	16	8		2
4.5	42:45	13.5	8	$d-6.4$	2.5	18	9		2.2
5	48:52	15	9	$d-7$		20	10		2.5
5.5	56:60	17.5	11	$d-7.7$	3.2	22	11		2.8
6	64:68	18	11	$d-8.3$		24	12		3
参考值	—	$\approx 3P$	—	—	—	$\approx 4P$	$\approx 2P$	—	$\approx 0.5P$

注：① d、D 为螺纹公称直径代号。"短"退刀槽仅在结构受限制时采用。
② d_g 公差为：$d>3$ mm 时，为 h13；$d\leq 3$ mm 时，为 h12。D_g 公差为 H13。

表 A-23　紧固件螺栓和螺钉通孔及沉头用沉孔（摘自 GB/T 5277—1988、GB/T 152.2—1988）(mm)

螺纹规格			2	2.5	3	4	5	6	8	10	12	14	16	18	20
通孔直径		精装配	2.2	2.7	3.2	4.3	5.3	6.4	8.4	10.5	13	15	17	19	21
		中等装配	2.4	2.9	3.4	4.5	5.5	6.6	8.9	11	13.5	15.5	17.5	20	22
		粗装配	2.6	3.1	3.6	4.8	5.8	7	10	12	14.5	16.5	18.5	21	23
用于六角螺栓连接 t 刮平为止（GB/T 152.4—1988）		d_2	6	8	9	10	11	13	18	22	26	30	33	36	40
		d_3	—	—	—	—	—	—	—	—	16	18	20	22	24
		d_1	2.4	2.9	3.4	4.5	5.5	6.6	8.9	11	13.5	15.5	17.5	20	22
用于圆柱头螺钉连接（GB/T 152.3—1988）	GB/T 70	d_2	4.3	5.0	6.0	8.0	10	11	15	18	20	24	26	—	33
		t	2.3	2.9	3.4	4.6	5.7	6.8	9	11	13	15	17.5	—	21.5
		d_3	—	—	—	—	—	—	—	—	16	18	20	—	24
		d_1	2.4	2.9	3.4	4.5	5.5	6.6	8.9	11	13.5	15.5	17.5	—	22
	GB/T 65 GB/T 67	d_2	—	—	—	8.0	10	11	15	18	20	24	26	—	33
		t	—	—	—	3.2	4	4.7	6	7	8	9	10.5	—	12.5
		d_3	—	—	—	—	—	—	—	—	16	18	20	—	24
		d_1	—	—	—	4.5	5.5	6.6	8.9	11	13.5	15.5	17.5	—	22
用于沉头、半沉头螺钉连接（GB/T 152.2—1988）		d_2	4.5	5.6	6.4	9.6	10.6	12.8	17.6	20.3	24.4	28.4	32.4	—	40.4
		t	1.2	1.5	1.6	2.7	2.7	3.3	4.6	5	6	7	8	—	10
		d_1	2.4	2.9	3.4	4.5	5.5	6.6	8.9	11	13.5	15.5	17.5	—	22

表 A-24　滚花（摘自 GB/T 6403.3—2008）(mm)

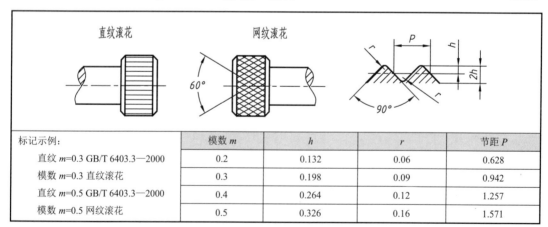

标记示例：	模数 m	h	r	节距 P
直纹 m=0.3 GB/T 6403.3—2000	0.2	0.132	0.06	0.628
模数 m=0.3 直纹滚花	0.3	0.198	0.09	0.942
直纹 m=0.5 GB/T 6403.3—2000	0.4	0.264	0.12	1.257
模数 m=0.5 网纹滚花	0.5	0.326	0.16	1.571

注：① 表中 h=0.785m−0.414r。② 滚花前零件表面 Ra 值不得低于 12.5。③ 滚花后零件外径略大，增量 Δ=(0.8～1.6)m。

表 A-25 常用金属材料

标准	名称	牌号	应用举例		说明
GB/T 700—2006	普通碳素结构钢	Q215	A 级	金属结构件、拉杆、套圈、铆钉、螺栓、短轴、心轴、凸轮（载荷不大的）、垫圈、渗碳零件及焊接件	"Q"为碳素结构钢屈服点"屈"字的汉语拼音首位字母，后面的数字表示屈服点的数值。如 Q235 表示碳素结构钢的屈服点为 235MPa 新旧牌号对照： Q215——A2 Q235——A3 Q275——A5
			B 级		
		Q235	A 级	金属结构件、心部强度要求不高的渗碳或氰化零件，吊钩、拉杆、套圈、汽缸、齿轮、螺栓、螺母、连杆、轮轴、楔、盖及焊接件	
			B 级		
			C 级		
			D 级		
		Q275		轴、轴销、刹车杆、螺母、螺栓、垫圈、连杆、齿轮以及其他强度较高的零件	
GB/T 699—1999	优质碳素结构钢	10		用做拉杆、卡头、垫圈、铆钉及用做焊接零件	牌号的两位数字表示平均碳的质量分数，45 号钢即表示碳的质量分数为 0.45%； 碳的质量分数≤0.25%的碳钢属低碳钢（渗碳钢）； 碳的质量分数在（0.25~0.6）%之间的碳钢属中碳钢（调质钢）； 碳的质量分数>0.6%的碳钢属高碳钢； 锰的质量分数较高的钢，须加注化学元素符号"Mn"
		15		用于受力不大和韧性较高的零件、渗碳零件及紧固件（如螺栓、螺钉），法兰盘和化工贮器	
		35		用于制造曲轴、转轴、轴销、杠杆、连杆、螺栓、螺母、垫圈、飞轮（多在正火、调质下使用）	
		45		用做要求综合机械性能高的各种零件，通常经正火或调质处理后使用。用于制造轴、齿轮、齿条、链轮、螺栓、螺母、销钉、键、拉杆等	
		60		用于制造弹簧、弹簧垫圈、凸轮、轧辊等	
		15Mn		制作心部机械性能要求较高且需渗碳的零件	
		65Mn		用做要求耐磨性高的圆盘、衬板、齿轮、花键轴及弹簧等	
GB/T 3077—1999	合金结构钢	20Mn2		用做渗碳小齿轮、小轴、活塞销、柴油机套筒、气门推杆、缸套等	钢中加入一定量的合金元素，提高了钢的力学性能和耐磨性，也提高了钢的淬透性，保证金属在较大截面上获得高的力学性能
		15Cr		用于要求心部韧性较高的渗碳零件，如船舶主机用螺栓、活塞销、凸轮、凸轮轴、汽轮机套环、机车小零件等	
		40Cr		用于受变载、中速、中载、强烈磨损而无很大冲击的重要零件，如重要的齿轮、轴、曲轴、连杆、螺栓、螺母等	
		35SiMn		耐磨、耐疲劳性均佳，适用于小型轴类、齿轮及 430℃以下的重要紧固件等	
		20CrMnTi		工艺性特优，强度、韧性均高，可用于承受高速、中等或重负荷以及冲击、磨损等的重要零件，如渗碳齿轮、凸轮等	

续表

标准	名称	牌号	应用举例	说明
GB/T 11352—2009	铸钢	ZG230-450	轧机机架、铁道车辆摇枕、侧梁、机座、箱体、锤轮、450℃以下的管路附件等	"ZG"为"铸钢"汉语拼音的首位字母，后面的数字表示屈服点和抗拉强度。如ZG230-450 表示屈服点为230MPa，抗拉强度为450MPa
		ZG310-570	适用于各种形状的零件，如联轴器、齿轮、汽缸、轴、机架、齿圈等	
GB/T 9439—1988	灰铸铁	HT150	用于小负荷和对耐磨性无特殊要求的零件，如端盖、外罩、手轮、一般机床的底座、床身及其复杂零件、滑台、工作台和低压管件等	"HT"为"灰铁"的汉语拼音的首位字母，后面的数字表示抗拉强度。如 HT200 表示抗拉强度为200MPa的灰铸铁
		HT200	用于中等负荷和对耐磨性有一定要求的零件，如机床床身、立柱、飞轮、汽缸、泵体、轴承座、活塞、齿轮箱、阀体等	
		HT250	用于中等负荷和对耐磨性有一定要求的零件，如阀壳、油缸、汽缸、联轴器、机体、齿轮、齿轮箱外壳、飞轮、液压泵和滑阀的壳体等	
GB/T 1176—1987	5-5-5 锡青铜	ZCuSn5Pb5Zn5	耐磨性和耐蚀性均好，易加工，铸造性和气密性较好。用于较高负荷、中等滑动速度下工作的耐磨、耐腐蚀零件，如轴瓦、衬套、缸套、活塞、离合器、蜗轮等	"Z"为"铸造"汉语拼音的首位字母，各化学元素后面的数字表示该元素含量的百分数，如 ZCuAl10Fe3 表示含：$w_{Al}=8.1\%\sim11\%$ $w_{Fe}=2\%\sim4\%$ 其余为 Cu 的铸造铝青铜
	10-3 铝青铜	ZCuAl10Fe3	机械性能高，耐磨性、耐蚀性、抗氧化性好，可以焊接，不易钎焊，大型铸件自700℃空冷可防止变脆。可用于制造强度高、耐磨、耐蚀的零件，如蜗轮、轴承、衬套、管嘴、耐热管配件等	
	25-6-3-3 铝黄铜	ZCuZn25Al6Fe3Mn3	有很高的力学性能，铸造性良好，耐蚀性较好，有应力腐蚀开裂倾向，可以焊接。适用于高强耐磨零件，如桥梁支承板、螺母、螺杆、耐磨板、滑块、蜗轮等	
	58-2-2 锰黄铜	ZCuZn38Mn2Pb2	有较高的力学性能和耐蚀性，耐磨性较好，切削性良好。可用于一般用途的构件，船舶仪表等使用的外形简单的铸件，如套筒、衬套、轴瓦、滑块等	
GB/T 1173—1995	铸造铝合金	ZAlSi12 代号 ZL102	用于制造形状复杂、负荷小、耐腐蚀和薄壁零件和工作温度≤200℃的高气密性零件	$w_{Si}=10\%\sim13\%$的铝硅合金
GB/T 3190—2008	硬铝	2A12（原LY12）	焊接性能好，适于制作高载荷的零件及构件（不包括冲压件和锻件）	2A12 表示 $w_{Cu}=3.8\%\sim4.9\%$、$w_{Mg}=1.2\%\sim1.8\%$、$w_{Mn}=0.3\%\sim0.9\%$的硬铝
	工业纯铝	1060（代12）	塑性、耐腐蚀性高，焊接性好，强度低。适于制作贮槽、热交换器、防污染及深冷设备等	1060 表示含杂质≤0.4%的工业纯铝

表 A-26 常用非金属材料

标准	名称	牌号	说明	应用举例
GB/T 539—2008	耐油石棉橡胶板	NY250 HNY300	有 0.4～3.0 mm 的十种厚度规格	供航空发动机用的煤油、润滑油及冷气系统结合处的密封衬垫材料
GB/T 5574—2008	耐酸碱橡胶板	2707 2807 2709	较高硬度 中等硬度	具有耐酸碱性能，在温度-30～+60℃的20%浓度的酸碱液体中工作，用于冲制密封性能较好的垫圈
	耐油橡胶板	3707 3807 3709 3809	较高硬度	可在一定温度的全损耗系统用油、变压器油、汽油等介质中工作，适用于冲制各种形状的垫圈
	耐热橡胶板	4708 4808 4710	较高硬度 中等硬度	可在-30～+100℃且压力不大的条件下，于热空气、蒸汽介质中工作，用于冲制各种垫圈及隔热垫板

表 A-27 材料常用热处理和表面处理名词解释

名称	代号	说明	目的
退火	5111	将钢件加热到适当温度，保温一段时间，然后以一定速度缓慢冷却	实现材料在性能和显微组织上的预期变化，如细化晶粒、消除应力等。并为下道工序进行显微组织准备
正火	5121	将钢件加热到临界温度以上，保温一段时间，然后在空气中冷却	调整钢件硬度，细化晶粒，改善加工性能，为淬火或球化退火做好显微组织准备
淬火	5131	将钢件加热到临界温度以上，保温一段时间，然后急剧冷却	提高机件强度及耐磨性。但淬火后会引起内应力，钢件变脆，所以淬火后必须回火
回火	5141	将淬火后的钢件重新加热到临界温度以下某一温度，保温一段时间冷却	降低淬火后的内应力和脆性，保证零件尺寸稳定性
调质	5151	淬火后在 500～700℃进行高温回火	提高韧性及强度。重要的齿轮、轴及丝杠等零件需调质
感应加热淬火	5132	用高频电流将零件表面迅速加热到临界温度以上，急速冷却	提高机件表面的硬度及耐磨性，而芯部又保持一定的韧性，使零件既耐磨又能承受冲击，常用来处理齿轮等
渗碳及直接淬火	5311g	将零件在渗碳剂中加热，使碳渗入钢的表面后，再淬火回火	提高机件表面的硬度、耐磨性、抗拉强度等。主要适用于低碳结构钢的中小型零件
渗氮	5330	将零件放入氨气内加热，使渗氮工作表面获得含氮强化层	提高机件表面的硬度、耐磨性、疲劳强度和抗蚀能力。适用于合金钢、碳钢、铸铁件，如机床主轴、丝杠、重要液压元件中的零件
时效处理	时效	机件精加工前，加热到 100～150℃后，保温 5～20 h，空气冷却；铸件可天然时效露天放一年以上	消除内应力，稳定机件形状和尺寸，常用于处理精密机件，如精密轴承、精密丝杠等
发蓝发黑	发蓝或发黑	将零件置于氧化性介质内加热氧化，使表面形成一层氧化铁保护膜	防腐蚀、美化，如用于螺纹连接件
镀镍	镀镍	用电解方法，在钢件表面镀一层镍	防腐蚀、美化
镀铬	镀铬	用电解方法，在钢件表面镀一层铬	提高机件表面的硬度、耐磨性和耐蚀能力，也用于修复零件上磨损的表面
硬度	HB（布氏硬度） HRC（洛氏硬度） HV（维氏硬度）	材料抵抗硬物压入其表面的能力，依测定方法不同有布氏、洛氏、维氏硬度等几种	用于检验材料经热处理后的硬度。HB 用于退火、正火、调质的零件及铸件；HRC 用于经淬火、回火及表面渗碳、渗氮等处理的零件；HV 用于薄层硬化零件

附录 B 常用的机械制图术语中英文对照

（按名词术语汉语拼音顺序排列）

序号	汉语	英语	序号	汉语	英语
1	半径	radius	41	高	height
2	半剖	half section	42	公差	tolerances
3	半圆键	woodruff key	43	公差与配合	tolerance and fitting
4	标题栏	title Bar	44	公称直径	nominal diameter
5	比例	proportions	45	滚动轴承	rolling bearing
6	标题栏	title blocks	46	过渡配合	transition fit
7	表面粗糙度	surface roughness	47	过盈配合	interference fit
8	标准件	standard component	48	弧	arc
9	波浪线	break line	49	花键	spline
10	不可见轮廓线	invisible outline	50	环	tours
11	长	length	51	机械制图	mechanical drawings
12	尺寸	dimensions	52	机械零件	mechanical parts
13	尺寸公差与配合注法	indication of tolerances for size and of fits	53	基本尺寸	basic dimensions
14	尺寸界线	extension line	54	基本几何体	basic geometric
15	尺寸线	dimension line	55	基本视图	six principal views
16	尺寸注法	dimensioning	56	基准	benchmark
17	齿槽宽	space width	57	几何公差	geometric tolerance
18	齿顶高	addendum	58	极限偏差	limit deviations
19	齿根高	dedendum	59	技术制图	technical drawings
20	齿根圆	dedendum circle	60	技术要求	technical requirements
21	齿厚	tooth thickness	61	渐开线	involutes
22	齿距	circular pitch	62	间隙配合	clearance fit
23	齿宽	face width	63	角	angle
24	齿轮	gear	64	局部剖	broken-out Section
25	齿轮画法	conventional representation of gears	65	局部视图	partial views
26	垂直	perpendicular	66	矩形	teagent
27	粗实线	full line/Bold line	67	矩形螺纹	square threaded form
28	粗牙螺纹	coarse thread	68	锯齿形螺纹	buttress thread form
29	倒角	chamfer	69	开口销	split pin
30	倒圆	rounding	70	可见轮廓线	visible outline
31	点	point	71	宽	width
32	点画线	center line	72	棱柱	prism
33	垫圈	washer	73	棱锥	pyramid
34	垫片	spacer	74	六边形	hexagon
35	断面图	sectional drawing	75	螺钉	screws
36	断裂处的边界线	break line	76	螺杆	screw
37	多边形	polygon	77	螺母	screw nut
38	分度线	reference line	78	螺栓	bolts
39	分度圆	reference circle	79	螺纹	screw threads/thread (of a screw)
40	幅面代号	code	80	螺纹导程	lead

附录B 常用的机械制图术语中英文对照

续表

序号	汉语	英语	序号	汉语	英语
81	螺纹紧固件	threaded parts	114	图号	drawing No
82	零件图	part drawing	115	图名	name of the drawing
83	面	plane	116	图线	drawing lines
84	明细栏	subsidiary column	117	图样表示法	indications on drawings
85	母线	element	118	图样画法	pictorial presentation
86	平行	parallel	119	推力球轴承	thrust ball bearing
87	普通平键	common flat key	120	外形尺寸	boundary dimension
88	剖面符号	symbols for sections	121	纬线	parallel
89	剖面线	section line	122	蜗杆蜗轮	worm and worm gear
90	剖视图	section	123	五边形	pentagon
91	切线	tangent	124	细实线	thin line
92	倾斜	incline	125	线	line
93	球	sphere	126	相交	intersect
94	曲面	cured surface	127	相切	tangent
95	曲线	curve	128	圆柱销	cylindrical pin
96	全剖	full section	129	圆锥销	taper pin
97	三角形	triangle	130	小径	minor diameter
98	三角形螺纹	triangle form screw	131	斜视图	revolved views
99	深沟球轴承	deep groove ball bearing	132	斜齿圆柱齿轮	helical-spur gear
100	视图	view	133	虚线	dashed line
101	双点画线	phantom line	134	旋转剖	aligned section
102	双头螺柱	Studs	135	圆	circle
103	水平面	horizontal plane	136	圆柱	cylinder
104	水平线	horizontal line	137	圆柱螺旋压缩弹簧	cylindroid helical-coil compression spring
105	弹簧画法	conventional representation of springs	138	圆锥	cone
106	梯形螺纹	acme thread form	139	直径	diameter
107	调心滚子轴承	self-aligning roller bearing	140	直齿圆柱齿轮	straight toothed spur gear
108	调心球轴承	self-aligning ball bearing	141	直齿圆锥齿轮	straight bevel gear
109	调心轴承	self-aligning bearing	142	中心孔	centre holes
110	投影	projections	143	轴测图	axonometric drawings
111	投影法	projection methods	144	轴线	axis of cylinder
112	投影特性	orthographic characteristics	145	装配图	assembly drawing
113	投影图	orthographic views			

参考文献

[1] 国家标准化技术委员会. 技术制图卷，北京：中国标准出版社，2009
[2] 国家标准化技术委员会. 机械制图卷，北京：中国标准出版社，2008
[3] 中国标准出版社. 表面结构卷，北京：中国标准出版社，2007
[4] 陈桂芬. 机械制图. 北京：电子工业出版社，2011
[5] 姚民雄. 机械制图. 北京：电子工业出版社，2009
[6] 钱可强. 机械制图（第三版）. 北京：高等教育出版社，2011
[7] 吴慧媛. 零件制造工艺与装备. 北京：电子工业出版社，2010
[8] 陈志民. AutoCAD2010机械绘图实例教程. 北京：机械工业出版社，2009
[9] 华红芳等. AutoCAD工程制图实训教程. 北京：机械工业出版社，2009

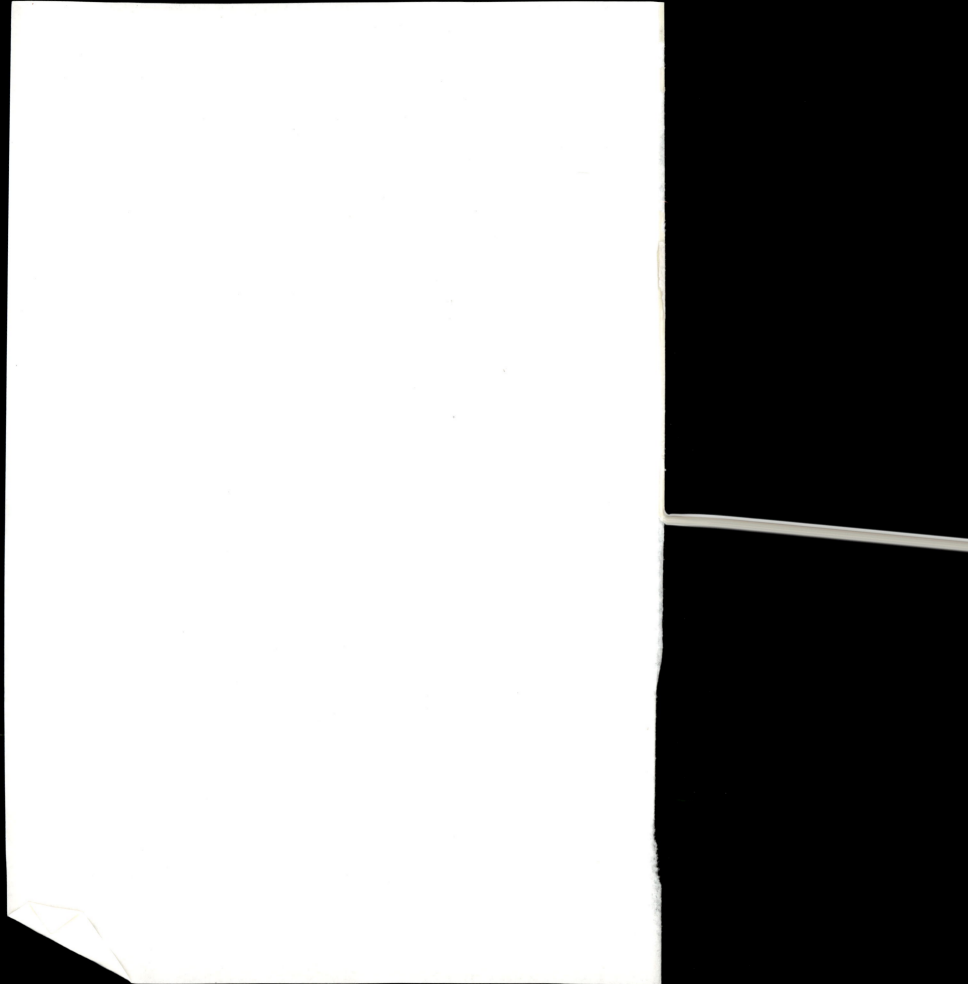